U0936435

中国美学研究

第十四辑

朱志荣　主编

华　东　师　范　大　学　中　文　系
华东师范大学美学与艺术理论研究中心　编

商务印书馆
创于1897　The Commercial Press

图书在版编目(CIP)数据

中国美学研究. 第14辑 / 朱志荣主编. —北京：商务印书馆，2020
ISBN 978-7-100-18268-3

Ⅰ. ①中… Ⅱ. ①朱… Ⅲ. ①美学-中国-文集 Ⅳ. ①B83-53

中国版本图书馆CIP数据核字(2020)第049528号

中国美学研究(第十四辑)
朱志荣 主编

商 务 印 书 馆 出 版
(北京王府井大街36号 邮政编码100710)
商 务 印 书 馆 发 行
江苏凤凰数码印务有限公司印刷
ISBN 978-7-100-18268-3

2020年1月第1版 开本710×1000 1/16
2020年1月第1次印刷 印张18.75
定价：66.00元

目　录

CONTENTS

【 Aesthetic Culture 】

【 Modern Aesthetics 】

【 Translations of Aesthetic Essays 】

【 Summary and Lecture 】

古典美学

《诗经》阐释：明代意象诗学理论的一种关联性研究

毛宣国*

摘　要：明代是中国古代意象理论走向成熟的时期，它的发展与《诗经》创作经验和诗学传统有着密切关系。主要体现在三个方面：第一，明代诗学重视以“比兴”论诗，将诗歌意象创造与《诗经》比兴传统联系起来；第二，明代诗学重视“《诗》道性情”的《诗经》批评传统，以情为立足点来阐释诗歌意象创造的特点；第三，明代《诗经》评点不仅重视意象批评实践，而且提出了“诗为活物”等观点，将《诗经》作为意象性文本看待，从而丰富了明代意象诗学的理论内涵。

关键词：《诗经》阐释　意象诗学　比兴　“《诗》道性情”　《诗经》评点

明代诗学有一个关注的焦点，那就是意象的审美创造。明代也被人们看成中国古代意象理论走向成熟的时期。明人使用意象范畴十分普遍，它大致有这样几个特点：一是将意象作为诗歌创造的本体范畴。如胡应麟云“古诗之妙，专求意象”①，王廷相云“言征实则寡余味也，情直致而难动物也。故示以意象，使人思而咀之，感而契之，邈哉深矣，此诗之大致也”②，等等，都以意象为诗歌本体，认为单纯地状写事物和直白地表达感情的都不是诗，也不能称为美，只有“示之意象”的才是诗，才能使人们获得审美感受。二是意象不是对于客观存在的物象的模仿，而是审美者的心灵创造，是审美主体与客体、意

---

*　作者简介：毛宣国，中南大学文学院与新闻传播学院教授、博士生导师。

①　胡应麟：《诗薮》，叶朗主编《中国历代美学文库》明代卷中，高等教育出版社2003年版，第132页。

②　王廷相：《与郭价夫学士论诗书》，叶朗主编《中国历代美学文库》明代卷上，第166—167页。

与象、情与景的浑融统一。如何景明言“夫意象应曰合，意象乖曰离，是故乾坤之卦，体天地之撰，意象尽矣”①，谢榛云“夫情景相触而成诗，此作家之常也”②，等等，都强调意象是审美主体“寓目写心”的结果，是主体与客体、意与象、情与景的浑融统一。三是意象具有空灵透莹、不可执实、意在言外的特征。这方面的论述有很多，如李东阳所说的“‘乐意相关禽对语，生香不断树交花’，论者以为至妙，予不能辨，但恨其意象太著耳”③，“韩退之《雪》诗，冠绝今古，其取譬曰：‘随风翻缟带，逐马散银杯。’未为奇特。其模写曰：‘穿细时双透，乘危忽半摧。’则意象超脱，直到人不能道处耳”④，此中的“恨其意象太著”“意象超脱”，都强调意象创造不能太实，而应该具有透彻玲珑、含蓄蕴藉、意在言外的审美特征。王廷相云“夫诗贵意象透莹，不喜事实黏着，古谓水中之月，镜中之影，可以目睹，难以实求是也”⑤，亦是如此，强调诗歌意象创造具有透彻玲珑、不可执实的审美特征。

意象作为重要的诗学范畴在明代受到普遍关注，与唐人主情诗学和严羽不以文字才学论诗的理论有着密切的关系。无论前后七子还是公安派、竟陵派的诗学均不满宋人的主理和以理为诗，它们向往的是唐诗的抒情特征。而严羽的《沧浪诗话》的根本宗旨是尊唐而黜宋，主情而反对宋人以文字、学问、议论为诗。正因为此，严羽提出“兴趣”和“妙悟”和“水月镜花”之喻的诗学主张，成为明代意象诗学理论的重要依据。对此，学术界已有较充分的论述。比如，萧华荣认为，“从历时性上说，明代的诗学思想遥承宋末严羽，《沧浪诗话》几乎成为明人的法典，得到最大限度的发挥与展开”⑥，“王廷相的‘意象’说受到严羽‘兴趣’说的启示，甚至毋宁说‘意象’就是‘兴趣’”⑦。王运熙等人论及谢榛的意象理论关于情景关系的论述时，亦指出“其渊源远在司空图、严羽，近在李梦阳、王廷相”⑧。肖鹰所撰写的《中国美学通史》明代卷也认为王廷相

---

① 何景明：《与李空同论诗书》，郭绍虞等主编《中国历代文论选》第三册，上海古籍出版社1980年版，第37页。

② 谢榛：《四溟诗话》，丁福保辑《历代诗话续编》下，中华书局1983年版，第1224页。

③ 李东阳：《麓堂诗话》，丁福保辑《历代诗话续编》下，第1379页。

④ 李东阳：《麓堂诗话》，丁福保辑《历代诗话续编》下，第1384页。

⑤ 王廷相：《与郭价夫学士论诗书》，叶朗主编《中国历代美学文库》明代卷上，第166页。

⑥ 萧华荣：《中国诗学思想史》，华东师范大学出版社1996年版，第228页。

⑦ 萧华荣：《中国诗学思想史》，第253页。

⑧ 王运熙等主编：《中国文学批评通史》明代卷，上海古籍出版社1996年版，第243页。

的意象观念是对宋代严羽等人诗学的继承。①周裕锴对于这一渊源关系的论证更翔实，他认为标举“诗必盛唐”的复古主义者丰富了严羽“水月镜花”之喻的内涵，“水月镜花”之喻的中心是“贵意象”，它代表了明人对诗歌文本性质的最根本的体认，其他一切阐释理论都由此而生发出来。②

不过，我们并不能因此就将明代意象诗学理论看成对主情和尊唐黜宋的严羽诗学理论的简单继承，应该看到，在其背后还有一种重要的理论支撑，那就是《诗经》创作经验和诗学传统的影响。“唐诗主性情，故于风雅为犹近；宋诗主议论，则其去风雅远矣”③，元人戴良这一诗论主张也得到了明人的广泛赞同。在明代诗论家眼中，诗是主情的，主情不仅意味着向唐诗的抒情传统回归，也意味着它与《诗经》以来的“吟咏性情”和“风雅比兴”的诗学传统紧密联系起来，诗歌意象的本体创造也建立在此基础上。明代《诗经》阐释起码在三个方面影响到明代意象诗学理论的建构：一是《诗经》之比兴传统对意象诗学理论的影响；二是《诗经》“吟咏情性”和《诗经》以道性情的传统对意象诗学理论的影响；三是《诗经》评点以及评点派如钟惺的“诗为活物”观点的提出丰富了明代意象诗学理论与实践。

一、《诗经》之比兴传统与诗歌意象创造

以比兴论诗，将诗歌意象创造与诗之比兴传统联系起来，是明代诗学理论的重要特点。李东阳和王廷相便非常重视诗歌意象创造与《诗经》之比兴传统之间的关系：

> 诗有三义，赋止居一，而比兴居其二。所谓比与兴者，皆托物寓情而为之者也。盖正言直述，则易于穷尽，而难于感发。惟有所寓托，形容摹写，反复讽咏，以俟人之自得，言有尽而意无穷，则神爽飞动，手舞足蹈而不自觉，此诗之所以贵情思而轻事实也。④

---

① 肖鹰：《中国美学通史》明代卷，江苏人民出版社 2014 年版，第 23 页。

② 周裕锴：《中国古代阐释学研究》，上海人民出版社 2003 年版，第 281—284 页。

③ 戴良：《皇元风雅序》，陈伯海主编《唐诗学文献集粹》，上海古籍出版社 2016 年版，第 497 页。

④ 李东阳：《麓堂诗话》，丁福保辑《历代诗话续编》下，第 1374—1375 页。

夫诗贵意象透莹，不喜事实黏着，古谓水中之月，镜中之影，可以目睹，难以实求是也。《三百篇》比兴杂出，意在辞表；《离骚》引喻借论，不露本情。东国困于赋役，不曰天之不恤也，曰“维南有箕，不可以簸扬；维北有斗，不可以挹酒浆”，则天之不恤自见。齐俗婚礼废坏，不曰婿不亲迎也，曰“俟我于著乎而，充耳以素乎而，尚之以琼华乎而”，则婿不亲迎可测。……若夫子美《北征》之篇，昌黎《南山》之作，玉川《月蚀》之词，微之《阳城》之什，漫敷繁叙，填事委实，言多趁帖，情出附辏，此则诗人之变体，骚坛之旁轨也。……言征实则寡余味也，情直致而难动物也。故示以意象，使人思而咀之，感而契之，邈哉深矣，此诗之大致也。①

李东阳从《诗经》“赋比兴”三义的区分出发，认为比兴“皆托物寓情而为之者也”，它不同于“易于穷尽，难以感发”的“正言直述”（赋），而是具有“有所寓托，形容摹写，反复讽咏，以俟人之自得，言有尽而意无穷”的美学特征。可见他言比兴实际上也就是言意象，有了比兴的艺术创造，也就有了诗歌意象，比兴是诗歌意象赖以寄寓的重要形式。

王廷相关于意象的论述也是如此。他提出“《三百篇》比兴杂出，意在辞表”的观点，强调诗歌意象创造离不开比兴。以比兴创造意象与“言征实”“情直致”的记叙性描绘不一样，它不是“直陈”“直说”，而是“亦以意象”，能充分激发读者的审美情思与想象。他以《小雅·大东》和《齐风·著》为例说明了这一点。《齐风·著》描写的是齐俗婚礼废坏，新郎不再亲迎新娘的场景，可是诗人不直接说“婿不亲迎”，而是写新郎在大门等候，被新娘瞧见，看到的只是新郎挂在两耳的玉饰，这就是以比兴的方式，将直陈的叙述变成了意象的描述，使《诗经》所表达的内容耐人寻味。《小雅·大东》一诗表现的是西周中晚期东方各国受西周王室惨重盘剥的情形及不满情绪，但在诗的后半篇却突然历数各种天象：银河、织女、牵牛、启明、长庚、天毕、南箕、北斗，等等，有些让人觉得难以理解。其实，它正是诗人运用比兴手法将诗人情感冥化为诗之意象的结果。如果没有这样的描写，这首诗就会显得很平常。其中最为豪纵奇特的天体意象描绘是南箕、北斗：“维南有箕，不可以簸扬；维北有斗，不可以挹酒

① 王廷相：《与郭价夫学士论诗书》，叶朗主编《中国历代美学文库》明代卷上，第166页。

浆”，它唤起人们丰富的想象。对此，方东润有深切的体认，他说：“诗本咏政赋烦重，人民劳苦。入后忽历数天星，豪纵无羁，几不可解。不知此正诗人之情，所谓‘光焰万丈长’也。试思此诗若无后半文字，则东国困敝，纵极写得十分沉痛，亦不过平常歌咏而已，安能如许惊心动魄文字？所以诗贵有声有色，尤贵有兴有致，此兴会之极而欻举者也。”① 王廷相还对杜甫《北征》、韩愈《南山》等作品提出了批评。这种批评不一定符合杜甫、韩愈作品的实际，但是强调意象创造的重要性，认为诗人若忽视这一点，只采用“征实”和“直致”的方法来塑造形象，会“漫敷繁叙，填事委实”，减损诗歌作品的艺术价值，则是符合诗歌创作实际的。

在明代诗论家中，将意象与比兴诗学传统联系起来论说的人还有很多。早在明初，宋濂、刘基等开国文臣，他们出于明初文治的需要，以六经为依傍，以传统的风雅之义为依归，重视诗的裨补时政的美刺讽喻和比兴作用。宋濂、刘基等人的观点可以看作汉儒《诗经》学观念的直接承袭，在理论上并无多少新意，难以为明代诗歌理论带来大的进展，所以无法成为明代诗论的主流。从七子派的诗论开始，明人就开始偏离明初以美刺讽喻、政教风化论比兴的轨道，转向重视比兴的艺术功能，将比兴与意象的审美创造联系起来。李梦阳是代表人物之一。作为明代复古主义诗学的领军人物，李梦阳论诗主“格调”，重情，也重视比兴。他看到他那个时代的文人之诗歌“出于情寡而工于词多”的弊端，所以提出“诗有六义，比兴要焉”的主张。② 他说：“盖诗者感物造端者也，故曰言不直遂，比兴以彰。”③“夫诗，比兴错杂，假物以神变者也。”④ 无论说“言不直遂，比兴以彰”，还是将比兴说成“假物以神变者”，都是将比兴与诗歌意象创造紧密联系起来。比兴不是直言、直陈的表达方式，而是“感物造端”，触物兴情，借助“假物”的手法来使诗歌达到“神变”，所以对于诗歌意象创造十分重要。复古主义诗学另一领军人物何景明也是如此。他提出“夫意象应曰合，意象乖曰离。是故乾坤之卦，体天地之撰”的观点，将意象看成诗歌的本体，并提出“诗文有不可易之法者，辞断而意属，联类而比物”“领会神情，

① 方玉润：《诗经原始》下册，中华书局 1986 年版，第 420 页。

② 李梦阳：《诗集自序》，叶朗主编《中国历代美学文库》明代卷上，第 158 页。

③ 李梦阳：《秦君饯送诗序》，《空同集》卷五十二，《四库全书总目》卷一百七十一集部二十四。

④ 李梦阳：《缶音序》，叶朗主编《中国历代美学文库》明代卷上，第 157 页。

临景构结，不仿形迹”等主张，其实也是谈论如何运用比兴的方法创造诗歌意象。[①]胡应麟的“体格声调、兴象风神”说也是将比兴与诗歌意象创造紧密联系起来。“兴象”就是运用比兴之法创造的意象，它是诗人因物而兴，因感生情的产物。被胡应麟视为兴象之诗的代表是两汉乐府民歌和唐人绝句。“兴象风神”说可以说继承了李梦阳“夫诗者比兴杂错，假物以神变者也”、何景明“诗文有不可易之法者，辞断而意属，连类而比物”的观点，不过李、何二人更重视比兴的“假物”“连类而比物”的非直言的表现方式，胡应麟更重视运用比兴之法创造含蓄空灵的审美意象。他在明七子派格调诗论的基础上提出了“兴象风神”说，认为诗歌意象创造应该由“体格声调”进入“兴象风神”的更高层次。学术界不少人认为胡应麟所主的“兴象风神”说与严羽追求“羚羊挂角、无迹可求”诗歌趣味的“兴趣”说接近。这一说法自然不错。同时，我们也应看到，胡应麟提出“兴象风神”说与《诗经》阐释相关。他认为《诗经》“无一字不文，无一字不法”，皆天地元声，“篇章简古，咏叹悠长，或一物而屡陈言，或片语而三致意，盖《六经》之文体要当尔”(《诗薮》)[②]，所以，历代诗歌创作应以《诗经》为法；“兴象风神”说亦可以看成对《诗经》的比兴诗学传统的继承与弘扬。

二、“《诗》以道性情”与意象诗学理论

重视《诗经》阐释“吟咏情性”的诗学传统，以情为立足点来阐释诗歌意象的特征，也是明代诗学理论的特色之一。明代诗学理论重情，原因是多方面的。以抒情为特征的唐代诗歌的影响，阳明心学影响下的主情思潮的发展，都是原因之一。除此之外，就是以“吟咏情性”“《诗》以道性情”为核心的《诗经》批评传统和诗学观念的影响。为说明这一点，我们不妨看看几个有代表性的人物的理论主张。

一是谢榛关于诗歌意象情景关系的论说。谢榛是后七子的代表人物之一，对明代意象诗学理论有着特殊贡献，他突出地表现在对诗歌意象情景关系的

① 何景明：《与李空同论诗书》，叶朗主编《中国历代美学文库》明代卷上，第185—186页。

② 胡应麟：《诗薮》，叶朗主编《中国历代美学文库》明代卷上，第133—134页。

把握上。对诗歌意象情景关系的把握并不始于谢榛，早在唐代，王昌龄就提出“事须景与意相兼始好”的观点，将意（情）与景看成构成诗歌意象的基本元素。宋代范晞文更是将情与景作为诗歌的要素，强调情与景是相互生成的（“情景相融而莫分”“景无情不发，情无景不生”）、相互转化的（“不以虚为实，而以虚为实，化景物为情思”）。谢榛提出“作诗本乎情景，孤不自成，两不相背”“情景相触而成诗”的主张，将情与景看成诗歌意象构成的基本要素，可以看成对王昌龄等人观点的继承。不过，谢榛不是一般地讨论诗歌意象的情景融合，而是明确地以情为动力谈二者的融合。

> 夫情景有异同，模写有难易，诗有二要，莫切于斯者。观则同于外，感则异于内，当自用其力，使内外如一，出入此心而无间也。景乃诗之媒，情乃诗之胚，合而为诗，以数言而同统万形，元气浑成，其浩无涯矣。①

在谢榛看来，诗人所面对的景（外物）是相同的，而诗人内心所禀有的情感是不同的，所以诗人在同观外物中要有所感、有所获，必须以情为动力，这样情与景才能融合无间。“景乃诗之媒，情乃诗之胚”，在情与景的关系中，情是内在的，第一位的，景则是外在的，第二位的，所以只有在情充分融于景的前提下，情与景才能浑然一体。他还将情景与“悟”联系起来，认为情具有“融乎内而深且长”的特点，景具有“耀乎外而远且大”的特点，要把握它，只有靠悟。“诗固有定体，人各有悟性。夫有一字之悟，一篇之悟，或由小以扩乎大，因著以入乎微，虽小大不同，至于浑化则一也”，只有在悟的基础上才能实现情与景的浑化统一。

谢榛重视诗歌意象情景关系的论述并将情放在重要地位，与其对《诗经》创作经验的总结有着密切关系。《四溟诗话》专论《诗经》内容的有九则，涉及诗的性情与比兴诸多问题。他说：“《三百篇》直写性情，靡不高古，虽其逸诗，汉人尚不可及。今学之者，务去声律，以为高古。殊不知文随世变，且有六朝、唐、宋影子，有意于古，而终非古也。”② 在谢榛的心中，《诗经》有至高无上的地位，但是这种崇高的地位在他看来并不能成为人们机械地模仿和借

①② 谢榛：《四溟诗话》，丁福保辑《历代诗话续编》下，第1180页。

用《诗经》经验的理由，因为“文随世变”，只是机械地模仿古人并不能得古人之精髓。那么要如何学习和借鉴《诗经》的经验呢，谢榛提出了“性情”二字，认为《诗经》是“直写性情”的，“直写性情”也就是“吟咏性情”，也就是将抒写性情作为诗歌创作的根本，这实际上继承了汉代以来《诗经》阐释的诗学观念。谢榛对诗歌意象的分析正建立在此基础上。他还提出“诗以兴为主”的主张，认为“凡作诗，悲欢皆由乎兴”①，将兴的作用提到极高的地位，实际上也是对《诗经》以来以情为动因的比兴诗学理论的继承。“诗有天机，待时而发，触物而成”②，“情景适会，与造物同其妙，非沉思苦索而得之也”③，兴的内在动力还在于情，由于有了情，诗便可以兴。兴就是“触物起情”、写物抒情。谢榛重视兴，目的还是将情感作为诗歌意象创造的最重要动因，强调诗的意象创造是即景生情、情景交融的结果。

二是杨慎的反“诗史”说。杨慎与前七子同时，然其诗学主张却不迎合七子之说，是一个有独立见解的人，其最著名的主张就是反对宋人关于杜甫的“诗史”之说。他说：

> 宋人以杜子美能以韵语记时事，谓之“诗史”，鄙哉宋人之见，不足以论诗也。夫六经各有体，《易》以道阴阳，《书》以道政事，《诗》以道性情，《春秋》以道名分。后世之所谓史者，左记言，右记事，古之《尚书》《春秋》也。若诗者，其体其旨，与《易》《书》《春秋》判然矣。《三百篇》皆约情合性而归之道德也，然未尝有道德字也，未尝有道德性情句也。二南者，修身齐家其旨也，然其言琴瑟钟鼓，荇菜芣苢，夭桃秾李，雀角鼠牙，何尝有修身齐家字耶？皆意在言外，使人自悟。至于变风变雅，尤其含蓄，言之者无罪，闻之者足以戒。如刺淫乱，则曰“雝雝鸣雁，旭日始旦”，不必曰“慎莫近前丞相嗔”也，悯流民，则曰“鸿雁于飞，哀鸣嗷嗷”，不必曰“千家今有百家存”也……④

① 谢榛：《四溟诗话》，丁福保辑《历代诗话续编》下，第1194页。

② 谢榛：《四溟诗话》，丁福保辑《历代诗话续编》下，第1161页。

③ 谢榛：《四溟诗话》，丁福保辑《历代诗话续编》下，第1171页。

④ 杨慎：《升庵诗话》，丁福保辑《历代诗话续编》中，第868页。

诚如学者所认为的那样，此段话的主旨是“站在象喻性文本的立场来鄙薄记事性文本，其理论基础便是李东阳‘诗之所以贵情思而轻事实’、王廷相‘诗贵意象透莹，不喜事实黏着’以及李梦阳‘诗比兴杂错，假物以神变’等说法”[①]。所谓“象喻性文本”也就是意象性文本。杨慎之所以反对宋人的“诗史”说，是为了凸显诗歌审美意象创造的特点，其理论渊源自然与明代诗论家对“象喻性”（意象性）文本的推重有着密切关系。不过，深层次看，则与《诗经》以来重视诗抒写人的性情的诗学观念密切相关。“《诗》以道性情”，“《三百篇》皆约情合性而归之道德也，然未尝有道德字也，未尝有道德性情句也”，杨慎的这些话清楚表明，“诗史”说之所以不能成立，就在于它违反了“诗”与“史”各自有体，不可兼之的事实，也违反了《诗经》是道性情的而不是直陈时事的创作规律。以杨慎所列举的诗句为例，如“刺淫乱，则曰‘雝雝鸣雁，旭日始旦’，不必曰‘慎莫近前丞相嗔’也，悯流民，则曰‘鸿雁于飞，哀鸣嗷嗷’，不必曰‘千家今有百家存’也”，也意在说明《诗经》具有“贵情思而轻事实”，含蓄蕴藉的意象创造特色。他赞同元人“唐人诗主情，去《三百篇》近，宋人诗主理，去《三百篇》却远”[②]的观点，其目的也是要将明代尊唐主情的诗学理论纳入《诗经》批评传统。杨慎还对“今人论诗，往往要出处”的说法提出了自己的看法。他并不否认“论诗有出处”的说法，只是“出处”并非简单地引用前人的话语典故，而是要将这种引用融入艺术形象的创造。他以《三百篇》为例，认为如“关关雎鸠”的诗句，出处便是“在河之洲”，即诗人所历之事，所见之景，是这些事和景所引发的诗人的情思。[③]这些都说明，杨慎以“意象”论为基础的反“诗史”说，有着《诗经》“吟咏性情”和“《诗》以道性情”的诗学观念的理论支撑。

三是陆时雍对宋人“立意作诗”说的批评。《诗镜总论》中有一段话鲜明地体现了他的主张：

> 夫一往而至者，情也；苦摹而出者，意也。若有若无者，情也；必然必不然者，意也。意死而情活，意迹而情神，意近而情远，意伪而情真。情意之分，古今所由判矣。少陵精矣刻矣，高矣卓矣，然而未齐于古人者，

① 周裕锴：《中国古代阐释学研究》，第286页。

② 杨慎：《升庵诗话》，丁福保辑《历代诗话续编》中，第799页。

③ 杨慎：《升庵诗话》，丁福保辑《历代诗话续编》中，第719页。

以意胜也。假令以《古诗十九首》与少陵作，便是首首皆意。假令以《石壕》诸什与古人作，便是首首皆情。此皆有神往神来，不知而自至之妙。太白则几及之矣。十五国风皆设为其然而实不必然之词，皆情也。晦翁说《诗》，皆以必然之意当之，失其旨矣。①

陆时雍这段话批评的对象是杜甫。陆时雍并不否认杜甫的诗歌成就，也不否认杜甫诗歌长于言情的特点。比如，他曾评论盛唐诗人工于写景，唯杜甫诗歌继承《三百篇》传统长于言情。②此处以杜甫为例意在说明，像杜甫这样杰出的诗人，由于“以意作诗”，有时候也会忽视诗歌中情的因素，缺乏诗歌作品的“神来神往”之妙。其实，陆时雍批评杜甫，根本针对的还是宋人的“立意作诗”说。这一批评在明代具有普遍性。比如谢榛以兴论诗，就是从批评宋人的“立意作诗”入手。他主张“诗有不立意造句，以兴为主，漫然成篇，此诗人之化也”③，宋人则违反了这一规律，“谓作诗贵先立意”，“必先命意，涉于理路，殊无思致”④，所以损害了诗的审美意味。陆时雍反对“立意作诗”，一是为了突出诗歌以情为本的特色，所以他提出“意死而情活，意迹而情神，意近而情远，意伪而情真”的观点，肯定情而否定意。二是为了以情为本阐释诗歌意象的特征。陆时雍论诗，推尊盛唐。盛唐诗歌的特点在他看来，就是以情为本，重视诗歌意象的创造。他说“盛唐人寄趣，在有无之间”⑤，又评盛唐诗歌“诗不待意，即景自成。意不待寻，兴情即是”⑥，即如此。与明代诗论家中许多人一样，陆时雍对宋人“立意作诗”主张的批评和突出情对于诗歌意象创造的意义，有一个重要的理论支撑，那就是“诗三百”以来的诗主言情的传统。“十五国风皆设为其然而实不必然之词，皆情也。晦翁说《诗》，皆以必然之意当之，失其旨矣”⑦，陆时雍将《诗经》完全看成一个情感化的意象本体，自然对朱熹以意说《诗经》的理论，即对国风中那些没有明显道德意图（皆设为其然而实不必然之词）的诗予以道德化阐释（“必然之意”）的做法提出严厉批评。诗歌意象

①⑦　陆时雍：《诗镜总论》，丁福保辑《历代诗话续编》下，第 1414 页。
②　陆时雍：《诗镜总论》，丁福保辑《历代诗话续编》下，第 1419 页。
③　谢榛：《四溟诗话》，丁福保辑《历代诗话续编》下，第 1152 页。
④　谢榛：《四溟诗话》，丁福保辑《历代诗话续编》下，第 1149 页。
⑤　陆时雍：《诗镜总论》，丁福保辑《历代诗话续编》下，第 1417 页。
⑥　陆时雍：《诗镜总论》，丁福保辑《历代诗话续编》下，第 1420 页。

创作既然以情为本，那么以“必然之意”来坐实道德理念和事实的做法也就没有什么必要，朱熹对《诗经》的道德化阐释正是忽视了这一点，将一个以情为本的意象性的诗歌文本当成了要坐实的道德化文本。陆时雍是以《诗经》创作为标准来批评宋人的“立意作诗”的，对以情为本的《诗经》创作传统十分重视，比如他说：“诗贵真，诗之真趣，又在意似之间，认真则又死矣。柳子厚过于真，所以多直而寡委也。《三百篇》赋物陈情，皆其然而不必然之词，所以意广象圆，机灵而感捷也。”①又说：“《三百篇》每章无多言。每有一章而三四叠用者，诗人之妙在一叹三咏。其意已传，不必言之繁而绪之纷也。故曰：‘《诗》可以兴。’诗之可以兴人者，以其情也，以其言之韵也。”②《诗经》具有以情感人，言不尽意的特点。陆时雍强调《诗经》这一传统，强调《诗经》“赋物陈情，皆其然而不必然之词，所以意广象圆，机灵而感捷”的特点，也就是要以情代意、以情为本体来阐释诗歌意象的本体与特征。这一阐释不仅是对《诗经》创作传统的一种回归，也可以看成明代后期主情诗学语境下对传统意象理论内涵的丰富。

三、《诗经》评点与意象审美特征的把握

明代是《诗经》评点的兴盛时期，出现了不少有特色、有影响的著作，如安世凤的《诗批释》、孙鑛的《批评诗经》、钟惺的《评点诗经》、戴君恩的《读风臆评》、徐奋鹏的《毛诗捷渡》、陈祖绶的《诗经副墨》、凌濛初的《言诗翼》等。这些著作与正统的文学诗学批评不一样，那就是它们更关注诗歌艺术特点的把握。郭绍虞所著《中国文学批评史》曾对明代评点学理论（主要是诗歌评点）提出批评，将它们归于“纯艺术的论调”一类，并指责评点学理论“眼光只局于文章的形式技巧”③，这恰恰说明了明代诗歌评点之学价值所在，那就是它更能体现诗歌文本自身的艺术价值。由于评点著作大多具有“以文学趣味为旨归，以一己之感悟为准则，以传达内心感受为目的”④的特点，所以它能对《诗经》

---

① 陆时雍：《诗镜总论》，丁福保辑《历代诗话续编》下，第 1420 页。

② 陆时雍：《诗镜总论》，丁福保辑《历代诗话续编》下，第 1415 页。

③ 郭绍虞：《中国文学批评史》，上海古籍出版社 1979 年版，第 452 页。

④ 黄霖等主编：《诗经汇评·前言》，凤凰出版社 2016 年版，第 4 页。

作品所呈现出来的意象审美特征有深刻的体悟。我们不妨以黄霖等主编的《诗经汇评》所辑录的戴君恩的《读风臆评》来说明：

三章忽设“归宁”一段，空中构相，无中生有，奇奇奇怪，极意描写，从来认归宁为实境，不但诗趣索然，更于事理可笑。①

情中之景，景中之情，宛转关生，摹写曲至，故是古今闺思之祖。诗贵远不贵近，贵淡不贵浓。唐人诗“嫋嫋城边柳，青青陌上桑。提笼忘采桑，昨夜梦渔阳”亦犹《卷耳》四句意耳。②

情景逼真，读之如在昭阳、长信间。唐诗“紫禁香如雾，青天月似霜。云韶何处奏，只是在昭阳”，又“监官引出暂开门，随例趋朝不是恩。银钥却收金锁合，月明花落又黄昏”。景物不殊，恩怨自别。③

瞻望追忆之情，千载读之，犹为欲泣。一、二、三都虚叙，四才是实点。亦是倒法，与《采蘋》章颇同。子弑国危之痛毫不露出。④

他人于“心之忧矣，我歌且谣”意无余矣，此却借“不知我者”转出一段光景，而结以“盖亦勿思”，有波澜，有顿挫，有吞吐，有含蓄。⑤

“溯洄”“溯游”，既无其事，“在水一方”，亦无其人。诗人盖感时抚景，忽焉有怀，而托言于一方，以写其牢骚邑郁之意。宋玉赋“廓落兮羁旅而无友生，惆怅兮而私自怜”，即此意也。婉转数言，烟波万里，《秋兴赋》《山鬼》伎俩耳。⑥

在第一段话中，戴君恩对朱熹“认归宁为实境”的说法提出了批评，认为诗境不同于实境，它是“空中构相，无中生有”，即诗人充分发挥艺术想象力的结果。第二段话提出“情中之景，景中之情”的观点，认为意象创造是一个融情于景，虚实相生，不断生成的过程。同时，意象创造还具有“贵远不贵近，贵淡不贵浓”的艺术特征。唐人张仲素的《春闺思》中的“嫋嫋城边柳，青青陌

① 《周南·葛覃》戴篇后评，黄霖等主编《诗经汇评》上，第 10 页。
② 《周南·卷耳》戴篇后评，黄霖等主编《诗经汇评》上，第 14 页。
③ 《召南·小星》戴篇后评，黄霖等主编《诗经汇评》上，第 14 页。
④ 《邶风·燕燕》戴篇后评，黄霖等主编《诗经汇评》上，第 76 页。
⑤ 《魏风·园有桃》戴篇后评，黄霖等主编《诗经汇评》上，第 265 页。
⑥ 《秦风·蒹葭》戴篇后评，黄霖等主编《诗经汇评》上，第 315 页。

上桑。提笼忘采桑，昨夜梦渔阳”与《卷耳》中“采采卷耳，不盈顷筐”意象描写颇为相似，但风格显然不及《卷耳》淡远，所以也不像《卷耳》那样更具有诗的意趣与韵味。第三段话是对《召南·小星》的评论，此诗通常被认为是写后宫中的嫔妾生活的，所以戴君恩批云“情景逼真，读之如在昭阳、长信间”，同时引唐诗加以比较，目的是强调诗歌意象描写具有“景物不殊，恩怨自别”的特点，即诗人可以融情于景，借景抒情，表达内心的真实情感。第四段话对《邶风·燕燕》的评论，同样强调融情于景、虚实相生的意象描写的重要性。《燕燕》作为一首被后人誉为“万古送别之祖”（王士祯语）的名诗，在写法上很有特点。从诗中“之子于归，远送于野”和“先君”等字眼可看出，这首诗写的是国君送妹妹远嫁。送女子出嫁应该是件高兴的事，全诗却充满了沉重与凄伤的情感。前三章“虚叙”，通过“燕燕于飞”兴句反复咏唱，道送别之情景，最后一章才是“实点”，点出远嫁伤别、心情沉痛的原因，融家国兴亡之感与伤逝怀旧之情于一体，使作品所表达出来的意味格外悠远深长。戴君恩的评论显然抓住了这一点。第五段话对《魏风·园有桃》的评论，认为其上句写“心之忧矣，我歌且谣”，下句却借“不知我者”转出一段光景，而结以“盖亦勿思”，所以全诗写的“有波澜，有顿挫，有吞吐，有含蓄”。这同样是将诗歌作为一个意象性文本，强调诗的含蓄空灵，意在言外的美学特性。最后一段话是对《秦风·蒹葭》的评论。《蒹葭》是《诗经》中最具有艺术影响力的诗篇之一，也是最受评论家关注的诗篇之一。大多数人从诗的意境和意象性描写展开，戴君恩亦不例外。他所说的“‘溯洄’‘溯游’，既无其事，‘在水一方’，亦无其人”，即认为《诗经》的解释不能坐实，要有空灵的艺术韵味。要做到这一点，诗人“感时抚景，忽焉有怀，而托言于一方”的艺术表达方式非常重要，正因为有了这样的表达方式，《秦风·蒹葭》与宋玉的“廓落兮羁旅而无友生，惆怅兮而私自怜”的诗句一样，都可以“婉转数言，烟波万里”，创造出空旷的艺术意境，激发起人们无限遐想与情思。

类似的例子我们还可以列举很多。戴君恩还总结出评点《诗经》创作的许多重要手法，这些手法也被他称为“格法”，如他评论《邶风·击鼓》“格法极松，却极紧，是一片文字”①，评论《豳风·东山》“格法微妙，人不易识”②，等

① 《邶风·击鼓》戴篇后评，黄霖等主编《诗经汇评》上，第 85 页。

② 《豳风·东山》戴篇后评，黄霖等主编《诗经汇评》上，第 380 页。

等。这些格法（手法）有十几种，如翻空法、退一步法、关锁法、倒法、反振法、以客代主法、转折法、提胎夺舍法、伸缩法、前后呼应、由虚入实，等等。其实格法的运用常常也是指向诗歌意象创造的。如他以“翻空法”评论《周南·关雎》：“诗之妙，全在翻空见奇。此诗只‘窈窕淑女，君子好逑’便尽了，却翻出未得时一段，写个牢骚扰受的光景，又翻出已得时一段欢欣鼓舞的光景，无非描写‘君子好逑’一句耳。若认作实境，便是梦中说梦。”[①]他认为《关雎》一诗的妙处在“翻空见奇”，要达到“奇”，关键还是在于虚实相生，不能将实境等同于诗境。现实生活中没有的，可以通过艺术虚构来创造，这就是他所说的“奇”，“奇”即实境与虚境的统一，这实际上还是在说诗的意象创造。总之，戴君恩对《诗经》的阐释有一个共同特点，那就是将《诗经》看成一个意象性文本，反对用直陈的方式对《诗经》进行阐释。作为意象性的文本，诗境不同于实境，它不是对生活中存在的事物摹写与还原，它具有含蓄空灵的特性，是诗人充分发挥艺术想象、托言以写情思的产物，是一个融情于景，虚实相生，不断生成变化的过程。

明代《诗经》评点不仅重视意象批评实践，而且还提出了新的理论观点，丰富了明代意象诗学理论的内涵。钟惺的“诗为活物”论就是一个代表。“诗为活物”论见于其《诗论》一文，它列于钟惺《评点诗经》一书卷首，后被收入《隐秀轩集》，它也是钟惺评论《诗经》的一个主导思想。钟惺说：

> 《诗》，活物也。游、夏以后，自汉至宋，无不说《诗》者。不必皆有当于《诗》，而皆可以说《诗》。其皆可以说《诗》者，即在不必皆有当于《诗》之中。非说《诗》者之能如是，而《诗》之为物，不能不如是也。何以明之？孔子亲删《诗》者也，而七十子之徒亲授《诗》于孔子而学之者也，以至春秋列国大夫与孔子删《诗》之时不甚先后而闻且见之者也。以至韩婴、汉儒之能为《诗》者也。今读孔子及其弟子之所以引《诗》，列国盟会聘享之所赋《诗》，与韩氏之所传《诗》者，其事、其文、其义不有与《诗》之本事、本文、本义绝不相蒙而引之、赋之、传之者乎？既引之，既赋之，既传之，又觉与《诗》之事、之文、之义未尝不合也。其何故也？夫《诗》

① 《周南·关雎》戴篇后评，黄霖等主编《诗经汇评》上，第5页。

> 取断章者也，断之于彼而无损于此，此无所予而彼取之。说《诗》者盈天下，达于后世，屡迁数变，而《诗》不知，而《诗》固已明矣，而《诗》固已行矣。……（《诗经》评本）业已刻之吴兴，再取披一过，而趣以境生，情由日徙，已觉有异于前者。友人沈雨若，今之敦《诗》者也。难予曰："过此之往，子能更取而新之乎？"予曰："能。"夫以余一人心目，而前后已不可强同矣，后之视今，犹今之视前，何不能新之有？①

"诗为活物"的本义不是谈诗歌意象，而是站在阐释者立场，认为《诗经》作为一个文本对象，其义域是开放的、灵活多变的，具有无限的阐释可能性。由于钟惺所说的"诗为活物"，并不像西方的阐释学和接受美学，主要依赖读者（阐释者）的历史视野而存在，而是以诗歌文本的特征的认识为基础，所以它对于理解诗歌意象的美学特征也很重要。具体说来，它包含这样几层意思：第一，"诗为活物"论认为，《诗经》的阐释是以《诗经》之文本"活"的特性所决定的，它说明诗之文本无法用某种确定的意义去限定，这与诗作为一种意象性文本存在的规定性是相通的，意象即具有不可执实、意在言外的特征，无法用确定的意义来限定。由于《诗经》是一个活物，从孔子到后儒，用诗、赋诗、引诗、传诗，各家的解释虽不相同，却可能与《诗经》的本事、本文、本义相符合。即使"与《诗经》之本事、本文、本义绝不相蒙"，也是合理的，因为它毕竟为《诗经》的阐释提供了一种可能。这正是《诗经》作为意象性文本存在的价值所在。第二，《诗经》作为"活物"，作为意象性文本的存在，也为"断章取义"的诗歌阐释提供了可能。对《诗经》的"断章取义"阐释源于春秋时期"赋诗断章"的风气，是《诗经》阐释的一个传统，其基本意思是说阐释者取原诗中的某章某句，根据自己的理解和需要做类比发挥，阐释的目的不在于与诗的原意吻合。钟惺将"断章取义"阐释的重心由读者转向了文本，认为诗歌阐释具有"断章取义"的自由，这种自由是诗歌形式赋予的，是"非说《诗》者之能如是，而《诗》之为物，不能不如是也"，即由《诗经》的文本性质而非解释者的主观态度决定。由于"诗为活物"，是一个意象性的存在，它的每一个章节、部分都具有相对完整和独立的含义，读者也完全可以以作品的意象性阐释为基础，

① 钟惺：《诗经评点 · 诗论》，黄霖等主编《诗经汇评》下，第 868 页。

“断之于彼而无损于此”，从不同的角度去感受和丰富作品的意蕴。第三，在强调作品的文本的重要性的基础上，钟惺还提出了“趣以境生，情由日徙”的观点，认为同一个人理解同一篇诗，由于个人的性情和心境的变化，理解也不相同。这也说明，《诗经》文本的阐释是一个意象化阐释的过程，重要的不是概念、理性的分析，而是“趣以境生，情由日徙”，是读者对于《诗经》的形象感受与心灵体验。

另外，明代诗人特别是晚明诗人在阐释《诗经》旨时，还常常强调托言、寓意手法的重要性。比如，戴君恩云：“《五经》中，惟《诗》与《易》所寓言，其寄旨幽远，其托象精微，若一一以正言求之，则扪烛叩盘之见耳，岂能有所领会哉？”①他还依据寓意、托言理论，批评朱熹据诗辞解《诗经》，认为其常失之肤浅，并误将虚构的描写认作实境。徐光启也认为“至于读《诗经》，全要领其不言之旨……若一切粘皮带骨，全非诗理，不了此义，未可与读传注也”②，并将托言、寓意一类手法与《诗经》之“风人之致”联系起来，认为风人之致“多是借有为机，倚无为用，说处不是诗，诗在不说处”③。其实，言托言、寓意，也就是反对用直陈、直据诗歌字面意义来解释《诗经》旨，也就是将《诗经》作为一个意象性文本看待，重视《诗经》的言外之意和含蓄空灵的审美特征。它也可以看成对明代意象诗学理论内涵的丰富，推动了明代意象诗学理论的发展。

---

① 戴君恩：《剩言》卷九，浙江巡抚采进本，第3—4页。

② 徐光启：《毛诗六帖·大雅·瞻卬》，《四库全书存目丛书》。

③ 徐光启：《毛诗六帖·齐风·鸡鸣》，《四库全书存目丛书》。

作为道德象征的《左传》

李宏祥*

摘　要:《左传》在何种意义上是一部文学作品?这是中国古代文学研究需要解决的一个理论问题,单从修辞形式和叙事学的角度还无法真正解决这个问题。本文根据亚里士多德对史与诗的区分方法,从以下三个方面对《左传》的文学性进行论证。一是科学史观与《左传》历史观之间的差异;二是《左传》的历史书写与史家的自我意识;三是史家道德观念在《左传》历史叙述中的作用。本文从上面三个方面证明:《左传》是一部用以象征史家道德观念,寄托史家理想的文学作品。

关键词:历史　事实　象征　设身处地法

一

《左传》是一部历史著作,但中国文学研究者却常将它作为文学作品来看,认为它是中国长篇叙事文学的起点和开篇,是先秦文学中的杰出代表。把《左传》作为文学作品来看的根据是什么?按《左传》自己的说法,就是"春秋笔法",即"春秋之称,微而显,志而晦,婉而成章,尽而不污,惩恶而劝善,非圣人谁能修之"(《左传》成公十四年)。后来关于《左传》的文学研究也多拘于此。但是,单以"春秋笔法"把《左传》作为文学作品来看的根据是否充分呢?钱锺书批评单以笔法论《左传》的观点,认为持此论者没有认识到春秋笔法的物质基础,也没有注意到其为文学作品的"精神本质"。"古人论《春秋》者,多美其

* 作者简介:李宏祥,男,汉族,华东师范大学汉语国际教育系文学博士,研究方向为美感、知觉哲学、文学理论。

辞约意隐，通识如刘知幾，亦不免随声附和。……顾此仅字句含蓄之工，左氏于文学中策勋树绩，尚有大于是者，尤足为史有诗心，文心之证。则其记言是矣。”①钱锺书对古人的批评仍适用于当今以笔法论《左传》的文学研究。这表现为《左传》研究中一种颇为流行的说法，即“《左传》虽是历史著作，从文学的角度看，是有显著的特点的”②。这种因为形式上有文学特点就把《左传》作为文学作品，甚至将之视为中国文学的开端和典范，在理论上是不充分的。

如果不能在文学的意义上提供足够充分的根据，就不能把《左传》当作文学作品来看。以当前对《左传》的态度来看，把《左传》解读为文学作品，依据的是历史本体，而不是文学本体。按照亚里士多德的说法，这两者是截然不同的。历史叙述的是过去的事实，而文学则叙述可能发生的事情。希罗多德的《历史》写得再好，也与《荷马史诗》有着本质的不同。仅以海伦这个历史人物为例，按照希罗多德的介绍，希腊和特洛伊之间发生战争期间，海伦应该在埃及，而不是在特洛伊，但《荷马史诗》却按照诗的原则，把海伦放在了特洛伊，认为她是两国交战的导火索。《荷马史诗》没有按照历史实际情况来表现海伦，在史学上是有问题的，但在文学上却是成功的。按照亚里士多德对历史和诗的区分，严格地说，《左传》只能算是历史著作，充其量只能算是一部语言上有文学特色的历史作品，但绝不应当是文学作品。把《左传》当作文学作品来看，并把它纳入中国文学史，看来是缺少根据的。

尽管《左传》被当作了解先秦历史的重要文献，但它并不是亚里士多德所说的历史著作。有以下几点可以作为证明：宣公二年，赵穿攻灵公于桃园，但史家董狐作书却将弑君的罪名归于赵盾，在史书上记为“赵盾弑其君”。对于这一不顾事实的做法，董狐的理由是“子为正卿，亡不越竟，反不讨贼，非子而谁？”孔子对董狐的这一不顾历史事实的做法竟颇为赞赏，称其为古之良史，书法不隐。《左传》关于这件事的记载，旨在表明史家的任务并不在于秉笔直书已经发生的事实，而在于宣扬道德礼法。除了这件直接表明史家记史特征的事件，《左传》中记载了许多神异事件，如申生之托狐突、荀偃死不受含、伯有之厉、彭生之妖、晋侯梦大厉、召桑田之巫言如梦、龙斗于郑时门之外的洧渊

① 钱锺书：《管锥编》，中华书局 1979 年版，第 163 页。

② 游国恩等主编：《中国文学史》（一），人民文学出版社 2004 年版，第 59 页。

等,《左传》记载这些事件常为后人诟病。东晋的范宁在《春秋穀梁传》集解序中说“左氏艳而富,其失也诬”;唐人杨士勛《春秋穀梁传序疏》说:“其失也巫者,谓多叙鬼神之事,预言祸福之期。”柳宗元也认为,“左氏惑于巫而尤神怪之”(《非〈国语〉》上《卜》)。刘知幾在《史通·惑经》中列举了大量证据,证明《左传》并不像后人想象的如实地记载事实。他批评道,“盖君子以博闻多识为工,良史以实录直书为贵。而《春秋》记它国之事,必凭来者之辞;而来者所言,多非其实。或兵败而不以败告,君弑而不以弑称,或宜以名而不以名,或应以氏而不以氏,或春崩而以夏闻,或秋葬而以冬赴。皆承其所说而书遂使真伪莫分,是非相乱”。之后顾炎武亦认为,“昔人所言兴亡祸福之故不必尽验。《左氏》但记其信而有征者尔,而亦不尽信也”①。钱锺书也指出《左传》缺少史学的求信精神,好记奇事、轶事。②总之,按照亚里士多德的历史观念,《左传》不是严格意义上的历史著作。

《左传》之所以没有像历史著作那样如实记载事实,并不在于它对事实缺乏认识,而在于它所理解的“史”,与科学意义的“历史”不是同一个概念。《三国志·吴书·吴主传》注引《吴书》,吴主孙权“博览书传历史,藉采奇异”,开始在“史”前加“历”字,指经历、历法,但“历史”一词结构较为松散,在含义上也不甚确定,在古汉语中不是一个普遍使用的概念。现代汉语中的“历史”一词可谓“出口转内销”。近代日本学者用汉语中的“历史”一词,翻译和附会英文中的“history”一词,促成了今天人们所理解的历史的概念,历史一词也成为一个具有固定含义的词语。在西方,“历史”一词源自希罗多德的《历史》(*Historia*)一书,希腊语中“historia”原义为“调查、探究”,强调实际发生的事实,以有别于神话传说等虚构想象的故事。亚里士多德的历史观就源于此,而他的历史观也影响了我们今天对历史的认识。按郭艳复主编《现代汉语词典》的解释:历史就是“自然界和人类社会的发展过程,也指某种事物的发展过程和个人的经历”,“过去的事实”,“过去事实的记载”,“历史学”③其中意涵正源于亚里士多德的历史观。这种以探究和记录事实客观存在为目的的历史观念与《左传》时期的“史”的观念并不一致。按照许慎《说文解字》的解释:“史,

① 顾炎武:《日知录集释》,上海古籍出版社 2014 年版,第 99 页。
② 钱锺书:《管锥编》(一),第 251 页。
③ 郭艳复主编:《现代汉语词典》,北方妇女儿童出版社 2004 年版,第 268 页。

记事者也；从又持中，中，正也。”按照王国维的考证和解释：“史之本义，为持书之人，引申而为大官及庶官之称，又引申而为职事之称。其后，三者各需专字，于是史、吏、事三字于小篆中截然有别：持书者谓之史，治人者谓之吏，职事谓之事。此盖出于秦汉之际，而《诗》《书》之文尚不甚区别，由上文所征引知之矣。”① 按照章学诚的说法，六经皆史，史并非关于过去事实的记载，而是政治文献，依照今天史学理论来看，它们应算是史料。中国古史之名，远如虞、夏之典，商、周之诰，孔氏所撰，都称为“书”。后改“书”为“志”“记”，如称《东观》为“记”，称三国史为《三国志》，虽然称谓不同，但指的都是史。史的范围包罗万象，《诗》《书》《礼》《乐》《春秋》，六经皆史。史涉及范围极广，广义上包括后世所言的各种语言文字形式。如章学诚所言：“《春秋》之事，则齐桓、晋文，而宰孔之命齐侯，王子虎之命晋侯，皆训诰之文也，而左氏附传以翼经；夫子不与《文侯之命》同著于编，则《书》入《春秋》之明证也。”② 以文论史，不单体现在这些历史著作的体制上，也体现于春秋时期人们对史的言谈中。孔子说“质胜文则野，文胜质则史，文质彬彬，然后君子”(《论语·雍也》)，其中的“史”，指的就是文辞的形式风格。从内容上来说，史的原型就是诗，是能够通达天地神圣灵，教化天下的语言形式。古希腊赫希俄德解释说：“历史是神学诗人取悦于神的赞歌，记载了神的家族获得荣耀的事迹，世界的创造者，神的力量和英雄，功能在于取悦于神，忘记痛苦。”③ 钱锺书也认为，古史即诗。“先民草昧，词章未有专门。于是声歌雅颂，施之于祭祀、军旅、昏媾、宴会，以收兴观群怨之效。记事传人，特其一端，且成文每在抒情言志之后。赋事之诗，与记事之史，每混而难分。此士古诗即史之说，若有符验。然诗体而具纪事作用，谓古史即诗，史之本质即是诗，亦何不可。论之两可者，其一必不全是矣。况物而曰合必有可分者在。谓史诗兼诗与史，融而未划可也。……谓诗即以史为本质，不可也。脱诗即是史，则本未有诗，质何所本。若诗并非史，则虽合于史，自具本质。”④

史家的原型是巫。如章学诚所言，“诸史皆掌记注，而未尝有撰述之官

---

① 王国维：《观堂集林》，河北教育出版社 2003 年版，第 133 页。

② 章学诚：《文史通义》，上海书店出版社 1988 年版，第 9 页。

③ 赫希俄德著，张竹明、蒋平译：《工作与时日 神谱》，商务印书馆 1991 年版，第 27 页。

④ 钱锺书：《谈艺录》（四），中华书局 1998 年版，第 26 页。

（注：祝史命告，未尝非撰述，然无撰史之人。如《尚书》誓诰，自出史职，至于帝典诸篇，并无应撰之官）”①。史家最早的身份，不是对已经发生的事实进行调查和探究的人，而是能够通过祭祀或者占卜来满足人的精神生活的巫师。《国语·楚语下》观射父和楚昭王的一段对话中，记载了古代从巫到史的演变过程。《左传》中也有类似的记载：

> 自王以下，各有父兄子弟，以补察其政。史为书，瞽为诗，工诵箴谏，大夫规诲，士传言，庶人谤，商旅于市，百工献艺。故《夏书》曰：“遒人以木铎徇于路。官师相规，工执艺事以谏。”正月孟春，于是乎有之，谏失常也。天之爱民甚矣。（《左传》襄公十四年）

这些记载表明了史家和巫的渊源关系。《左传》中将巫和史名称混用的状况，以及大量有关史官占筮的记载，表明史和巫之间不仅存在着身份上的联系，也存在着精神上的联系。“所谓道，忠于民而信于神也。上思利民，忠也；祝史正辞，信也。”（《左传》桓公六年）可见《左传》作者对巫师的信任。《左传》中有不少记载王向史官咨询神异之事的记录。如庄公三十二年，秋七月，有神降于莘，惠王问诸内史过；哀公九年，晋赵鞅卜救郑，遇水适火，占诸史赵、史墨、史龟；昭公十七年，祝史请所用币。占筮者不仅是巫师或史官，其中也包括王侯。僖公四年初，晋献公欲娶骊姬为夫人，分别采用了占和蓍两种方法，卜之，不吉；筮之，吉。襄公二十五年，崔杼要娶棠姜，便通过占筮询问是否可行，得到困卦变成大过；最后，果如占筮结果所预测的，崔杼因棠姜而遭到灭门之祸。《左传》在观念上还延续着巫术的传统，相信鬼神和灵魂的存在，也相信巫师或史家通神的能力和占卜效果的准确性。懿氏卜妻敬仲，其妻占之；毕万筮仕于晋，秦伯伐晋，卜徒父筮之；晋献公筮嫁伯姬于秦；陨石于宋五，六鹢退飞过宋都，宋襄公问周内史叔兴何祥吉凶；晋赵鞅卜救郑，遇水适火，占诸史赵、史墨、史龟；等等。《左传》中的人物，婚丧嫁娶、出征作战、接客待物，大事小事，遇事则占，凡占皆灵。除了通过占筮能够使人提前预知行动的后果，某些人也能够根据自己的观察，对事件的发展做出准确的预判：“三良殉死，君子

① 章学诚：《文史通义》，第13页。

是以知秦之不复东征；至于孝公，而天子致伯，诸侯毕贺，其后始皇遂并天下。季札闻齐风，以为国未可量，乃不久而篡于陈氏；闻郑风，以为其先亡乎，而郑至三家分晋之后始灭于韩。浑罕言：‘姬在列者，蔡及曹、滕其先亡乎？’而滕灭于宋王偃，在诸姬为最后。”(顾炎武语，事见《左传》僖公三十一年)上述种种事件，表明了史家和巫祝之间的渊源关系。

《左传》不尊重事实、巫祝占卜，以及神异事件的记载，并不是因为史家蒙昧无知，迷信于怪、力、乱、神，而是史家借社会习俗委婉表达自我意识的方式。① 实际上，《左传》中巫的神秘主义氛围相比《诗经》来说已经淡化很多，甚至还出现了杀巫的记载。《左传》记录了两起杀巫事件，一起是僖公二十一年，鲁僖公因为逢夏天大旱而杀巫(夏，大旱。公欲焚巫、尪)；一起是昭公二十年，齐侯因久病不治欲怪罪于巫。这两起事件说明，巫的通神能力已经受到了怀疑。其次，在《左传》中有许多对像臧文仲、晏子、子产这样既是史官又是政治家言行的记载。他们尽管遵循着祭祀之礼，却不相信鬼神的存在。臧文仲劝鲁僖公，晏子劝齐侯，皆说杀巫无济于事，重在修德。子产对伯有之厉和郑国城外龙的传言的解释，也表明事在人为，求神不如求己。《左传》的作者知道，鬼神并不能决定人们的日常生活，它们只是满足人的心理需要的表现形式，占卜的效用首先来自对人的认识。用《左传》转引《夏书》的说法就是，占卜者只有能够审查判断人的意愿，然后才使用龟甲，即“官占，唯能蔽志，昆命于元龟”(《左传》哀公十八年)。所以，真正决定人的现实生存的并不是鬼神，或者巫，而是人的意愿。再者，书中记载的那些被巫师或者史官预测得极其准确的事件，其目的也并不在于表现巫师或史官超人的预言能力，而在于证明一个人的道德品行对于事件的决定作用。《左传》中子大叔和赵简子之间的一段对话，其中涉及礼和仪的分别，尤能表现《左传》的理性态度。

> 子大叔见赵简子，简子问揖让周旋之礼焉。对曰：“是仪也，非礼也。”简子曰：“敢问何谓礼？”对曰：“吉也闻诸先大夫子产曰：‘夫礼，天之经也。地之义也，民之行也。’天地之经，而民实则之。则天之明，因地之

---

① “赵穿杀君而称宣子之弑，江乙亡布而称令尹所盗，此则春秋之世，有识之士莫不微婉其辞，隐晦其说。斯盖当时之恒事，习俗所常行。”刘知幾著，赵吕甫校注:《史通新校注》，重庆出版社1990年版，第836页。

> 性，生其六气，用其五行。气为五味，发为五色，章为五声，淫则昏乱，民失其性。”(《左传》昭公二十五年)

我们可以从这段对话中看到，原来被视为整体的礼仪，现在被分离为形式和内容，外在的仪式形式被《左传》抛弃了，它真正关心的是人的精神。在对人的自我认识上，《左传》指出了一个极其重要的内容，就是人对不朽的信念。襄公二十四年春，穆叔到晋国。范宣子接待他，问他古人所说的“死而不朽”是什么意思。范宣子在穆叔尚未回答之前，先列举了匄的祖先——陶唐氏、御龙氏、豕韦氏、唐杜氏、范氏等祖先之名，认为他们便是不朽的。穆叔则回答说，像保存姓氏，接受氏，守住宗庙，世世代代不断绝祭祀这样的事情，只不过是世禄，而非不朽。鲁国有个大夫叫臧文仲，他死后，人们还记着他曾经说过的话，这才叫不朽。所以，不朽有三，太上有立德，其次有立功，其次有立言。穆叔这个关于不朽的观点，可以说表达了《左传》的最高精神指向。与这一指向相应的，是《左传》对立言的谨慎。

> 君子曰：“名之不可不慎也如是。夫有所名，而不如其已。以地叛，虽贱，必书地，以名其人。终为不义，弗可灭已。是故君子动则思礼，行则思义，不为利回，不为义疚。或求名而不得，或欲盖而名章，惩不义也。”(《左传》昭公三十一年)

上面这番关于名和言的说法，表明史家不只是把《左传》当作记载史实的历史著作，还把它用于宣传礼教的道德寓言，与巫术时代不同的是，它开始以不朽取代神，以圣人君子取代上帝，以立言立德代替了世禄之名。

二

按科学的说法，历史是关于已经发生过的事实的记载，但是，什么是历史事实呢？这里需要区分两种事实的概念：一种是原始的、客观存在的事实，一种是由语言所表达的，并经过史家处理过的事实。按照这两个概念的区分，凡是被诉诸语言形式的事实，皆是史家的事实。史家的事实，不只是事实本身，而是体现人的思想的事件，其中事件的选择、叙述事件的逻辑方法和对事件的态度，都是思想的表现形式。以此来看《左传》，它不仅有史书，而且有史学，不过不是科学意义上的史学，而是人文意义上的表现史家思想感情的史学。

《左传》作者对于自身身份的认识是非常明确的。对待董狐这样的史家，《左传》之所以给予高度评价，并不在于他们能真实地记录和再现事实，而在于其对礼法的坚持。尽管赵盾本身并无杀人的过错，在道德上也被视为古之良大夫，但按照董狐的理解，任何个人的名声和利益都无法超越礼法的规定，所以他必须承担罪责。而那些看起来有些神异性质的鬼神的记载，尽管在历史事实的层面上是荒诞的，但与后世那些以娱人耳目为目的的稗官野史不同，《左传》没有把注意力放在这些事情本身，而是放在了对这些事情的解释上。一、关于申生之魂托狐突的记载。申生因为夷吾不懂礼而欲借帝力惩罚他，但狐突告诉他这样做不合礼，而只能以帝之力来惩罚那些真正有罪的人（《左传》僖公十年）。二、关于荀偃死不受含的记载。齐国因为两次攻打鲁国而被晋国视为非礼，作为讨伐齐国的将士，荀偃因为事业未竟而死不受含，其崇礼的心思非一般人所能理解（《左传》襄公十九年）。三、关于伯有之厉的记载。伯有生前骄奢淫逸，死后却因没有按照礼仪安葬，后以厉鬼形式骚扰民众。子产之所以能平复伯有之厉，因为他懂礼，知道“鬼有所归，乃不为厉，吾为之归也”（《左传》昭公七年）。四、关于彭生之妖的记载。这条记载既证明彭生杀死鲁桓公，投身为畜生之事的因果报应，也以齐侯的昏庸无知反衬徒人费的忠君不二（《左传》庄公八年）。五、关于晋侯梦大厉，公觉，召桑田巫，巫言如梦的记载（《左传》成公十年）。后人视为迷信的事件，在当时史家眼里则很可能是真实的，况且，史家记载这些事情，目的并不在于唤起人的好奇心，而在于证明多行不义必自毙的道理。六、关于龙斗于郑时门之外的记载。这证明了子产理性自觉的一面。子产认为，龙和自己无关，求天不如求自己：“我斗，龙不我觌也。龙斗，我独何觌焉？禳之，则彼其室也。吾无求于龙，龙亦无求于我。”（《左传》昭公十九年）我们几乎可以在所有的神异事件中，都能找到一个共同的所指，那就是“礼教”。巫和鬼神之事之所以在《左传》的作者看来是真实的事件，并不在于它们实际发生了，而在于作者相信这些事情的发生，并认识到它们之所以发生的道德根据。后来那些批评《左传》“其失也巫者，谓多叙鬼神之事”的人显然只看到了这些事件的表面，而看不到作者是怎样利用这些事件来表达礼教观念的。

《左传》的写作方法表明，它是一部表现史家事实的作品。最为后人熟悉的就是“春秋笔法”。《左传》中有两处高度评价《春秋》的地方。“《春秋》之称，微而显，志而晦，婉而成章，尽而不纡，惩恶而劝善。非圣人谁能修之？”(《左传》成公十四年)“《春秋》之称微而显，婉而辨。上之人能使昭明，善人劝焉，淫人惧焉，是以君子贵之。”(《左传》昭公三十一年)西晋人杜预将《左传》的这个说法扩展为春秋五例。经由杜预的阐释，春秋笔法便成为后世中国文学家和史家学习的榜样。但是，《左传》对春秋笔法的高度评价，表达的并不是《春秋》这部书的特征，而是史家自己的标准。如钱锺书所言，“窃谓五者乃古人作史时心向神往之楷模，殚精竭虑，以求或合者也，虽以之品目《春秋》，而《春秋》实不足语于此。……盖‘五例’者，实史家之悬鹄，非春秋所树范”[①]。

春秋笔法不是一个以认识事实为目标的表现方法，而是一个以实现社会交往为目的的修辞方法，其功能相当于今人所说的委婉语。《左传》提出春秋笔法，缘于当时的社会风气。从《左传》记载的春秋时期的社会活动，尤其是行人间社会交往的风尚来看，为表示对对方的尊重，避免犯讳，含蓄委婉地表达自己的态度，不仅是体现自身文化修养的方式，也是一种上层社会交往的礼仪规范。最常见的一种交往方式就是用诗。用诗的目的不在于表现人们懂诗的原意，而在于用它来含蓄委婉地表达人的想法，因此，春秋时期人们用诗断章取义便是常事。《左传》中有两个证明用诗对于社会交往的重要性的反面典型。一个是齐国的庆封。叔孙穆子曾两次宴请庆封，庆封为人不恭，于是叔孙穆子赋诗《相鼠》，使工为之诵《茅鸱》，相当于当面骂他厚颜无耻，而庆封却一无所知。还有一个是宋国的华定。他到鲁国与新立的宋君通好。鲁君设享招待他，为他赋《蓼萧》，他不知道，也不赋诗回答。昭子说他“必亡。宴语之不怀，宠光之不宣，令德之不知，同福之不受，将何以在？”(《左传》昭公十二年)这两个人因为不懂诗，不能领会用诗者的言外之意而被人嘲笑，或被认为是不道德的人。基于春秋时期上层社会交往方式的特点，《左传》提出以含蓄、委婉为特征的春秋笔法作为自己的标准，就是很自然的事情了。

《左传》借《春秋》之名树立了一个史书写作的标准。《左传》的结构体例始

① 钱锺书：《管锥编》(一)，第161—162页。

终能够让人意识到史家的存在。史家作为叙事者，不仅叙述事件，还把他的写作背景，写作方式，阐释事件发生的原因和意义的穿插在叙事的过程中。总的来看表现为以下几个方面：首先是时序。以时间顺序作为叙事的基本结构，本是《春秋》编年史做法，《左传》继承了这种方法。不过，与《春秋》那种叙事内容和叙事方式混在一起的情况相比，《左传》的时序不是表现为事件按时间如流水账般的罗列组合，而是有清晰的因果逻辑关系。事情和事情之间有什么逻辑关系，哪些事情可记，哪些事情为什么没有记，以及怎样记，史家经常会现身说明。所谓“非礼也，勿籍”(《左传》成公二年)。“文辞以行礼也。子朝干景之命，远晋之大，以专其志，无礼甚矣，文辞何为?”(《左传》昭公二十六年)《左传》并不避讳史家事实和原始事实之间的差异，什么事情应该书，什么不该书，按照什么样的方式，甚至具体到用什么样的字去写，书中多会给出解释。如文公十四年，《春秋》中并无“顷王崩”的记载，《左传》给的理由是“文公十四年春，顷王崩。周公阅与王孙苏争政，故不赴。凡崩、薨，不赴，则不书。祸、福，不告亦不书，惩不敬也”；《春秋》中有“宋子哀来奔”一句，《左传》给的理由是“宋高哀为萧封人，以为卿，不义宋公而出，遂来奔。书曰：‘宋子哀来奔。’贵之也”等，都证明《左传》唯德是依的记事原则。《左传》不仅明确自己的写作标准，还树立了董狐和南史氏两个榜样。这两位史家因为不畏王权，秉笔直书而成为史家典范。但从其具体做法来看，史家的秉笔直书，并不是严格按照实际发生的事情来记录，而是按照礼法来记录。如赵盾弑君一事，尽管太史董狐明知弑君者并非赵盾，而是赵穿，但他仍以赵盾弑其君来记录这件事情，如他反问赵盾的，“子为正卿，亡不越竟，反不讨贼，非子而谁?”(《左传》晋灵公不君)这种看似明知故犯的做法，清楚地表明史家是按照道德的，而非符合事实的原则来记事的。

在叙事中，需要向读者交代事件缘由的时候，《左传》常会出现以“初”字开头的结构形式。“初”字常被认为是作者倒叙或者插叙手法的运用形式，但从实际的功能来看，以“初”开头的事件，并不强调和主体事件在时间上联系，而在于强调它对前面事件的补充和解释作用。如桓公十年，有两处以“初”字开头的段落。第一处是说虞叔因为虞公向其索要玉和宝剑而讨伐虞公，使其出奔共池。这一事件之前，只有一句关于虞国的事件，就是虢公出奔虞。两件事情虽然都关系到虞国，但之间没有必然的联系。应该说是作者补充的事件。另一件事情是，这一年的冬天，齐、卫和郑国一起于郎地讨伐鲁国，“冬，齐、卫、郑来战于郎，我有辞也”。之后记载的是一个以“初”开头的事件。它讲述的是齐国被北戎所困，在帮助齐的诸侯中，郑公子忽立了大功。然而，齐国犒劳诸侯，让鲁国确定犒劳的次序时，鲁国没有按照功劳大小，而是按照周室封爵的次序，把郑国排在了后边，于是郑人发怒而请齐国出兵，而齐国为帮助郑国又拉上卫国的军队。于是就有了齐、卫、郑三国攻打鲁国的事情。显然，由“初”引出的这件事和上一件事情之间是解释的关系，而非时间先后的关系。《左传》中大量“初”字的使用，基本上就是上面两个方面的用途，其使用的程式化，也清晰地表明了作者的意图，其功能颇类似于小说、戏剧表演中作者的插话，用来提醒观众事情发生的前因后果。

史家叙事之外，还以“君子曰”为标志，对事件进行评价，解释事件的象征意义。史家发表评论的一个最常见的方式就是引经据典，通过引用史书或者《诗经》等作品，来确保所说义理的正确性。“君子曰”在《左传》中位置比较灵活，没有像司马迁的《史记》或者后来小说那样固定在事件的结尾，不过，在功能上则是明确针对前面所述事件的。比如，在叙述完郑伯克段于鄢一事后，作者以“书曰”的形式，对史书记载此事的方式及原因进行解释，而在叙述完颍考叔帮助郑庄公母子和好如初一事后，作者以“君子曰”的方式，对颍考叔的孝顺大大夸奖了一番，所谓“颍考叔，纯孝也，爱其母，施及庄公。《诗》曰‘孝子不匮，永锡尔类。’其是之谓乎！”(《左传》隐公元年）上述四个方面构成了《左传》中作者的话语，它与叙述者话语一起，构成了《左传》的“春秋笔法”，史家时而以作者身份叙述事件发生的背景、记事的方法和事件的意义，时而以叙事者身份表现事件的过程，两种结构之间相互穿插，相互作用。这种双话语系统是一种开放性的交流结构，既叙述生活真实感的事件，又揭示事件的写法及其蕴含的道德理念。掌握这种结构，我们就可以清楚，《左传》中作者的话语部分叙述的才是历史事实，而由叙事者所叙述的事实实际上是象征史家理想的事实。

《左传》正是一部史家按照儒家理想书写的作品，它以追求不朽的精神阐释了“史”的神圣意义，它渗透于汉语中的“春秋”二字。当人们说“春秋”的时候，表达的不仅是事实，还有人们对于不朽的愿望和愿为公众利益牺牲的大无畏精神。正是这一精神构成了《左传》之于后世的典范意义。后人如孟子，认识到了《左传》的精神意涵，明知《春秋》所记之事与历史事实不完全相符,但仍坚持“孔子成《春秋》,乱臣贼子惧”。亦如司马迁,尽管主张以求实态度来对待历史,仍以《春秋》为榜样,以“究天人之际,通古今之变,成一家之言”的远大志向书写《史记》。在对史的人文内涵的理解上,《春秋》《左传》《史记》与只重事实的编纂史学作品有着根本的区别。当然,也有史学家如刘知幾并未领会《左传》的人文内涵,认为这是后人不顾事实、神化《左传》的虚美之辞,“考兹众美,征其本源,良由达者相承,儒教传授,既欲神其事,故谈过其实”①。

春秋无义战,各个诸侯国之间的战争,本源于诸侯国扩张势力的野心,不存在正义与非正义的区分。然而,《左传》似乎并未着意表现诸侯争霸残酷性,相反,在《左传》中,触目可见的是公卿贵族关于“诗”“礼”的风雅之谈,以致给后人一种印象,仿佛春秋时期是一个优雅文明的历史阶段。清人劳孝舆在《春秋诗话》中,根据《左传》所记载的赋诗言志的风气,概括为“春秋一场大风雅”,后人也常以此附会,而把春秋文化的根本精神称为风雅精神,却忽视了史书和事实之间的巨大反差。由此看来,《左传》的作者凭着不是已有的事实,而是凭着应该有的事实,凭着对如“礼”“德”“义”“不朽”的信念,把自己所知道的事实理想化了。他给后人呈现的风雅世界,与其说是实录,不如说是抒情,是在乱世之中守护意义的方式。同为史家,且遭遇不幸的司马迁,洞察到了《左传》隐约其词的背后流露出来的忧患之情,知道像《左传》这样的作品,“大抵贤圣发愤之所为作也。此人皆意有所郁结,不得通其道也,故述往事,思来者”(《史记·太史公自序》)。近人顾颉刚也意识到:“从春秋的著作看来,可知那时的儒家是怎样的为这大时代打算。他们对于未来的憧憬是借了过去的史实来表示的,所以它们口里的古史就是他们对于政治的具体的主张。”②基于此,我们既可以把《左传》当成一部历史著作,也可以把它当作文学著作。

三

《左传》虽是史书,实为道德的象征。孟子说:“王者之迹熄而诗亡,诗亡

① 刘知幾:《史通新校注》,第836—837页。

② 崔述:《崔东壁遗书》,上海古籍出版社1983年版,第14页。

然后春秋作。晋之《乘》，楚之《梼杌》，鲁之《春秋》，一也。其事则齐桓、晋文，其文则史。孔子曰：‘其义则丘窃取之矣。’”（《孟子·离娄下》）孟子这句话不仅表明《诗经》和《春秋》出现的先后顺序，也表达了他对《春秋》性质的认识。孔子之所以看重《春秋》这样的史书，不是因为它所记之事，而是因为事中有“义”。汉儒董仲舒则进一步阐发了孟子的这个意思，他转引孔子的话，说“我欲载之空言，不如见之于行事之深切著明也”。董仲舒转引孔子的这句话又被司马迁不加批判地接受，司马迁不仅把孔子当作《春秋》的编撰者，还详细阐发了孔子作《春秋》的动机和历史意义。

> 上大夫壶遂曰：“昔孔子何为而作《春秋》哉？”太史公曰：“余闻董生曰：‘周道衰废，孔子为鲁司寇，诸侯害子，大夫雍之。孔子知言之不用，道之不行也，是非二百四十二年之中，以为天下仪表，贬天子，退诸侯，讨大夫，以达王事而已矣。’子曰：‘我欲载之空言，不如见之于行事之深切著明也。’夫《春秋》，上明三王之道，下辨人事之纪，别嫌疑，明是非，定犹豫，善善恶恶，贤贤贱不肖，存亡国，继绝世，补弊起废，王道之大者也。”（《史记·太史公自序》）

从孟子、董仲舒和司马迁的解释来看，孔子看重《春秋》的原因，就在于他认识到事情比理论更容易打动人，也有助于更有效地实现教化。

《左传》是如何借事言志呢？僖公二十四年，子犯在重耳即将过黄河回国即位之际，突然以璧授公子，还说了一番客套话：“臣负羁绁从君巡于天下，臣之罪甚多矣。臣犹知之，而况君乎？请由此亡。”书中并未介绍子犯突然说起这番话的来由，只是叙述了一下重耳对子犯这番话的反应。重耳立刻将玉璧投入河中，证明“所不与舅氏同心者，有如白水”。《左传》在叙述完这件事情之后，转向其他事情。如果读者了解了子犯陪重耳流浪在外的经历，大概能够猜出子犯说这番话的用心。《左传》在另外一个地方，借介子推之口揭示了子犯这番话的真实含义。未受到晋侯封赏的介子推对母亲说了一段话：“献公之子九人，唯君在矣。惠、怀无亲，外内弃之。天未绝晋，必将有主。主晋祀者，非君而谁？天实置之，而二三子以为己力，不亦诬乎？窃人之财，犹谓之盗，况贪天之功以为己力乎？下义其罪，上赏其奸，上下相蒙，难与处矣！”在介子推的这番话中，子犯害怕重耳事成之后忘记自己，借罪来向重耳表功、索取承诺的意图就暴露出来了。司马迁领会到了这个故事的含义，他在《史记》中把子犯过河一段重新组织了一遍，把介子推的这番话提前到了子犯过河的那一刻，突出了子犯的心计：

> 文公元年春，秦送重耳至河。咎犯曰："臣从君周旋天下，过亦多矣。臣犹知之，况于君乎？请从此去矣。"重耳曰："若反国，所不与子犯共者，河伯视之！"乃投璧河中，以与子犯盟。是时介子推从，在船中，乃笑曰："天实开公子，而子犯以为己功而要市于君，固足羞也。吾不忍与同位。"乃自隐渡河。（《史记·晋世家》）

现实生活中，人们对他人的理解并不经常取决于语言，而取决于对实际行动的观察。《左传》知道如何把人在生活中难以启齿的心理，借历史事叙事委婉地表达出来。襄公二十六年六月，晋侯囚禁了卫侯。七月，齐侯、郑伯到晋国去求晋侯把卫侯放了。他们按照当时的惯例以诗言志。晋侯赋了《嘉乐》以表欢迎，齐侯的相国景子赋了《蓼萧》，郑伯的相子展赋了《缁衣》，这本是些客套话，不过由于齐侯和郑伯来的动机晋侯再也明白不过，尚且《缁衣》一诗中"适子之馆兮，还予授子之粲兮"一句暗示得很明白，就是希望晋侯能够释放卫侯。然而晋侯却故作不知，并由叔向带话给齐、郑二君，仅表示衷心和敬意，却只字不提卫侯。国子景后来让晏平仲私底下去质问叔向，说晋侯品行高尚，何以抓住卫侯不放。叔向把这番话转给赵文子，赵文子又转给晋侯，晋侯的回答是卫侯有罪，但至于什么罪，他也未做任何交代，只是许诺以后会把卫侯放还给卫国。可是，这件事情过去之后数月，晋侯都未兑现诺言，只是当卫人把卫姬（晋平公的姬妾）送给晋国之后，晋侯才把卫侯给放了。尽管《左传》并未对晋侯不释放卫侯的心理做解释，但当读者看到晋侯这样做的时候，自然会明白前面晋侯故意推脱的原因。从这件事上可以看出晋侯的个人情欲和国家利益之间的矛盾，也表现了晋侯的贪婪，其中是非对错是非常明显的，《左传》只用了一句话对这件事做了个总结，即"君子是以知平公之失政也"。

同样是史书，尽管后世极力推崇《春秋》，但从实际的表现来说，《春秋》只能算是按照时间顺序编纂的新闻标题集，有事件要素但无结构，所以，很难看到其中的春秋大义。相比之下，《左传》则依据现实生活体验，给历史输入行动结构，使事件具有生活真实感和道德内涵，这是《左传》一个的基本特征。这是后世奉之为说家第一典范的重要原因。如钱锺书所言：

> 吾国史籍工于记言者，莫先乎《左传》，公言私语，盖无不有。虽云左史记言，右史记事，大事书策，小事书简，亦衹谓君廷公府尔。初未闻私家置左史右史，燕居退食，有珥笔者鬼瞰狐听于傍也。上古既无录音之具，又乏速记之方，驷不及舌，而何其口角亲切，如聆謦欬欤？或为密勿之谈，或乃心口相语，属垣烛隐，何所据依？如僖公二十四年介之推与母偕逃前之问答，宣公二年鉏麑自杀前慨叹，皆生无傍证，死无对证者。注家虽曲意弥缝，而读者终不餍心息喙。纪昀《阅微草堂笔记》卷一一曰："鉏麑槐下之词，浑良夫梦中之噪，谁闻之与。"李元度《天岳山房文钞》卷一《鉏麑论》曰："又谁闻而谁述之耶？"李伯元《文明小史》第二五回王济川亦以此问塾师，且曰："把他写上，这分明是个漏洞！"盖非记言也，乃代言也，如后世小说、戏剧中之对话独白也。左氏设身处地，依傍性格身份，假之喉舌，想当然耳。①

《左传》运用设身处地法，善于从史家和当事人的两个视角展开描写和叙事。读者不仅能看到事情的进展，还能体会到人的心理感受。郑庄公与母亲在地下大隧之中秘密会见时的喜悦（《左传》隐公元年）；宋华父督路见孔父妻，目逆而送之的贪婪（《左传》桓公元年）；齐侯见彭生之妖时的恐惧与慌张（《左传》庄公八年）；齐侯与蔡姬乘舟时从恐惧到变色，再到发怒（《左传》僖公三年）；晋侯救郑时，张骼、辅跞的从容和公孙的急切（《左传》襄公二十四年）；季公为夜姑求情时的若泣而哀（《左传》昭公二十五年）；鱄设诸堀室刺王寮时的紧张（《左传》昭公二十七年）；等等。作品都写得有声有色，读来如在目前。除了这些对事件的外部描写，作品还有多处人物心理描写。晋文公梦与楚子搏（《左传》僖公二十八年），晋侯之梦大厉"被发及地，搏膺而踊"（《左传》成公十年）以及郑人梦伯有介而行（《左传》昭公七年）等关于梦的场景，都写得

① 钱锺书：《管锥编》（一），第164页。

如同其切身感受一般。《左传》不仅善于以旁观者的视角叙事，还善于从亲历者的视角叙述事情的进程。以长勺之战为例，《左传》从曹刿的视角分三段来叙述事件。首先，在齐人击第一遍鼓时，曹刿拒绝鲁公击鼓的请求。其次，在齐人击第三遍鼓时，曹刿说："可矣。"最后是在鲁公准备追击齐师时，曹刿先说："未可。"接着是下车，观察齐军逃跑时的车辙，接着登车，扶轼而望，说："可矣。"整个战争的进程都是以曹刿视角表现出来的。《左传》采用了同样的方法叙述鄢陵之战。作者没有采用全知全能的方法来写战争双方，而是通过楚王和伯州犁之间的对话，呈现楚王眼中晋军活动，从"骋而左右""皆聚于军中""张幕""彻幕""甚嚣尘上""皆乘，左右执兵而下"，到最后的"乘而左右皆下"，完整地表现出晋军召集军吏、谋划、占卜先君、发布命令、塞井夷灶准备行动、战前听誓和祈祷的过程。这种内视角的叙事方式，使事件如同读者亲历一般。《左传》最常见的是在外内视角的自由转换中完成叙事，既有对事情的客观叙述，又从当事人的角度表达对事件的感觉印象。襄公二十八年，齐国和晋国准备打仗。《左传》先是通过齐侯的视角叙述他所看到的晋军，"齐侯登巫山以望晋师"①，发现晋军兵力强大，感到畏惧。接着，作品的视角从内转向外，对齐国军队的行动进行客观陈述，"丙寅晦，齐师夜遁"。之后，作者以三个当事人的视角来汇报齐师夜遁的情况。师旷报告晋侯说："鸟乌之声乐，齐师其遁。"邢伯报告中说："有班马之声，齐师其遁。"叔向告诉晋侯曰："城上有乌，齐师其遁。"这种内外叙述视角的转换，使事件不是冰冷冰客观事实，而是有生命感的事实。

《左传》记载的事件不只是感觉的真实，还是有情感和思想的真实。《春秋》中的一个简单的事件，在《左传》中往往都能演绎为一个道德寓言故事。隐公元年，《春秋》中只说"夏五月，郑伯克段于鄢"（《左传》隐公元年）。郑庄公为何克段，如何克段，以及史家为何如此记载，从《春秋》中是看不出来的。然而，在《左传》中，这条记载则被赋予了合乎人物情感的逻辑线索。先是武姜因生庄公受到惊吓，因而厌恶庄公，而爱庄公之弟共叔段。母亲对共叔段的溺爱使他变得骄纵非礼，甚至预谋篡位，而郑庄公碍于血缘关系而并未马上采取行动。随着共叔段野心不断膨胀，终于逼迫郑庄公采取行动，在鄢地讨伐共叔

① 本段下文引用皆出自《左传》襄公二十八年。

段，并发誓和母亲“不及黄泉，不相见也”。从武姜因惊吓而厌恶郑庄公，并试图以共叔段来取代郑庄公，到最后郑庄公为维护自身利益而克共叔段，发誓不愿见母亲，《左传》把郑庄公克共叔段一事叙述得曲折动人，叙次井然，还让人看到了人的个性：一方面是在武姜和共叔段身上表现出来的情欲；一方面是在郑庄公身上表现出来的理性。郑庄公对母亲姜氏和共叔段不断僭越行为的克制，在发誓不见母亲之后，“既而悔之”的态度，以及在颍考叔提醒下，掘地与母亲相见，与之和好的行动。而情与理的冲突构成了叙事的张力，决定关系走向的是郑庄公对祭仲讲的那句话，即“多行不义必自毙”的道德观念。

道德观念是决定着整部作品叙事结构的深层动力。道德观念常常贯穿于叙事过程。晋侯灭虞国。僖公五年，晋侯复假道于虞以伐虢，虞国的宫之奇以“辅车相依，唇亡齿寒”之谚劝阻虞公，认为晋国无罪而伐是无德无礼之举，攻打虢国已是不仁，也势必会给虞国带来危害。但虞公却以“吾享祀丰洁，神必据我”[①]之理拒绝他的劝谏，一意孤行。宫之奇反对他的这套鬼神说，认为“鬼神非人实亲，惟德是依”。并以此推断：“虞不腊矣，在此行也，晋不更举矣。”事实正如宫之奇所言，冬十二月初一，晋国在灭了虢国之后，接着就灭了虞国。晋国灭虞国，大国兼并小国，“唯强是从”是国家生存的一条基本原则，但《左传》并未把叙事的重心放在两国军事实力和战术策略的比较上，而是关注国君的道德问题，把虞国的灭亡解释为君王道德品质的缺陷。历史人物的道德观念常常可以左右事件的结局。伯有在郑伯招待赵孟等七人的宴会上，因为不满郑伯而赋诗《鹑之贲贲》，文子便断定他必将遇到杀身之祸。文子告叔向曰：“伯有将为戮矣！诗以言志，志诬其上，而公怨之，以为宾荣，其能久乎？幸而后亡。”果如文子所言，伯有最后死于羊肆，连死后的鬼魂也无处安放。闵公元年冬，齐国的仲孙湫来鲁国，对之遭遇的祸难表示慰问。仲孙湫回到齐国，预言说：“不去庆父，鲁难未已”，“难不已，将自毙，君其待之”。可是齐侯问他是否可以因此而夺取鲁国时，仲孙湫却说不可，因为鲁国持有周礼，而周礼是一切行动的依据。“鲁不弃周礼，未可动也。君其务宁鲁难而亲之。亲有礼，因重固，间携贰，覆昏乱，霸王之器也。”

《左传》向人们证明，凡是历史上那些最后成就一番霸业的人物都是有道

① 本段下文引用皆出自《左传》僖公五年。

德的人。晋文公重耳就是一个重要的例子。作为被浓墨重彩地描写的历史人物，固然是因为他最后的成功，但《左传》是如何讲述重耳的成功经历呢？首先，作品介绍了重耳的出身，他在骊姬的设计下被派到蒲城，远离当时的权力中心。之后，重耳在蒲城遭到父亲派来的寺人披的追杀。当蒲城人准备迎战时，他却极力反对，准备出逃。其原因在于他认为“君父之命不校”（《左传》僖公五年）。“保君父之命而享其生禄，于是乎得人。有人而校，罪莫大焉。吾其奔也。”（《左传》僖公二十三年）在出逃的过程中，他受到齐桓公、宋襄公和楚王的接待，尽管身处逆境，但不卑不亢。在其回国壮大势力之后，又能兑现自己当时的诺言。即使是曾经在蒲城追杀过自己的寺人披以及在逃亡路上抛弃自己的竖头须，重耳也能不计前嫌、宽以待之。在成就霸业之前，《左传》详细记载了重耳和子犯之间的对话，这段对话中的一个重要内容就是强调道德的力量，如何使民知道义、信和礼，并简要地把晋文公成就霸业总结为“一战而霸，文之教也”（《左传》僖公二十七年）。《左传》还记载了城濮之战前楚王和子玉的对话，间接地解释了重耳成功的原因。楚王劝子玉不要和晋军对抗，因为“晋侯在外十九年矣，而果得晋国。险阻艰难，备尝之矣；民之情伪，尽知之矣。天假之年，而除其害。天之所置，其可废乎？《军志》曰：‘允当则归。’又曰：‘知难而退。’又曰：‘有德不可敌。’此三志者，晋之谓矣。”（《左传》僖公二十八年）子玉却听不进楚王的劝说，结果失败了，而重耳则在城濮一战获得了胜利，确立了他在春秋诸国中的霸主地位。从春秋争霸的历史事实上讲，重耳宽容寺人披和竖头须，教民知信知义知礼，为取信于原民而不惜失去战机，遵守诺言向楚军退避三舍等诸事件，不过是其夺取霸业的政治手段而已，但《左传》并未从这个层面去展现重耳的用心，而是集中展现重耳的流亡经历、重义守信的行为和最后取得霸业。这种叙述方式证明，作者不是把重耳的成功归因于他的军事和政治才能，而是他的道德品质。相比对晋国重耳，《左传》采用了另一种方式来叙述齐国的庆封。庆封从大夫晋升为左相，到与崔杼盟国人于大宫，可谓达到权力的顶峰。然而，作者并未关注庆封在政治上的胜利，而是从叔孙穆子的角度，表现庆封的无知和虚荣，并以叔孙穆子之口称庆封“服美不称，必以恶终”。作品在对崔庆之乱的叙述中，突出了庆封背叛崔庆之盟，借机灭掉崔杼全家，以及庆封当国之后与臣下卢蒲嫳之间荒淫奢靡的生活。这为庆封被逼出走吴国和被杀埋下了伏笔。作品借叔孙穆子之口，对庆封受到吴国款待一事进行评价，说“善人富谓之赏，淫人富谓之殃。天其殃之也，其将聚而歼旃？”果如叔孙穆子所言，庆封最后在朱方被楚灵王派人杀掉了。《左传》中庆封做的几件事情，以及叔孙穆子对他的评论表明，庆封的死不是偶然的，而是他在道德上的恶造成的。

就此而言，《左传》虽是以记载过去的事情为内容的史书，但实为表现史家的现实忧患和追求正义的诗。史家扎根现实生活，秉持独立人格，坚守神圣信念，弘扬春秋大义的精神，不仅为后世的史家，也为小说家树立了榜样。

从诗画关系的讨论看理论建构的尝试

江　婷

摘　要：近现代以来，受西方文学理论的影响，关于诗画关系的讨论成为一个热门话题。朱光潜、宗白华、钱锺书等人都从各个角度参与其中，深化讨论的同时推动了中国文学理论的建设，也在中西比较过程中凸显了中国诗画理论的特点。今天再回过头去看那一场关于诗画关系的讨论，结合对诗乐关系的探讨，需要对诗画关系在中国是否真的构成比较的合法性进行追问，这样能更进一步见出这场讨论对于中国对西方文论引进之初的接受。当下对诗画关系的讨论则本质化为"文字"与"图像"的比较，从意象论、文学图像论、神经美学等角度研究诗画中的"象"思维。

关键词：诗画关系　诗乐关系　文学理论　意象论　图像论　神经美学

近现代诗画关系问题自 20 世纪 20 年代以来，一直未曾淡出理论视野。这一话题有贯穿古今中西的材料支持，又涉及艺术本体及艺术类型关系问题，还能遥接当代的前沿理论，具有很强的探讨性。一方面，诗画关系是中国本土就有的理论素材，且明显表现出与西方不一样的形态；另一方面，它也是在西方文论刺激下反躬自省的产物，中西理论能够借助诗画关系这一桥梁进行对话。正是因为这样复杂的境况，在谈论诗画关系的时候，人们往往跳过了论证诗画比较合法性这一前提，而直接进入诗画关系的探讨。在中西对话的过程中，尽力挖掘素材的同时，也有牵强附会之处，导致在诗画关系这一问题上出现了种种矛盾的说法。但是从文学理论建构的角度来看，这一过程是试图建立"理论"对话的必经阶段。

一、诗画关系比较的合法性

关于诗画关系的论述主要有三种观点：支持“诗画一律”“诗画同源”的肯定性观点；赞同“诗画异质”“诗画异体”等，认为诗画是两种具有根本区别的艺术类型；除此之外，强调二者在某种程度上能够进行融合则是第三种观点。在这三种大观点之下，又细分出不同的流向。这三种观点在中西方都能找到相关的论述，可见关于诗画关系的探讨存在着很大的分歧，既有横向的中西之别，也有纵向的古今之别。

西方关于诗画关系的论述早于中国，在整个文学论述的系统中也占据了更为重要的位置。古希腊时代，这个问题就已经进入了他们的视野。诗人西蒙尼德斯即有“诗为有声之画，画为无声之诗”的论断，贺拉斯的“诗如画”也指出诗歌就像绘画，它们之间有许多共通之处。但在《诗论》《诗艺》中，作者主要讨论的是古希腊文学的戏剧这一重要体裁。也就是说，贺拉斯的“诗如画”中的“诗”，实际上就是最广泛意义上的“文学”。达·芬奇作为一位综合型人才，但更作为一名画家，在诗画关系论述中，偏向绘画的表现力高于诗歌。虽然其间也有诗画异质的论述，但是“诗画一致”的观点直到18世纪之前都还处于主流地位。狄德罗、黑格尔等人也进行过论述，但是影响最大的，当属莱辛的《拉奥孔》，他一反之前的“诗画一致”说，而支持“诗画异质”说，从诗画的不同媒介、对象和审美方式进行比较。正是莱辛的论述与论点，对近代中国诗画关系理论产生了重大的影响。

中国关于诗画关系的讨论则要晚得多，虽然再往前也能追溯到西晋陆机在《文赋》中将“丹青”抬高到“比雅颂之述作”的地位，但是学界一般将苏轼对王维诗画“诗中有画，画中有诗”的评价看作阐释诗画关系的开始，影响了后世的诗画理论和诗画实践。宋以后直至清代也有很多人发表过自己的见解，但未能形成严整的理论体系。总体上来看，也是持有“诗画一律”“诗画同源”的观点占据主流。近现代以来的诗画关系研究则受到了西学的影响，一方面译介和反思西学理论，一方面转身对比中国的诗画关系，进行反驳与纠偏。与此同时，诗画关系在“一律”和“融合”占据主导的情形下，关于二者“异质”的声音也越来越大。

中国美学史上很多著名的人物都参与到这个问题的讨论当中。朱光潜首次援引莱辛《拉奥孔》及其“诗画异质”说来探讨“诗画关系”；宗白华在对比中西诗画关系的过程中，更为细节地分析中西诗画的不同之处；钱锺书专门写过《读〈拉奥孔〉》和回应性的《中国诗与中国画》；滕固在《诗歌与绘画》中，也是从媒介角度加以区分的，认为文字是诗歌表情达意的媒介，而绘画的媒介则是色彩。梳理中西诗画关系研究史，从中看起来，诗画比较是一个自然而然的事情，其合法性无须证明。但是在莱辛的理论引入中国后，中国学界前辈们在与其进行对话的过程中，出现了种种矛盾之处，中国学者在讨论这一话题的时候也有着不同的目的与方法。朱光潜讨论这一问题的背景是中国传统诗歌理论的缺位与新诗创作的困境，其目的是借西学之力建构中国诗学，并兴盛中国诗学之可能。所以他从伦理、危机的拯救、美感经验到美感历史化的“真实性”三个方面去比较诗画，目的是为了探究人生问题、本土化问题和还原历史意识中的“真实性”语境，诗画比较本身被当作达到这个目的的工具。另一些学者虽然从诗画关系本身出发，但是并没有凸显出诗画比较的特殊性所在。比如叶维廉相比朱光潜，则更加落脚于两种艺术本身的比较，但是得出的结论是普泛性的，不能得出诗画构成必然的关系，而是归结于更具有相通性的“美感”。美感的比较就具有普遍性，在诗画关系之外，也可以进行与诗歌、音乐、雕塑等其他艺术之间的比较，诗画比较的独特性就被消弭了，所以叶维廉沿着这种思路，就能将这种比较关系往外推广到音乐和电影艺术。同样外扩的还有徐复观和启功。徐复观认为在诗画关系之上，还有一个更为高级的统摄的理念范式，背后有善和美、道和气等，以魏晋玄学和庄子精神为代表。而这样的更高的理念并不仅仅是针对诗歌和绘画的，甚至可以说，所有的艺术最后都指向这样一个终极的理念。启功也认为“中国古代诗书画具有共同的‘内核’”，即“一个民族文化艺术上由于共同工具、共同思想、共同方法、共同传统所合成的那种‘信号’”。[①] 这个内核不仅仅是诗、画所共有的，而且是“诗与书”“书与画”“画与诗”所共有的——“诗书画同核”。可以推及各种艺术类型都适用的“核”，并不能用来论证诗画关系的特殊之处。

危机的拯救、美感、更高级的统摄理念，都是诗画以及诗画关系外部的东

① 启功：《中国古代诗与书、书与画、画与诗之关系例说》，《文艺研究》1999 年第 3 期。

西。而在中国学者就诗画关系进行论述的过程中，更为具有相关性的，是诗和乐的关系。在宗白华和朱光潜的论述中，诗歌和音乐的比较比诗画关系论述得更为清楚，也更为重要。相比 20 年代以来，受西方影响而掀起的诗画关系讨论的热度，诗乐关系的比较则更加本土化。

在分析莱辛的贡献的时候，朱光潜提出了三点：指出了以往诗画同质说的笼统含混；指出了艺术与媒介的关系；不仅关注作品，还关注作品对欣赏者的影响。而这三点，其实并没有体现出诗歌和绘画比较的特殊性所在。并且朱光潜在进行梳理的时候，认为在柏拉图那里，艺术是为了模仿自然，否定了艺术的价值。而亚里士多德推崇理念，认为艺术具有表现性，所举的例子就是音乐的创造性。柏拉图是图画性的，而亚里士多德是音乐性的，西方在进行诗画比较过程中，也无法忽略诗乐关系。所以朱光潜从境界角度，将诗分为了情趣和意象，在诗歌本体角度上，重点拈出的是诗歌的意义和节奏，也就是之前被误解的分离实质和形式。诗歌和音乐在生发过程中有源头性的关联，朱光潜在《诗论》中分析了诗的起源，认为“诗歌与音乐、舞蹈是同源的，而且在最初是一种三位一体的混合艺术”①。而诗歌的发展过程，也是一个与音乐纠缠的过程，朱光潜将中国古代诗歌分为有音无义、音重于义、音义分化、音义合一四个时期。在音义分离之后，诗歌不再配乐，诗歌语言就兼具了音乐的功能，在节奏、声韵、顿、律等方面密切地体现了诗歌与音乐的关系。

在宗白华那里，前期的《艺术学讲稿》采取的是艺术形态学的分类，对于音乐、绘画、雕塑、建筑等艺术类型的特点的分析和标准的归纳中，强调的是中西艺术类型中的同与异，而不是层次的高低。在 30 年代以后对中国绘画的分析中，就逐渐从客观的描述转向价值的评价。在之前所建立的并立的两个独立的艺术中，宗白华抽出了一个“纯粹形式”，认为抽象形式是精神生命最直接的表达，这也是音乐的状态。有意思的是，宗白华是在诗歌与绘画的比较过程中，得出音乐的状态是艺术的最高境界的结论。在《中国古代的绘画美学思想》中归结出来的绘画的特点是“气韵生动”和“迁想妙得”，线条和笔墨都展现出一种律动，“给欣赏者一种音乐感”。在《中国诗画中所表现的空间意识》中，宗白华认为：“这种空间意识是音乐性的（不是科学的算学的建筑性的）。

① 朱光潜：《诗论》，北京出版社 2005 年版，第 9 页。

它不是用几何、三角测算来的，而是由音乐舞蹈体验来的。”① 在《论中西画法的渊源与基础》中，宗白华也明确说：“中国画是一种建筑的形线美、音乐的节奏美、舞蹈的姿态美。”② 其实，从宗白华的这几篇文章也可以看出来，他虽然是在比较诗画，其实是在比较诗歌与音乐。宗白华在正面论述音乐的文章中，也能看出音乐和语言关系的密切性。与朱光潜一样，宗白华也注意到了除了语言之外，文字与音乐的关系：“字”还要转化为“声”，变成歌唱，走到音乐境界。

在中国古代关于诗画关系的论述中，“声”也是二者的一个中介。“有声画，无声诗”的说法表明，在诗画关系的比较中，“声”和诗具有更为密切的关系。比如清代叶燮，他说：“昔人评王维之画，曰‘画中有诗’，又评王维之诗，曰‘诗中有画’。由是言之，则画与诗初无二道也。然吾以为何不云：摩诘之诗即画，摩诘之画即诗，又何必论其中之有无哉？故画者，天地无声之诗；诗者，天地无色之画。”（《已畦文集》卷八《赤霞楼诗集序》）尽管这里论述的是诗画关系，但是叶燮更指出了诗画的区别，其实是“声”“色”之分。除了诗乐之外，位于诗画之间，还有很多其他的中介因素。如被认为是做到“诗中有画，画中有诗”的王维，钱锺书认为在他身上，禅、诗、画三者可以算一脉相贯，即在诗和画中间，还有禅宗思想的影响。

诗画关系在中国历史上的发展并不是同步的，诗与画的实践本就不一致，而诗乐关系则更具有源头上的相关性。所以，近代以来关于诗画关系的热烈讨论需要追问起合法性的前提。

二、诗画关系的探讨对理论的建设

诗乐关系在中国有比诗画关系更为深刻的传统，但是20年代以来，受到西方文学理论的影响，其中影响最大的当属莱辛的《拉奥孔》，使得关于诗画关系的讨论更为热烈。这一议题的热度并不仅仅是中国文学理论内部的推动，而是在文学理论寻求转型和现代化过程中的借鉴和反思，在反身回顾的过程中，进一步凸显了中国诗画观的特点，也推动了中国文学理论的建设。

---

① 林同华主编：《宗白华全集》第2卷，安徽教育出版社1994年版，第423页。

② 林同华主编：《宗白华全集》第2卷，第100页。

在比较过程中，出现认同与反驳这两种情况是很正常的事情，以他者作为对象，学者们在比较过程中，认为这些说法中国早已有之，并不稀奇。在《读〈拉奥孔〉》一文中，钱锺书认为就莱辛的论点来说，“中国古人也有讲过的”，“诗中有画而有非画所能表达的，这是中国古人的常谈”，“画故事不要挑选顶点或最后景象的道理，中国古人已有察觉”，“中国古典文学里当然有不少相类似的例子，而理论上最强调这点的似乎要算金圣叹”。[①] 但是钱锺书在列举了陆机和邵雍的言论以证的同时，也认为邵雍议论过于“简略”：“仅仅把‘事’‘情’跟‘物’‘形’划分开来，并未根据空间里的‘排列’和时间上的‘继续’来阐说道理。但是他这几句话不妨顺便一提，因为有些被认为导莱辛先路的议论也一样简略，而且远不及那样对照解明。”[②]

在莱辛的《拉奥孔》里，所真正比较的，也不是诗和画，而是诗和雕塑。所以，莱辛的理论先天就不纯粹，应用于形态大不相同的中国诗画必定会出现龃龉之处。宗白华和朱光潜则进一步明晰了中国诗画独特之处，总结了关于中国诗画特点和本质的分析，在与西方文学理论进行比较的过程中进一步明晰中国艺术的独特精神，并将二者的差别上升到哲学和宇宙观的高度。如都将中国诗歌的特点归结为“动”，表现为“感物动情”“气韵生动”。绘画的一个重要的特征也是“生动”，通过“迁想妙得”，把客观对象的内在精神表现出来。宗白华笼统地将中国艺术根本特性归于“动”，不符合理论实际，也不符合创作实际。郭沫若就对于宗白华的“生动”说有过反驳：“动静本是相对的说辞，假定文化的精神可以动静划分，以中国文化为静，西方文化为动，我觉尚有斟酌的余地。”[③]

出现这样的矛盾，也是因为在中西比较过程中，将中西方诗画都进行了简化，代之以整体的特征，而忽略了艺术发展的时间和特例。宗白华和朱光潜在进行比较的时候，没有将对象进行厘清，而只是就诗歌和绘画进行笼统的比较，抽象出其中的某一段特点来。这样的话，就容易发生龃龉。因为诗歌风格不只一端，绘画风格不只一派，取胜之法不只一处。具体到特定时间段的“诗”和“画”，就会发现并不能以一概全。钱锺书在进行比较的时候，用以对比的

①② 钱锺书：《读〈拉奥孔〉》，《旧文四篇》，上海古籍出版社 1979 年版，第 26—50 页。

③ 林同华主编：《宗白华全集》第 1 卷，第 325 页。

是诗歌中的“神韵诗”和绘画中的“南宗画派”，但是“神韵派在旧诗传统里公认的地位不同于南宗在旧画传统里公认的地位，传统文评否认神韵派是标准的诗风，而传统画评承认南宗是标准的画风。在‘正宗’‘正统’这一点上，中国旧‘诗、画’不是‘一律’的”①。所以，钱锺书对拉奥孔的某些契合于中国以有的论点加以肯定，而将所探讨的诗画具体落脚为“神韵诗”和“南宗画派”的时候，龃龉更为明显。

既然莱辛关于诗画关系的探讨，其实并不适用于中国艺术的情况，20 世纪 20 年代以来的诗画关系大讨论，其更大的意义则在于理论建构的尝试。18 世纪的莱辛对于 20 世纪的中国研究者们影响如此之大，与莱辛所处的启蒙境况有很大的关系，也暗合中国理论追求现代化的目标。但是，80 年代的研究者们似乎忽视了莱辛《拉奥孔》背后的改革意图，只是纯就“诗画关系”来进行反驳和论述。这是一种单向对话，莱辛在写作《拉奥孔》的时候，他的潜在对话者并不包含中国诗和中国画，所以导致了在进行对话的过程中的一些误解。莱辛建构诗画“异质”的意图是为了给他的市民剧创造理论基础，强调“情节”和“行动”。虽然莱辛的理论没有完全摆脱传统的影响，但是莱辛持新兴资本主义的立场与新古典主义思想针锋相对，便以诗画比较问题作为对前人观点进行挑战的突破口。“莱辛研究诗画界限并不是把它当作一个抽象的纯学院式的理论问题，而是要为德国资产阶级的文学开拓道路。”②当中国研究者将其仅仅作为纯粹的文学理论进行接受的时候，就会出现支持和反对莱辛“诗画异质”的说法，且都能在中国文学论述中找到依据，也就不足为奇了。所以，除了具体的“诗画”关系，中国学者在对话中更为重要的是进行理论建构的尝试。

高居瀚说：“诗意画在中国刚出现时，更多是被辨识和体验出来的，而不是被有意创造出来的。”③意识到了诗歌和绘画具有某种可以进行论述的关系，但是中国古代文学论述中只有论断性的结论，而没有具体的论证过程。如“书画异名而同体”（张彦远《历代名画记》卷一《叙画之源流》），诗画如何同体，如何相融，并没有什么解释。在这种强调体验的过程中，甚至论证过程其实是会被认为是没有真正领悟诗画融合审美的一种表现。而在中西对话的过程中，则

① 钱锺书：《读〈拉奥孔〉》，第 26—50 页。

② 李醒尘：《西方美学史教程》，北京大学出版社 2005 年版，第 194 页。

③ 高居瀚：《诗之旅：中国与日本的诗意绘画》，生活 · 读书 · 新知三联书店 2012 年版，第 2 页。

倒逼着我们去进行理论的厘清。在这个过程中，研究者们积极尝试从新的角度，如伦理、心理、科学等与传统研究完全不同的路径切入这一话题。

朱光潜主要从伦理学角度对“诗画”关系进行了重新阐释，包括诗画在内的所有艺术形式被统一为具有影响人之功用的整一性艺术。“体验”到的美感是无法言明的，朱光潜将之称为“无言之美”。但这种“无言”已经不同于“欲辨已忘言”的无迹可寻，而是有着具体的内容和超越性所在。“朱光潜的‘无言之美’或‘含蓄’美概念具有一种不折不扣的跨文化交融内涵：一个地道的中国式艺术美学概念获得了来自欧洲艺术美学的无功利化的超现实观念的强力支持。”①这也表现了朱光潜改造中国文学理论的道路尝试，即用西方诗论来解释中国古典诗歌，用中国诗论来印证西方诗论。中国传统诗歌理论的缺位与新诗创作的困境，使得朱光潜讨论《拉奥孔》及诗画关系是其问题意识的表征形式，是过程的中介而不是终点，其背后有更深的目的论追求：或解决人的问题；或建构中国诗论；或还原符合马克思主义的历史真实性。

宗白华则在艺术分类和价值判断上做出了贡献，经历了从并立到差等的转变。②在中国的文学论述中，无论在文学还是在政治方面，诗歌都当之无愧地占据着最重要的地位，而其他的艺术类型，则没有明显的高低之别。当诗画一致、诗画同源占据主要地位的时候，诗画二者相互融合、互补，甚至转化，是不会将二者按照某种标准进行排序的。首先在20年代的《艺术学讲稿》中，宗白华采取了艺术形态学的分类，他归纳了音乐、绘画、雕塑、建筑等艺术类型的特点和标准。其中一个分类标准是：印象主义层、写实主义层、理想主义层和表现主义层。但是在这里，宗白华没有区分高下，而仅仅是做一个类型的归纳，更近似于风格的归纳，在中西艺术类型中强调的是同与异，而不是层次的高低。但在30年代以后对中国绘画的分析中，宗白华就逐渐从客观的描述转向价值的评价。在之前所建立的并立的两个独立的艺术中，宗白华抽出了一个“纯粹形式”，认为抽象形式是精神生命最直接的表达，这也就是音乐的状态，所以中国绘画相比西方油画的价值优越性就表现出来了。除了这一组之外，基于对艺术最高境界的言说，我们也能很容易找到其他对比，静与动、有限与无

① 王一川：《“顾忌”下的救心方案——朱光潜早期跨文化艺术美学探索》，《文艺争鸣》2016年第11期。

② 汤拥华：《宗白华与“中国美学”的困境》，北京大学出版社2010年版。

限、主观与客观、写实与空灵等，在这二元的对立中本身就有等级关系，而中国更高级的是做到了二元的统一，因而在比较中，中西不再是对立的，中国艺术获得了更高的精神地位。

朱光潜从伦理、美学和理论的角度出发阐释诗画关系，宗白华等人对各艺术门类做了一定的界定，都是在反思西方文论的基础上对中国文论加以建设。朱光潜和宗白华被认为是中国现代文学理论建设过程中的“双峰”，二者都在诗画关系的讨论中汲取过思想，并融入其实践的方法。

三、诗画关系的新的理论路径

前辈学人在这场探讨中给我们提供了思想和方法上的启迪，当代的诗画关系的论述继承了原有的讨论，并进一步深化。如意象论和意境论是当代探讨诗画关系的一个重要切入点，但并不是从更高级的理念图示，或者审美标准的角度去看待，而是从“意境”的审美机制角度切入。从意境角度研究诗画问题，是中国的本土资源，而“诗意”在西方的绘画批评里从未成为一个重要的概念，且常常因为这一概念过于强调想象而有些微的贬义。[①]这一点在朱光潜和宗白华等老一辈的学者那里已经被认识到，并且提出了比较系统的论证。宗白华认为：“诗和画的圆满结合（诗不压倒画，画也不压倒诗，而是相互交流交浸），就是情和景的圆满结合，也就是所谓‘艺术意境’。”[②]朱光潜更是在《诗论》中，将诗意看作“情趣”与“意象”的结合，而图画也不单纯是客观对象，其中也包含着情趣与意象。如果说莱辛的《拉奥孔》认为诗画都是“模仿”的产物，只是二者的表现方式有别的话，那么中国的诗画关系则可以看作审美方式的一致，即情与象的结合。无论审美对象是神韵诗、南宗画派，还是山水诗、山水画，其审美对象不一致，但是审美方式是一致的。

朱志荣认为：“审美活动就是意象创构的活动，审美活动的过程就是意象创构的过程。意象的创构不仅仅属于艺术作品的创造，整个审美活动都是一种意象创构的活动。美就是主体在审美过程中情景交融所创构的意象，它是在

① 马克斯·J.弗里德伦德尔著，邵宏译：《论艺术与鉴赏》，商务印书馆2016年版，第15页。

② 宗白华：《美学散步》，上海人民出版社1981年版，第70页。

审美活动过程中动态地生成的，体现了主体的能动创造。在客观的物象、事象及其背景的基础上，主体通过主体的感知、动情的愉悦和想象力等能动创构诸方面创构审美意象。”①面对诗和画两种不同的艺术类型，审美活动的意象创构过程产生出“艺象”——虽有“眼中”“胸中”和“手中”之别，但是都会呈现出“竹”这一审美的“象”来。这也是“诗画同质”的重要理论依据。

但是，需要进一步探讨的是，诗歌以文字塑造的象与绘画以图画呈现的象，是否有本质上的区别？现代诗画关系理论在继承原有的研究成果的基础之上，则更关注二者更为本质的区别。将诗歌本质化为“语言”，将绘画本质化为“图像”，不再仅仅将二者的关系看作艺术形式，而是从其最根本的载体进行分析。赵宪章从“文字图像论”分析“文学语象如何外化和延宕为视觉图像，视觉图像在何种意义上可以被言说，以及语言和图像作为人类符号体系之两翼的比较研究，构成了它的基本范畴和方法”②。赵宪章提出这一关切的原因，除了理论上的原地踏步之外，更是直接被今天所面临的“图像时代”及其所引发的“文学危机”“符号危机”所推动。在这里，诗歌的范围扩大，更接近于“文学”的概念，赵宪章将作为语言的艺术的文学，看作一种“象思维”，即“文学作为语言艺术就是语言的图像化，语言的图像化就是语言艺术化的主要表征；这也就意味着，文学作为语言艺术，必然是通过‘语象’而不是通过‘概念’和世界发生联系”③。认为索绪尔将语言的本体存在看作是在场言说的“声音”，其实是“声音的图像呈现”和“图像的声音表征”，以此建立了“文学和图像在语言本体的层面就存在密不可分的关联”。落脚到诗画关系上，需要重视的问题就是“诗画模仿的艺术效果问题”：“一是文学语象如何外化和延宕为视觉图像，或者说语言在何种意义上可以被‘图说’；二是视觉图像如何被文学语象所描述，或者说图像在何种意义上可以被‘言说’。”④赵宪章认为二者的关系是：“图像模仿语言是二者互仿的‘顺势’，语言模仿图像则表现为‘逆势’。”⑤但是这一问题，却是仅靠审美经验或者文学理论而无法解决的，需要“图像学”“心理

① 朱志荣：《论审美活动中的意象创构》，《文艺理论研究》2016年第2期。

②③④ 赵宪章：《“文学图像论”之可能与不可能》，《山东师范大学学报（人文社会科学版）》2012年第5期。

⑤ 赵宪章：《语图互仿的顺势与逆势——文学与图像关系新论》，《中国社会科学》2011年第3期。

学”“脑科学”等跨学科的技术支持，这也是赵宪章所谓理论上之可能，技术上之“不可能”。

视觉审美的神经机制研究，就是从脑科学进行研究的一种尝试，从研究客体区别到尝试探索主体不同的审美机制。神经美学之父塞米尔·泽基就从视觉入手研究审美现象，其《内在视觉》一书中提出了一系列的神经美学的基础理论，认为大脑在进行图像与文字审美的过程中有明确的分区与分工。泽基提出了视觉皮层各区域的独立审美："视觉皮层是以各自独立的区域负责处理视觉影像的不同属性，因此视觉是由一系列平行的模块式的系统所构成。人类之所以能够对所观看到的视觉艺术作品进行审美，并不是所有的认知处理系统在同一时间统一进行处理的结果，而是由这些认知系统产生的彼此独立的'微意识'组合而成的。"① 语象与图画的大脑皮层激活区域并不一样。"认知神经科学家 Tian 等指出，人脑的感觉皮层可以在缺乏外部刺激的情况下被内源信息刺激所激活。自我表达的言语意象活动激活了位于额—顶联合区的感觉—运动区，其中包括前额叶背侧边缘区。"② 神经美学家将语象与图像之间的发生与转化区分为了几个具体的过程：艺术意象—艺术概象—艺术体象—艺术表象。心理概象主要形成于人脑的联合皮层及前额叶的腹内侧边缘区；心理表象则主要形成于人脑的初级感觉皮层；心理意象主要形成于前额叶前部及眶额皮层。根据现代神经解剖学，人脑的视觉皮层分别由初级视觉皮层第一区、初级视觉皮层第二区、次级视觉皮层第一区和次级视觉皮层第二区构成。以艺术认知为例，艺术意象形成于以额极为枢纽的前额叶远程深广网络之中，而艺术概象则发生于主要由颞极、双侧前额叶腹内侧边缘区等构成的二级神经网络之中，其中包括联合皮层的高阶脑区；艺术体象主要形成于由前运动区、辅助运动区、布罗卡区、运动皮层、本体感觉皮层和小脑等组成的三级神经网络之中；艺术表象属于人脑对客体事物之信息特征的感性表征方式，因而主要形成于大脑的初级感觉皮层、次级感觉皮层和部分感觉联合皮层；艺术物象实际上也属于艺术表象的系统之列，但是还涉及人的触觉、嗅觉、味觉、动觉等多重主客体感觉性内容，同时兼具视觉性、听觉性的生物物理学之信息表征特点，而基本不

① Zeki S. *Inner Vision: An Exploration of Art and the Brain*, New York, Oxford University Press, 1999.

② 丁骏、崔宁：《当代神经美学研究》，科学出版社 2018 年版，第 171 页。

涉及人脑对艺术物象的符号性加工。① 意象与图像的先后及其相互影响关系，则有待进一步的研究。

关于诗画关系的讨论至今未歇，既是中西文论初遇之时所关切的问题，也是当下的意象论、图像论、神经美学等所探讨的对象。前辈学人如朱光潜、宗白华、钱锺书等人的探讨是在摸索着构建现代中国文学理论，而受其影响的后来者在他们的基础上进一步融合中西思想与方法去研究诗画关系乃至当代文学理论。

① 丁骏、崔宁:《当代神经美学研究》，第168—180页。

文艺美学

真善美价值源的艺术发生学研究
——“文学批评价值源研究”系列论文之二*

张利群**

摘　要：核心价值观在文艺观上具体表现为真善美价值观。真善美是文艺追求的永恒价值，也是文艺价值观的价值源。探溯文艺真善美价值源，需要从艺术发生学研究角度在作为“艺术前艺术”的石器工具、原始岩画以及民族文化传统“活化石”的原生态艺术中寻找原发点、发生点与生长点。追根溯源方能饮水思源，才能更好地培育文艺真善美价值观，坚守文艺真善美价值源。

关键词：真善美　价值源　永恒价值　核心价值观　艺术发生学

古今中外文艺发展无论文学史、艺术史、美学史，还是文艺理论、文艺批评、文艺鉴赏，都必须遵循真善美规律和原则，都源自真善美价值追求，都以真善美作为价值取向及其评价标准。因此，真善美可谓文艺核心价值及其永恒价值，也可谓文艺价值观的价值源。习近平同志在文艺工作座谈会上的讲话中指出：“追求真善美是文艺的永恒价值。艺术的最高境界就是让人动心，让人们的灵魂经受洗礼，让人们发现自然的美、生活的美、心灵的美。……我们要通过文艺作品传递真善美，传递向上向善的价值观，引导人们增强道德判断力和道德荣誉感，向往和追求讲道德、尊道德、守道德的生活。只要中华民族一代接着一代追求真善美的道德境界，我们的民族就永远健康向上、永远充满希望。”这就意味着真善美价值不仅是文艺追求的核心价值，而且也是文艺发展

---

* 基金项目：2018 年国家社科基金重大项目“改革开放 40 年文学批评学术史研究”（批准号 18ZDA276）。

** 作者简介：张利群（1952—　），男，湖北罗田人，广西师范大学文学院教授，博士生导师，主要研究方向为文艺理论与批评、古代文论、文化研究。

的过去—现在—将来贯通一脉、传统性—现代性—民族性三位一体的永恒价值、普惠价值与终极价值。尤为重要的是，真善美价值是文艺价值观及其核心价值取向的价值源。所谓价值源，一方面指真善美价值的缘起和源头，另一方面指真善美价值的来源和渊源，再一方面指真善美价值的创造和创新源泉。因此，探溯文艺真善美价值源问题，对于核心价值观培育及其核心价值体系构建具有十分重要的理论与实践意义，对于传承弘扬中华民族精神与中华文化传统、实现中华民族伟大复兴宏伟目标、推进中国当代文化建设及其文艺发展也具有非常重要的现实意义。

文艺真善美作为人类共同价值追求具有普遍性与共同性，对于具有中国特色与中华文化传统的文艺真善美价值观而论，既具有普遍性与共同性，又具有差异性与特殊性。古今中外文艺家对真善美价值的认识和理解，尽管众说纷纭、见仁见智，也尽管在不同时期均有与时俱进的变化和发展，但众说不离其本，万变不离其宗，真善美的内涵性质与精神实质及其文艺传统仍然俱在，由此形成真善美的相对性与绝对性辩证关系。一方面，真善美作为文艺永恒价值，既具有人类共同价值的普遍性与共同性，又具有永恒价值的绝对性与终极性；另一方面，真善美作为文艺价值观，又会因时因地、因人因文而具有相对性与特殊性，既在历史发展中有所变化，又需要针对具体情况做具体分析。这在一定程度上说明真善美价值系统的开放性与包容性，遵循对立统一规律建构辩证思维观念，由此形成历时性建构与共时性构成的真善美价值观及其价值体系。中华民族的真善美价值观及其文艺核心价值取向具有鲜明的中国特色，即将真善美价值观与中国古代“和谐”说紧密联系，融为一体，形成文艺真善美和谐观，凸显真善美辩证统一、互为渗透、相互支撑的三位一体特质特征。探溯真善美作为批评核心价值观及其文艺永恒价值的价值源，不仅具有中国特色、民族风格、文化传统的深厚基础，而且具备历史、时代、现实以及满足人民群众需求等根本条件。

当前，中国文坛面临价值多元与传统价值失落及其价值冲突、价值迷乱、价值消解等现实问题，因此迫切需要文艺界大力培育核心价值观。这是因为：一方面，当代文坛存在着不良现象与缺陷，究其原因，关键在于文艺观及其价值观出现缺失与偏离，有效解决文坛问题必须首先从根本上解决文艺价值观问题，确立真善美和谐观及其文艺健康正确方向；另一方面，文艺工作者作为人类灵魂工程师，对核心价值观培育具有义不容辞的责任与义务。正如习近平同志所言：“核心价值观是一个民族赖以维系的精神纽带，是一个国家共同的思想道德基础。如果没有共同的核心价值观，一个民族、一个国家就会魂无定所、行无依归。为什么中华民族能够在几千年的历史长河中生生不息、薪火相传、顽强发展呢？很重要的一个原因就是中华民族有一脉相承的精神追求、精神特质、精神脉络。”文艺真善美价值观也是中华民族一脉相承的精神追求、精神特质、精神脉络，形成文艺观价值源。因此，探讨真善美价值源问题对于培育文艺核心价值观、追求文艺真善美永恒价值、传承弘扬中华文化传统、应对当下文坛多元化价值追求及其价值迷乱问题具有重要的理论价值与现实意义。本文遵循刘勰所言“原始以表末”[①]的研究方法，基于艺术发生学及其审美发生学视角对真善美价值源进行考察与探溯。

一、从艺术发生学探溯文艺真善美价值源的原发点

关于艺术起源与审美起源的发生学研究主要依据史前考古发掘材料以及历代文物文献考证所形成的历史链条与发展线索，其中必然蕴含原始艺术或史前艺术的审美意识及其价值观念萌发的因子，不仅能够成为艺术起源与审美起源发生学探讨的材料和依据，而且成为艺术观、文学观、审美观建构及其价值评价标准的价值源。

通过洞穴文化遗存、石窟文化遗存、丧葬文化遗存、贝丘文化遗址以及原始社会生产生活遗存的史前人类学等考古材料，不仅可考察和印证史前人类存在、生存、生产、生活、繁衍、进化过程及其连接环节的遗迹，而且也可考察和印证原始族群图腾崇拜以及原始巫术、原始宗教祭祀仪式中的精神信仰系统缘起与起源、发生与建构的源头及其过程。遵循人类物种起源的进化及其人类社会实践活动建构的规律特征，人类文明发生是物质文明与精神文明交织并同步的过程。基于人类存在、生存、繁衍、发展的最为根本的实用功利与切身利益需要所生成的“价值—评价”观念，无疑就具有人类基本需要及其意愿需求的价值取向性与情感倾向性。在人类文明及其史前文明发生过程中，逐渐建立起

① 刘勰：《文心雕龙·序志》，范文澜注《文心雕龙注》，人民文学出版社2008年版，第727页。

基于人类利益关系形成利害、益损、功过、好坏、真假、善恶、美丑等认知与辨别能力，建构起符合人类利益的价值观及其价值认知、价值判断、价值评价、价值创造、价值取向等构成的价值系统，确立起真善美核心价值，成为人类价值观及其文艺观的价值源。

人类文明起源是一个发生过程，必须确认史前文明对人类文明发生的价值意义，因此不能隔断史前文明渊源及其血脉连接。人类史前文明所创造的打磨工具、陶器、木器、贝器、岩画等文化遗存，相对于古代文明所创造的甲骨文、青铜器、铁器、瓷器、玉器、布麻、丝绸等工具、器具、饰物而言毫不逊色，尽管存在人类文明进化发展过程中的差异性，但其衔接与关联毫无疑问。更为重要的是，一方面，史前文明所呈现出物质与精神交织于一体的性质特征，对其物态化遗存形态形制与功能作用的考古、考证，不难发现其创造过程中所形成的实用性与适用性、功利性与非功利性、现实需要与意愿需求、动机意图与目的追求统一的价值取向，从而使其物态化遗存具有表征人类文明的文化符号意义。另一方面，基于人类存在、生存、繁衍、发展需要，史前文明遗存具有一物多用的功能作用反映人类社会实践活动的综合性状况，考古发掘及其现代遗存“活化石”印证人类文明所经历图腾崇拜、自然崇拜、神灵崇拜、生殖崇拜阶段，反映原始先民的精神心理状态，折射出原始信仰系统发生生成轨迹，不难窥见其价值取向的真善美价值源萌发基因与缘起。

从发生学角度而言，工具打磨以及制造和使用与人类起源和进化、人类社会实践活动、人的身心发展及其大脑发育紧密相关，可谓人的手脚延伸及其功能作用拓展。当人与工具融为一体就意味着工具不仅仅是工具，而且是表征人的本质力量以及人对自我确证的文化符号。工具就不仅仅具有工具性功能作用，而且具有人类学本体论意义；不仅具有人类物质文明创造价值，而且具有人类精神文明创造价值；不仅作为人与自然、主体与客体、动机与效果的中介和桥梁，而且工具本身就是目的，是人的本质及其本质力量对象化的产物。邓福星在《艺术前的艺术——史前艺术研究》中将史前石器时代的打磨工具既视为劳动工具，又视为“艺术前艺术”，将打磨工具作为艺术缘起与起源的发生点及其物质生产与精神生产的契合点，得出艺术发生与人类发生同步的观点。这是基于艺术发生学研究视角，进行了有别于以往“模仿说”“巫术说”“游戏说”“表现说”“升华说”等关于艺术起源学说的有益探索，丰富和完善了马克思主义关于艺术起源于劳动及其人类社会实践活动的学说理论。恩格斯《劳动在从猿到人转变过程中的作用》指出：“政治经济学家说：劳动是一切财富的源泉。其实劳动和自然界一起才是财富的源泉，自然界为劳动提供材料，劳动把材料变为财富。但是劳动远不止如此。它是整个人类生活的第一个基本条件，而且达到这样的程度，以致我们在某种意义上不得不说：劳动创造了人本身。”“只是由于劳动，由于和日新月异的动作相适应，由于这样所引起的肌肉、韧带以及在更长时间内引起的骨骼的特别发展遗传下来，而且由于这些遗传下来的灵巧性以愈来愈新的方式运用于新的愈来愈复杂的动作，人的手才达到这样高度的完善，在这个基础上它才能仿佛凭着魔力似的产生了拉斐尔的绘画，托尔瓦德森的雕刻以及帕格尼尼的音乐。”①马克思主义基于劳动的人类社会实践活动性质特征，不仅发掘人类起源及其史前物质精神文明起源与艺术审美起源的发生学意义，而且基于人与自然、主体与客体的辩证关系，将劳动及其人类社会实践活动作为人与自然、主体与客体关系的纽带，说明人类在改造自然的同时改造人自身、在改造客观世界的同时改造主观世界的辩证道理，形成主体的合目的性与客体的合规律性统一的人类社会实践活动性质与特征，确立艺术起源发生学研究的基本指向与指导思想。

着眼于从劳动及其人类社会实践活动讨论人类起源问题，由此又基于劳动及人类社会实践活动讨论艺术起源问题，无疑必须坚持历史唯物主义与辩证唯物主义观点。马克思主义所界定的“劳动”及“人类社会实践活动”性质特征是自觉的、有意识的、有目的的人类活动，其“属人”“人化”“对象化”特质特征无疑充分肯定了人的主体性、能动性与创造性，不仅在其物质需要与生理需要基础上产生精神需要、情感需要与心理需要，而且物质需要中蕴含精神需要、生理需要中蕴含心理需要及情感需要，因此就不能不肯定物质需要与精神需求、物质生产与精神生产、物质产品与精神产品的融合性。当然，随着人类认识提高、生产力发展、劳动分工协作意识强化，以及剩余劳动、剩余时间、剩余产品出现，物质需要与精神需求、物质生产与精神生产、物质产品与精神产品开始分离，艺术从“前艺术”状态中分离出来，由此独立，艺术与非艺术才有所区别。由此可见，艺术起源是一个发生、生成、建构过程，也是一个从“前艺

① 马克思、恩格斯：《马克思恩格斯选集》第三卷，人民出版社 1972 年版，第 510 页。

术”到艺术的发展过程，因此，将原始工具作为“艺术前艺术”及其史前艺术、原始艺术的表征与原发点理所当然。

艺术发生学研究视角将艺术起源与人类起源联系起来，一方面将艺术起源视为一个发生、生成的建构过程，由此将关注点放在“艺术前艺术”，亦即史前艺术、原始艺术发生的探讨上，在认定艺术发生学的同时也建构起与之相应的艺术观与审美观也是一个发生、生成的建构过程；另一方面将艺术起源不仅放置在人类社会实践活动中来认识，而且将艺术发生与人类发生结合形成双向共生性、双向同构性，使艺术发生具有人类学及其审美人类学意义。将史前石器时代的打磨工具作为“艺术前艺术”的理由主要在于：一是工具打磨除考虑其实用功利性的内容外，还必须考虑工具形状、形态、形制的外观形式，由此形成形式与形式感，在此基础上形成形式美与形式美感。二是工具作为人与对象关系的中介，除考虑工具制作必须遵循对象规律特征，对于改造征服对象具有实用性外，还必须从人的需要及其人所设置的动机与目的考虑，以期达到主体的合目的性与客体的合规律性统一的目的，由此带来满足需要、收到效果、达到目的的情感愉悦与身心满足，在此基础上产生美感。三是工具打磨必须达到合理有效使用工具的目的，既能够有效达到改造征服对象的目的，又能够有效达到人的使用方便、快捷、简洁、舒适、轻松、自如的目的；也就是说，工具既要实用又要适用，才能带来工具使用的愉悦感与舒适感，由此产生人类行为及其活动的协调、节奏、韵律、对称、均匀、平衡所带来的形式美感与和谐美感。四是将工具作为“前艺术”并非局限于艺术与非艺术区别的纯艺术观，而是基于艺术生活化、生活艺术化与审美生活化、生活审美化的大艺术观、大审美观以认定工具的“前艺术”特性特征。一方面基于艺术起源是一个发生学过程，艺术是在人类社会实践活动中逐渐发生、生成、建构起来的；另一方面基于原始文明物质生产与精神生产尚未分离的状况，可以认定原始工具制作不仅依靠人的体力劳动，而且依靠人的脑力劳动，由此认定原始工具可以视为“前艺术”。五是基于黑格尔《美学》与马克思《1844年经济学哲学手稿》所提出的人的本质及其本质力量对象化、人对自我确证、人化自然理论，既说明人类社会实践活动性质的“对象化”特征，又基于人类社会实践活动的主体性与能动性，揭示出人类活动是有意识的、自觉的、有目的的活动性质与特征，作为实践美学最为重要的理论依据，艺术创造与审美创造及其所带来的情感愉悦及其美感亦如此，由此证明原始工具作为“艺术前艺术”的美学价值与审美意义。

广西考古发掘在左右江流域发现多处颇具规模的石铲、石锛、石斧、石砧等史前石器遗址，其中隆安大龙潭遗址发掘出土的233件石器中大石铲达231件，南宁市坛洛镇考古发掘出土大石铲300多件，完整的有100多件，被学界称为“广西大石铲”。大石铲主要分布在左右江流域壮族居住地区，作为距今5000多年新石器时期产物，意味着当时壮族先民的骆越族群已经进入农耕时代。大石铲作为农耕文明劳动工具，一方面从功能作用看，带有实用功利性，“随着稻作农业的发展，壮族先民不断创造由简单到复杂、由低级到高级的生产工具。新石器晚期出现的大石铲文化，就是壮族先民稻作生产方式及其功利目的追求的产物”；另一方面从其形制与形式看，带有适应于人的身心感觉的愉悦性，“石铲的一般形制为小柄双肩型和小柄短袖束腰型。大者长70多厘米，重几十斤；小者仅长数厘米，重数两。其制作规整，双肩对称，两侧束腰作弧形内收，至中部又作弧形外展，呈舌面弧刃；通体磨光，棱角分明，曲线柔和，美观精致。特别是那种形体硕大、造型优美的石铲，成为一种艺术珍品，令人惊叹不已”①。大石铲作为农耕生产工具，其打磨制作的外观形态就体现工具实用性与劳动适用性，具有实用与美观统一的特征，构成大石铲打磨制作模式及其形制。也就是说，大石铲工具作为“艺术前艺术”，集实用性、艺术性、审美性于一体。如果就颇具数量规模的大石铲发掘遗址情况看，大石铲不仅作为劳动工具使用，而且也作为祭祀器具或丧葬随葬品使用，其物质实用功利性有所淡化而精神心理慰藉及其文化符号表征性和象征性功能有所强化。覃乃昌等指出：“从出土的大石铲的形制和其数十把刃部朝天、直立圆形排列来看，大多数为非实用器物，而是与农业生产有关的祭祀活动的遗存，是具有宗教意识的精神产品。石铲艺术的产生，既是石器时代从打制石器到磨光石器的必然产物，又是壮族先民在特定的环境中随着稻作生产发展的需要而对劳动工具的加工改进，并出于功利而演化为一种神器和祭品。它注入了作为古老稻作民族的壮族先民对丰稔的虔诚祈求和对劳动的热情赞美。它不仅反映新石器时代壮族先民地区稻作农业已具备一定的规模和水平，而且标志着他们源于稻作

① 覃乃昌等:《左江流域文化考察和研究》,《花山文化研究》，广西人民出版社1987年版，第5—6页。

生活的审美观念和艺术创造达到了相当的高度。”① 由此可见,史前石器时代的打磨工具作为“艺术前艺术”,不仅基于物质与精神交融一体而呈现实用功利性与精神适用性统一特征,而且蕴含基于人类存在与生存、生产与生活需要而产生社会实践活动意识观念及其真善美价值取向性,形成文艺真善美价值源原发点。

从史前石器时代的打磨工具中不仅可以窥见艺术发生、审美发生的基因与萌芽,而且亦可探索人类文明早期所形成的“前艺术”意识与“前审美”观念的大体雏形,不仅将原始工具的实用性、功利性、有效性、舒适性、愉悦性统一为一体,而且通过人类社会实践活动的自觉性、意识性、目的性表达出基于人类需要的价值追求与价值取向,使原始工具作为艺术起源的发生学表征的“前艺术”文化符号,蕴含真善美基因与萌芽,成为文艺观价值源及其文艺评价标准价值源。

二、从原始岩画艺术生成探溯真善美文艺观价值源的发生点

如果说旧新石器时期的史前文明创造的石器工具作为生产工具含有“艺术前艺术”因子及其艺术起源的发生萌芽的话,那么原始岩画作为绘画艺术发生点及其原始艺术形态早已被学界公认,成为艺术起源发生学研究的最为重要的材料和依据。当然,这也是人类文明起源及其精神文化起源发生学最为重要的材料和依据。人类文明发展进程及其艺术起源的发生过程都或多或少留下原始岩画痕迹,在世界各地多有发现,不仅引起学界极大关注,形成岩画研究的学科与跨学科研究热点,而且作为文化遗产得到各国政府与社会的高度重视。

迄今为止世界发现的最早岩画为西班牙阿尔塔米拉洞窟中的野牛岩画,距今3万年到1万年,1985年被列入世界文化遗产名录。意大利梵尔卡莫尼卡岩画列入世界文化遗产保护名录后,成立世界岩画研究机构——卡莫诺史前研究中心,在岩画研究上做出卓越贡献,成为世界岩画研究中心。1984年阿纳蒂主持“世界岩画档案”项目,目前拥有约200000张幻灯片、照片、复制品、影

① 覃乃昌等:《左江流域文化考察和研究》,《花山文化研究》,第6页。

像制品、图册以及约40000册专业书籍，成为世界最大的岩画研究资料库。

中国拥有非常丰富的原始岩画遗址及其资源。中华人民共和国建立后组织专家学者进行过多次大规模普查、考察与调研，改革开放以来更是快马加鞭地加强岩画考察与研究。1992年中央民族大学成立中国岩画研究中心，经该中心初步统计，截至2012年9月，中国境内共发现岩画点989个，岩画5373处，画面18662幅，单体图像150000余个。同时，中国也是最早出现文献记载岩画的国家之一，先秦《韩非子》中就记录过凿刻脚印岩画之事；郦道元《水经注》中记载20多处岩画地点；1915年，黄仲琴对福建华安汰溪仙字潭岩刻的调查与其发表的“汰溪古文”，成为近现代中国岩画研究的开端。目前国内具有较大规模和影响力的岩画点主要有广西花山岩画、宁夏贺兰山岩画、内蒙古阴山岩画、连云港将军崖岩画、新疆库鲁克山岩画、云南沧源岩画等，主要分布在西北、西南少数民族生活地区，绘制年代有的为旧石器文化到新石器文化时期，有的为春秋战国到两汉时期，可判定当时所处史前文明或原始文明时期，因此将原始岩画定位为原始艺术。

原始岩画对于考察研究艺术起源及其文明起源的发生过程具有重要的价值和意义：一是原始岩画无论在崖壁上还是岩石上绘画，也无论涂抹式还是雕刻式绘画，都是史前人类以线条、色彩、构图、造型、形态等描摹的图画，具备绘画艺术构成的基本元素，具备绘画的二维空间及三维空间艺术特征，具备形象性、模拟性、想象性、情感性、神圣性、理想化等艺术特征，具备绘画艺术的模仿、记载、展示、言说及其再现与表现功能。总而言之，原始岩画具备绘画艺术的基础条件，形成绘画艺术起源的发生点及其原始形态。二是原始岩画无论从当时还是此后以及现在来看，一方面，其线条、色彩、构图、造型、形态仍然具有直观性、形象性、可感性的艺术特征和审美魅力，能够提供无论原始先民还是历代人，乃至当代人以审美愉悦与艺术享受；另一方面，其自然、朴素、粗拙、混沌、简约、稚气等表达方式与绘画风格，不仅保留人类童年时代的最早遗痕与最初记忆，而且为文学艺术发展保持自然淳朴的“真心”“童心”“赤子之心”所形成的文脉传统奠定基础，提供艺术创作与审美创造的源泉。三是原始岩画作为人类社会实践活动创造的产物，从其绘画动机意图及其表达方式和表现内容看，无论基于当时存在、生存、生产、生活、繁衍、发展的实用功利性需要和目的，还是基于人与自然矛盾解决及其关系协调而进行原始巫术、原始宗教祭祀活动的实用功利性需要和目的，其实都意味着原始文明中的物质与精神浑然一体的交融状态。尽管原始岩画基于实用功利性需要和目的而创作，但也是基于原始图腾崇拜、自然崇拜、神灵崇拜、祖先崇拜、生殖崇拜等心理需要和情感需要而创作的，由此建立起原始巫术、原始宗教及其祭祀仪式建构的精神信仰系统。更为重要的是，原始巫术、原始宗教及其祭祀仪式活动从最初的物质与精神融合方式中逐渐分离出来，具有某些独立于物质生产活动的精神活动特质特征，具备特定场域、氛围、话语、工具、器具、物品、服饰、行为、动作条件，由此基于祭祀仪式活动及其娱神需要而产生人神交流方式，触发诗歌、音乐、舞蹈、绘画等原始艺术发生与生成。四是原始岩画基于原始文明创造与字画同源之理，无论认定为象形文字还是原始绘画艺术，都具有文化符号的表征与象征意义。象形文字或绘画图像都是能指与所指构成的符号系统与文化生成系统，因此原始岩画的文化内涵特征及其文化功能作用不言而喻，既包含人与自然、人与人、人与神、人与族群交流沟通之意义，也含有聚合群类、统一部落、抚慰人心、安定民众以及历史记载、传承文化、繁衍血脉等文化价值意义。更为重要的是，基于原始岩画不仅建构原始巫术宗教的精神信仰系统，而且建构价值—评价系统，在其精神慰藉、心理平衡、情感宣泄、意愿诉求、理想追求、审美愉悦等综合功能作用中建构真善美核心价值，成为真善美价值源发生点的重要渠道。

广西左江流域花山岩画是中国涂抹型岩画的典型代表。“左江流域，古代是骆越民族狩猎耕耘、栖息繁衍之地，现在是骆越后裔壮族人民聚集区。自秦始皇统一岭南建三郡以来，左江成为祖国南疆的重要交通航道。其地理位置之重要，自不待言。其民族文化遗产之独特，亦渐为世人所认识。最令人惊奇神往的是，在连亘左江数百公里的悬崖峭壁上，有一幅幅用赭红颜料平涂的人物、动物、器物画像，斑驳隐绰，若隐若现。”花山岩画所处广西宁明县驮龙镇耀达村的左江流域明江西岸，“经过多学科综合考察，学者专家们公认，左江流域崖壁画就其分布之广，作画地点之陡峭，画面之雄伟壮观，作画条件之艰险，都是国内外所罕见，在国内国际的美术史上应享有崇高地位”[①]。花山岩画单体

① 覃圣敏、覃彩銮、卢敏飞、喻如玉:《广西左江流域崖壁画考察与研究》，广西民族出版社1987年版，第1页。

宽 221.05 米，高 45 米，距离水面 15—18 米，共画有人、物等各类图像 1819 个，是迄今为止所发现的最大幅单体岩画。岩画反映先秦百越时期骆越族群生产生活及其原始巫术宗教祭祀仪式场面，有人、马、狗、兽、刀、剑、羊角（牛角）、铜鼓、钮钟、舟楫等绘图形象。人像千篇一律地为两臂分开弯曲向上、两腿分开弯曲下蹲，呈蛙状人形的姿势，为人蛙一体造型姿势，表现出当时当地人与自然、人与祖先、人与神灵、人与族群同构共生状态，反映原始巫术、原始宗教及其图腾崇拜、自然崇拜、神灵崇拜、祖先崇拜、族群崇拜、生殖崇拜意识，以原始祭祀仪式表征族群团结的内聚力、向心力与生命力及其骆越族群精神信仰。据考证，蛙作为壮族先民骆越族群的图腾崇拜物，与其强盛的生命力、生长力、繁殖力、跳跃力以及鼓鸣洪亮、捕食害虫、预兆风调雨顺以求五谷丰登等特征密切相关，因此作为原始图腾崇拜对象，成为表征骆越族群祖先、神灵、灵魂、族徽的图腾信仰系统与文化符号。因此，花山岩画中的蛙状人形画像被壮族视为骆越根祖，形成传承至今的祭祖文化传统：每年“三月三”期间，崇左宁明都要举行花山岩画骆越祭祖大典。花山岩画作为百越文明及其骆越文化产物，具有原始艺术及其原始文化符号表征意义，对于艺术起源、审美起源的发生学研究具有重要价值。由此可见，基于花山岩画所表现的骆越图腾崇拜、自然崇拜、祖先崇拜、神灵崇拜、生殖崇拜的原始巫术、原始宗教祭祀仪式场景与内容，不难发掘其族群信仰系统中所萌发的真善美基因及其和谐共生观念的萌芽，对于艺术创造与审美评价的真善美核心价值观形成产生巨大影响，成为真善美价值源发生的一个重要渠道。

三、从民族文化传承“活化石”探溯真善美文艺观价值源的生长点

探溯艺术起源、审美起源的发生过程及其发生学意义可以考察至今保护传承相对完好的民族文化传统、生态文化及其原生态艺术。民族生态文化及其原生态艺术往往被学界称为“活化石”，从古至今一直存活于民族社会现实生活中，不仅成为历史记忆与文化传统，而且成为世代族群民众的日常生活及其传统与现代交通的现实生存状态。地处偏远、自然人文环境相对封闭的一些少数民族，不仅其民族文化传统传承至今，而且保留更多自然淳朴的返璞归真

“原始”形态与原初状态，其生产方式、生活方式、民俗民风、审美风尚、宗教信仰、传说故事、歌舞戏曲、服饰建筑、饮食习惯、乡规民约及思想观念中不难窥见鲜明的民族特色与深厚的传统印记，成为反观世俗、印证历史、回归自然、传承传统的“活化石”，形成真善美价值源发生点的重要渠道及生长点。

中华民族是56个民族构成的大家庭，基于中国幅员辽阔、人口众多、地域差异较大、民族文化多样化的特点，各民族文化既具有普遍性与统一性，也具有差异性与特殊性。相对于汉族而言的少数民族，因其地域环境、自然条件、社会交往与文化交流以及历史与现实等特殊情况与原因，更因其为了强化民族内聚力、向心力、感召力，因此更注重保护传承民族文化传统，形成民族个性凸显、文化特色鲜明、风俗习尚浓郁、传统一脉相承的文化生态及其原生态艺术，成为民族传统在现代存活的“活化石”。

广西是沿边、沿海、沿江的南方唯一的少数民族自治区，壮族是中国少数民族中人口最多的民族，形成独具特色并传承至今的南方稻作文化、铜鼓、壮锦、绣球、师公、干栏、《布洛陀》经诗、歌圩、歌堂、歌会、“三月三”歌节、刘三姐传说等民族文化传统以及原生态山歌、音乐、舞蹈、戏曲。这些传统民族文化形态及其民间文学艺术形态，不仅传承民族文化传统，保持原生态文化及其原生态艺术形态，成为从远古遗传至今的“活化石”，而且两千多年前壮族先民骆越族群所创作花山岩画的原始风貌也印证了壮族先民的百越文明和骆越文化创造及其对中华民族的贡献。花山岩画所在左江流域壮族居住地区至今仍然保留骆越祭祖习俗、骆越遗风、骆越巫术、骆越铜鼓、骆越歌舞、骆越山歌、骆越神话传说等骆越文化传统，不仅证明骆越部落族群与壮族具有一脉相承的血缘、血脉、血亲关系，而且证明了从骆越先民到当代壮族所秉承民族文化传统及其真善美核心价值的活力及生命力与生长力。

就花山岩画所在左江流域壮族居住地区自然生态与人文生态考察调研情况看，花山岩画所表征和承载的百越文明及其骆越文化传统延续至今，骆越古风犹存，百越精神俱在，民族特色鲜明，民俗风情浓郁，成为民族文化生态及其原生态艺术保存完好的“活化石”。花山岩画所描绘的原始图腾祭祀场面，形成“骆越根祖，岩画花山”传统，至今仍然还在壮族民众祭祖文化传统中延续；花山岩画所画铜鼓造型，不仅印证汉代马援“于交趾得骆越铜鼓”，而且印证广西也是拥有铜鼓数量、类型、体积之最的“铜鼓之乡”，甚至至今仍然还在现实生活及重要活动中保留敲击铜鼓习俗；骆越先民蛙图腾崇拜及其自然崇拜、神灵崇拜、祖先崇拜意识观念，至今仍然还在壮族民间信仰系统中存留，形成蛙婆节、蚂拐节等民俗节庆传统；骆越原始巫术、原始宗教及其活动仪式与方式，至今仍然还在壮族居住地区以巫觋、师公、道公方式流行，不仅构建民间宗教信仰系统，而且也在无形中促进壮医、壮药以及养身健生事业发展；花山岩画中仪式化的民众聚集画面，至今仍然还在广西各少数民族族群公共事务活动中复现，成为族群内聚力、向心力及其民族团结的表征方式；蛙状人形的画像造型，至今仍然还在壮族舞蹈动作、姿态、形体、造型、节奏、韵律中反复呈现；蛙状人形画像抽象化为几何图案，成为图标、族徽与纹饰，在织锦、刺绣、服饰边饰、建筑装饰、器物装饰、工艺美术中不断呈现；花山岩画所引发的艺术创造与审美想象，造就广西以“民歌之乡”著称，各民族能歌善舞，《布洛陀》《密洛陀》史诗传唱至今，刘三姐传说故事家喻户晓。由此培育了广西人民勤劳勇敢、淳朴厚道、吃苦耐劳、坚韧不拔、仁义诚信、包容开放的民族性格、民族风格、民族精神，也培育了真善美核心价值观，成为民族文艺创作和审美创造的价值源。因此，花山作为广西最具代表性和影响力的民族文化符号，成为广西民族文化艺术源泉、圣地及宝库，形成一脉相承、薪火相传的民族文化传统，成为中华民族真善美价值源构成的重要渠道，亦成为具有中国特色、民族特色的文艺真善美价值源的生长点。

综上所述，探溯文艺真善美价值源不仅需要从中国古代文艺发展历程及其文艺传统溯源，而且需要从艺术发生学、审美发生学角度对史前艺术即“艺术前艺术”缘起和发生溯源，还需要从民族文化传统传承至今的“活化石”现象溯源，由此形成文艺真善美价值源构成系统及其建构过程。习近平同志在文艺工作座谈会上的讲话中指出：“文艺创作不仅要有当代生活的底蕴，而且要有文化传统的血脉。‘求木之长者，必固其根本；欲流之远者，必浚其泉源。’中华优秀传统文化是中华民族的精神命脉，是涵养社会主义核心价值观的重要源泉，也是我们在世界文化激荡中站稳脚跟的坚实根基。增强文化自觉和文化自信，是坚定道路自信、理论自信、制度自信的题中应有之义。”饮水思源必须追根溯源，才能强根固本，才能更好地培育核心价值观，才能更好地坚持文艺真善美价值源。

唐宋古文复兴中文道论的特点
——兼与道学家比较*

高宏洲**

摘　要: 古文家的文道论与道学家的文道论存在根本的差异。古文家的文道论以立言为出发点,道学家的文道论以立德为出发点。古文家认为立言是明道的一种重要方式,道学家却认为立言没有独立性,只能成为立德的附属品。古文家虽然肯定文学的明道作用,但是认为文学创作的根本在于道。古文家对道的理解不同于道学家,相比较而言,古文家的道具有现实性、丰富性和反思性的特点,而道学家的道则虚玄、狭隘和独断。古文家由于认识到文学在明道中的积极作用,所以比较重视辞采和文学技巧,而道学家却将文学视为玩物丧志的雕虫小技。

关键词: 古文家　道　特点　辞采

文道论是唐宋古文复兴中的一个中心课题,近代以来获得了学者们的广泛关注。学者们对古文家的文道论存在不同的看法,有的认为古文家重文轻道①,有的认为古文家重道轻文②,有的则认为古文家文道并重③。毫无疑问,这

---

* 基金项目:中国博士后科学基金资助项目(2015M581033)阶段性成果。

** 作者简介:高宏洲(1981—　),男,陕西榆林人,文学博士,人民文学出版社古典文学编辑室编辑。

① 郭绍虞《文学观念与其含义之变迁》说:"在古文家之文学批评,虽口口声声不离'道'字,但在实际上,只以之作为幌子,作为招牌,至其所注重而用力者,毕竟还在修词的工夫。"郭绍虞:《照隅室古典文学论集》,上海古籍出版社2009年版,第102—103页。

② 罗根泽说:"故韩愈虽自言重道轻文,而结果还是文章家,不是哲学家。"(罗根泽:《中国文学批评史》,上海书店出版社2003年版,第438页)罗根泽从韩愈的论述中读出的是"重道轻文",只是强调其落脚点还是文章家而非哲学家。"重道轻文"也是近代以来用"纯文学"观念批判传统文道观的主流观点。

③ 曾国藩是近代以来较早注意到古文家"文道并重"的学者。其《求阙斋读书录》说(转下页)

些说法都具有一定的根据，但也存在一些局限。比如，说古文家重文轻道与古文家不断强调的道对文学创作的基础作用的事实明显违背；说古文家重道轻文与古文家重视文学辞采与技巧的讲求完全不符；文道并重虽然照顾到了古文家对道与文两个方面的兼顾，但是并没有很好地解释这两个方面在古文家的价值体系中究竟处于什么样关系，而这是把握古文家文道论的关键。因此，有必要重新梳理唐宋古文家文道论的特点。为了凸显古文家文道论的特点，本文在论述的时候将其与道学家进行了比较。

一、以立言为出发点

古文家与道学家都强调道对文学创作的决定意义。韩愈的《争臣论》云："君子居其位，则思死其官；未得位，则思修其辞以明其道。"① 柳宗元的《答韦中立论师道书》云："文者以明道。"② 李汉的《唐吏部侍郎昌黎先生讳愈文集序》云："文者，贯道之器也。"③ 欧阳修的《答吴充秀才书》云："圣人之文虽不可及，然大抵道胜者，文不难而自至也。"④ 苏轼的《祭欧阳文忠公夫人文》云："吾所谓文，必与道俱。"⑤ 周敦颐的《通书》云："文所以载道也。"⑥《朱子语类》卷一百三十九记载朱熹云："这文须是从道中流出。"⑦ 从这些引文不难看出，强调道对文学创作的决定意义是古文家和道学家文道论的共同主张。那么，如何区分古文家与道学家的文道观的异同呢？前代学者对此做过一些探索。影响最大的是郭绍虞在《文学观念与其含义之变迁》和《中国文学批评史上文与道的问题》等文中提出的古文家主文以贯道、道学家主文以载道的观点。在郭绍

(接上页)"韩公(韩愈)一生学道好文，二者兼营，故往往并言之"。郭绍虞引用了曾国藩的这段话，却得出古文家只是把道作为幌子、招牌，用力处仍在修词的"工夫"的结论，显然与曾国藩的原意不相吻合。此外，祝尚书、寇养厚等都认为欧阳修等古文家是文道并重，参见祝尚书《北宋古文运动发展史》(巴蜀书社 1995 年版，第 164 页)、寇养厚《欧阳修文道并重的古文理论》(《文史哲》1997 年第 3 期)等文。文道并重是目前学界对古文家文道观比较一致的看法。

① 马其昶:《韩昌黎文集校注》，上海古籍出版社 2014 年版，第 126 页。

② 柳宗元:《柳宗元集》，中华书局 1979 年版，第 873 页。

③ 董诰等编:《全唐文》，中华书局 1983 年版，第 7697 页。

④ 洪本健:《欧阳修诗文集校笺》，上海古籍出版社 2009 年版，第 1177 页。

⑤ 孔凡礼点校:《苏轼文集》，中华书局 1986 年版，第 1956 页。

⑥ 陈克明点校:《周敦颐集》，中华书局 1990 年版，第 34 页。

⑦ 黎靖德编:《朱子语类》，中华书局 1986 年版，第 3319 页。

虞看来，文以贯道与文以载道不仅存在程度上的不同，而且有性质上的差别。① 郭先生所谓的差别显然不是从“载”与“贯”的概念上得出的，而是结合古文家与道学家的思想背景立论的。结合古文家与道学家的思想背景，说古文家的文以贯道与道学家的文以载道存在本质性的差别有一定的道理，因为古文家与道学家对道与文的关系的理解有根本的差异。但是，因此而说文以贯道与文以载道概念本身存在程度上和性质上的差别就缺乏说服力。

为什么呢？因为文以贯道与文以载道在逻辑上具有一致性②，都肯定了作为传道的工具——文所具有的先在性和独立性（相对）。朱熹正是意识到这一点而批评“文以贯道”与“吾所谓文，必与道俱”。《朱子语类》卷一百三十九《论文上》记载：

> 才卿问：“韩文李汉序头一句甚好。”曰：“公道好，某看来有病。”陈曰：“‘文者，贯道之器。’且如《六经》是文，其中所道皆是这道理，如何有病？”曰：“不然。这文皆是从道中流出，岂有文反能贯道之理？文是文，道是道，文只如吃饭时下饭耳。若以文贯道，却是把本为末，以末为本，可乎？其后作文者皆是如此。”③

陈才卿认为李汉在韩愈文集序中提出的“文者，贯道之器”说得非常好，因为它规定了文学的根本目的是“道”。朱熹却对这种说法提出了批评，因为这种说法预设了文与道的分离，暗含着文先道后，文是本，道是末。用郭绍虞的话说就是道反而变成了文的手段。④在朱熹看来，文学没有独立存在的道理，

---

① 郭绍虞：《照隅室古典文学论集》，第 170—171 页。

② 敏泽已经指出“‘明道’与‘载道’就其实质来说，并无原则性的差异”（敏泽：《中国美学思想史》，中国社会科学出版社 2014 年版，第 612 页）。罗宗强也指出文以明道、文以贯道、文以载道三者不存在本质上的差别（罗宗强：《读文心雕龙手记》，生活·读书·新知三联书店 2007 年版，第 209 页），这是有道理的；但是罗先生认为所明的、所贯的和所载的道是明确无误的儒家之道却是值得商榷的。理由是，尽管“文以明道、文以贯道、文以载道”所明、所贯、所载的道的主体思想是儒家思想，但是在不同的士人那里，他们对道的内涵的理解是不一样的。比如，韩愈的文以贯道之道能够兼容墨子，柳宗元的文以明道之道能够兼容一些佛教思想，周敦颐的文以载道之道受到过佛教的影响，这是需要予以详细辨析的。

③ 黎靖德编：《朱子语类》，第 3305—3306 页。

④ 郭绍虞：《照隅室古典文学论集》，第 176 页。

只能成为道德修养的附属品，这是“文皆是从道中流出”的真正含义。朱熹也是以这一标准来批评苏轼的“吾所谓文，必与道俱”的。在朱熹看来，苏轼的这一提法同样预设了文与道的分离，是“文自文而道自道”，“待作文时，旋去讨个道来入放里面”，“缘他都是因作文，却渐渐说上道理来，不是先理会得道理了，方作文，所以大本都差”。朱熹说古文家是为了作文而强调对道的认识有一定的根据，但是因此而说古文家“待作文时，旋去讨个道来入放里面”却不符合事实，因为古文家也非常重视对道的涵养。郭绍虞已经指出了这一点，他说：“彼（指苏轼）又何尝临文时才去讨个道入放里面呢？彼不过与世之言道者——或即其所见而名之，或莫之见而意之者，其方法不同而已。其即其所见而名之者，论道每泥于迹象；其莫之见而意之者，论道又入于虚玄。这才与扪烛扣槃无异。所以他主张学。学文可以得文中之道，学文又可以学行文之道。得文中之道，犹是昔人之糟粕，不足以言求道；得行文之道，才可以达其所明之道：这才是所谓致道。但此岂生不识水的北方勇者所能明其故哉！固宜朱子之讥为大本都差矣。”[①]郭绍虞指出古文家与道学家在学道方式上存在差异是非常准确的，但是将苏轼对道的理解仅仅局限在行文之道上就不符合事实了。一方面，古文家强调通过阅读古代典籍学道，这一点非常重要，因为这是培养学识和智慧的重要方式，却被郭先生讥为学习古人之糟粕，这显然是“五四”反复古思想对其思想造成的限制。另一方面，古文家强调结合社会实践来认识道，苏轼在《日喻》中强调的“致道”正是指通过社会实践来了解和掌握道。同时，苏轼对道的理解非常丰富，不仅包括重实用的儒家之道，而且包括逍遥自适和恬淡寡欲的佛老思想，这一点已经获得了学界的普遍认可。

其实，朱熹也表达过对“文以载道”的不满。朱熹在注解周敦颐《通书·文辞》（即“文以载道”章）的时候说：“周子此章似犹别以文辞为一事而用力焉，何也？”[②]朱熹给出的解释是“人之才德，偏有短长，其或意中了了，而言不足以发之，则亦不能传于远矣”。这只是出于对道学前辈的尊重，进行了“同情地了解”，没有对韩愈和苏轼的批评激烈罢了。其实，“似犹别以文辞为一事”说的正是“文以载道”假定了文学存在的先在性和独立性。而朱熹的“这

① 郭绍虞：《照隅室古典文学论集》，第 184 页。

② 朱熹著，朱杰人等编：《朱熹全书·通书注》，上海古籍出版社、安徽教育出版社2010年版，第121 页。

文皆是从道中流出”却从逻辑上彻底否定了文学存在的先在性和独立性，变成了道德修养的附属品。

在笔者看来，古文家与道学家的文道观的主要差异在于出发点不同，古文家以立言为出发点，道学家以立德为出发点。韩愈在《答李翊书》中云：“生所谓‘立言’者是也；生所为者与所期者，甚似而几矣。抑不知生之志，蕲胜于人而取于人邪？将蕲至于古之立言者邪？蕲胜于人而取于人，则固胜于人而可取于人矣！将蕲至于古之立言者，则无望其速成，无诱于势利，养其根而俟其实，加其膏而希其光。根之茂者其实遂，膏之沃者其光晔。仁义之人，其言蔼如也。”①韩愈与李翊讨论的是如何立言的问题，韩愈的谆谆教导也是为了让李翊的立言达到古人的高度。柳宗元的《与杨京兆凭书》云：“今之世言士者，先文章。文章，士之末也，然立言存乎其中。即末而操其本，可十七八，未易忽也。……然则文章未必为士之末，独采取何如尔！”②柳宗元将文章与立言联系了起来，认为文章是士人从事立言活动的重要组成部分，对于士人来说至关重要，不可轻忽。此外，柳宗元的《杨评事文集后序》《与友人论为文书》《报崔黯秀才论为文书》《答韦中立论师道书》，欧阳修的《答吴充秀才书》《与张秀才第二书》《与乐秀才第一书》，苏轼的《答虔倅俞括奉议书》《答张嘉父书》《答王庠书》《答谢民师推官书》等，都在讨论如何立言，创作优秀的文学作品。

道学家的出发点则是立德。《河南程氏遗书》卷十八云：“退之晚来为文所得处甚多。学本是修德，有德然后有言，退之却倒学了。”③在二程看来，学习的目标就是修德，韩愈却由学习文学创作而谈及道德修养，所以说是“倒学了”。对于立德而言，讲究义理是第一位的，学诗文已经落入第二义了，所以不被理学家所重视。不仅不被重视，甚至认为“作文害道”。《河南程氏遗书》卷十八记载：

> 问：“作文害道否？”曰：“害也。凡为文，不专意则不工，若专意则志局于此，又安能与天地同其大也？《书》曰：‘玩物丧志’，为文亦玩物也。吕与叔有诗云：‘学如元凯方成癖，文似相如始类俳；独立孔门无一事，只

① 马其昶：《韩昌黎文集校注》，第 189 页。

② 柳宗元：《柳宗元集》，第 789 页。

③ 程颢、程颐著，王孝鱼点校：《二程集》，中华书局 2004 年版，第 232 页。

> 输颜氏得心斋。'古之学者，惟务养情性，其他则不学。今为文者，专务章句，悦人耳目。既务悦人，非俳优而何？"①

道学家将"养情性"作为为学的唯一目的，他们担心专心学习诗文会妨碍对性情的颐养，所以说"玩物丧志"。在道学家看来，文学没有独立存在的价值，只能成为道德修养的附属品。《中国文学理论史》的作者已经认识到道学家只讲立德、行事而不讲立言的问题了。②

自《左传》襄公二十四年记载以来，中国古人就把立德、立功、立言视为实现人生不朽的三种方式。魏晋南北朝以后，立言不朽更是获得了士人的广泛认同，士人普遍认为通过文学创作能够实现人生的不朽，这是魏晋南北朝以来文人重文的一个重要原因。但是，在古文家看来，立言不朽的根本在于道，这是他们主张文以明道、文以贯道的主要原因。相反，道学家却不承认文学创作对道的贡献。程颐云："古之学者一，今之学者三，异端不与焉。一曰文章之学，二曰训诂之学，三曰儒者之学。欲趋道，舍儒者之学不可。"③将文章之学与训诂之学直接踢出了"趋道"的行列，唯独保留"儒者之学"，而这里的"儒者之学"又特指道学家的义理之学。道学家的这一做法是十分颟顸的。因为自范晔《后汉书》立"文苑传"以来，文学创作就被看作明道的一个重要途径，与"儒林传"有一定的区分，道学家却不予认可，抹杀立言在明道中的作用，其狭隘是显而易见的。

正如郭绍虞所言，造成古文家与道学家思想差异的根本原因在于时代学术风气的不同。在《文学观念与其含义之变迁》中，郭绍虞说："在唐人则不过重在文辞方面，玩其文章结构而已……进至宋代，遂专重在传道一方面，而不重在学文一方面……宋儒既专攻一端，于是不以文为教，而以道为教……唐学重在文，宋学重在道。"④确实这样，唐人普遍重视文学创作，宋人则普遍强调道，道学只不过是其极端的形态而已。唐人重文一方面是对魏晋南北朝以来形成的重文传统的继承，另一方面也与唐代文人的社会地位有关。唐代文人的社会

---

① 程颢、程颐著，王孝鱼点校：《二程集》，第239页。

② 成复旺、黄保真、蔡钟翔：《中国文学理论史（二）》，中国人民大学出版社2009年版，第220页。

③ 程颢、程颐著，王孝鱼点校：《二程集》，第187页。

④ 郭绍虞：《照隅室古典文学论集》，第100—102页。

地位普遍比较低，较低的社会地位使他们非常重视文学，不仅希望借助文学来表达自己的才华和志向，而且希望通过立言来实现人生的不朽。宋代则不同，文官政治将士人置于政治结构的中心，庆历新政与熙宁变法都是文官出身的士人对社会进行的变革，这就激发了士人“得君行道”、做帝王师的热情，再次将先秦诸子“格君心之非”的政治哲学作为学术的核心，从而看不起文人以文辞悦人的俳优心态和“不平则鸣”的愤激行为，这些在道学家看来都是违背圣人境界的。

二、强调道对文学创作的基础作用

古文家虽然肯定文学的先在性或独立性，但这并不意味着文学是独立自主的。在古文家看来，文学的价值主要体现在对道的承载和传达上。因此，古文家非常强调道在文学创作中的基础地位。韩愈的《送陈秀才彤序》：“读书以为学，缵言以为文。非以夸多而斗靡也。盖学所以为道，文所以为理耳。”①《题哀辞后》云：“愈之为古文，岂独取其句读不类于今者耶？思古人而不得见，学古道，则欲兼通其辞，通其辞者，本志乎古道者也。”②柳宗元的《答韦中立论师道书》云：“始吾幼且少，为文章，以辞为工。及长，乃知文者以明道，是固不苟为炳炳烺烺，务采色，夸声音而以为能也。”欧阳修的《答吴充秀才书》云：“圣人之文虽不可及，然大抵道胜者，文不难而自至也。”苏轼的《答虔倅俞括奉议书》云：“物固有是理，患不知之，知之患不能达之于口与手。所谓文者，能达是而已。”③都把道和理作为文学创作的基础条件和决定因素。在《中国文学批评史上文与道的问题》中，郭绍虞将古文家与道学家对文与道的关系的不同概括为“道学家于道是视为终身的学问，古文家于道只是作为一时的工夫。视为终身的学问，故重道而轻文；视为一时的工夫，故充道以为文。盖前者是道学家之修养，而后者只是文人之修养。易言之，即是道学家以文为工具，而古文家则以道为手段”④。郭先生将道学家对道的重视概括为道学家的修养，古文家

① 马其昶：《韩昌黎文集校注》，第 291 页。

② 马其昶：《韩昌黎文集校注》，第 340 页。

③ 孔凡礼点校：《苏轼文集》，第 1793 页。

④ 郭绍虞：《照隅室古典文学论集》，第 176 页。

对道的重视概括为文人之修养，认为“道学家以文为工具，而古文家则以道为手段”，这很有启发性，抓住了两者立足点的不同。但郭先生说“道学家于道是视为终身的学问，古文家于道只是作为一时的工夫”，却值得商榷。韩愈在《答李翊书》中，明确说自己学道二十余年仍然“不可以不养也。行之乎仁义之途，游之乎《诗》《书》之源，无迷其途，无绝其源，终吾身而已矣”。很明显是将道作为终身修养的学问，而不是一时的“工夫”。

不过，古文家与道学家对道的修养还是存在一定的区别。概括言之，古文家重视学习和思考在道的修养中的作用，他们对道的修养偏重于外在的认识和实效①；道学家却重视对“孔颜乐处”、圣人境界的体验，他们对道的修养偏重于内在的体验和领悟。认识是一次次发生，不断地累积的过程；体验则是反复涵养，直到洞悟的持续性活动。两者在认知形态上存在明显的区别，苏轼在《日喻说》中对此做过形象的说明。古文家强调学习、闻见尤其是社会实践对道的认识的重要意义，而理学家却往往“不学而求道”，在心灵中揣摩圣人的理想境界。古文家对道的修养主要是通过学习和实践提高自己的人格境界和器识，努力做到对事理“了然于心”，然后了然于口与手。与道学家不同，古文家不重视持敬、静坐等功夫在求道中的作用。朱熹正是看到古文家缺乏道学家的修养功夫而批评他们“皆只是要作好文章，令人称赏而已，究竟何预己事，却用了许多岁月，费了许多精神”(《沧州精舍谕学者》)。② 这里所说的“何预己事”正是指理学家的为学功夫。在《朱子语类》卷一百三十七，朱熹也批评韩愈“不曾去做工夫……只是不曾向里面省察，不曾就身上细密做工夫……却不是从里面流出”③。

王安石在《上人书》中，曾说韩愈和柳宗元“徒语人以其辞耳”④，这是不真实的。其实，韩愈和柳宗元也非常重视对道的修养对于文学创作的决定性作用，只是相比较而言，王安石的政治意识更加强烈，对道的认同更加自觉，这应该是王安石不满韩愈、柳宗元的主要原因。郭绍虞也犯过与王安石相似的错

① 黎靖德编《朱子语类》卷一百三十记载，朱熹说苏韩愈、欧阳修、苏轼“大概皆以文人自立。平时读书，只把做考究古今治乱兴衰底事，要做文章，都不曾向身上做工夫，平日只是以吟诗饮酒戏谑度日”(见黎靖德编:《朱子语类》，第 3113 页)。

② 《朱子全书·晦庵先生朱文公文集》，第 3593 页。

③ 黎靖德编:《朱子语类》，第 3273—3274 页。

④ 王安石:《临川先生文集》，中华书局 1959 年版，第 811 页。

误。他说：“在古文家之文学批评，虽口口声声不离‘道’字，但在实际上，只以之作为幌子，作为招牌，至其所用力者，毕竟还在修词的工夫。”郭绍虞的这一判断严重违背事实。从前面的引文可以看出，强调道在文学创作中的重要性在古文家是一件非常严肃认真的事情，怎么能说古文家以道为幌子和招牌呢？郭先生的这一看法显然受到了现代“纯文学”观念的影响，否定道尤其是儒家之道对于文学创作的重要作用。其实，古文家非常重视道对文学创作的积极作用。在他们看来，道是第一位的，文是第二位的。蔡襄的“道为文之本，文为道之用”（《答谢景山书》）颇能传达出古文家的这一观念。① 只是与道学家相比，古文家比较重视文辞的修饰和技巧罢了。不能因为古文家重视文辞的修饰和技巧就将其视为主要用力于文辞，而忽视他们对道的重视。

在笔者看来，唐宋复兴古文的根本目的是对古道的复兴，当然这种复兴不是简单的复古，而是进行了当代化的阐释和推演。在这个意义上，一些学者将唐代古文复兴仅仅视为用散文代替骈文的文体革命是不透彻的。古文家有与骈文对立的意识，但这不是根本性的，根本性的是骈文只讲究形式对偶、华丽，而忽视对道的承载。刘宁和罗书华已经指出，散文并非以骈文为对立面②，以散代骈只是为了更有利于对道的修养和表达。

需要补充说明的是，古文家强调对道的修养绝不是现代意义上的作家道德修养论，而是包括作家的人格、学识、性情等多方面的丰富内容；古文家的道也不等同于现代意义上的道德，而是关系到社会生活各个方面的规范性价值诉求，这种规范性价值诉求在不同的士人那里又有不同的内涵。③ 古文家强调对道的修养的根本目的是为了充实作家的内心世界，使其文学作品“言之有物”，能够表达独立的见解和判断。过去，一些学者之所以批评“文以明道”和“文以载道”就在于他们对道的理解过于狭隘，将其等同于封建的伦理道德避之唯恐不及。其实，这是把部分道学家对道的理解泛化为古文家对道的理解。

① 蔡襄：《蔡襄集》，上海古籍出版社 1996 年版，第 465 页。

② 参见刘宁：《“务去陈言”与“归本大中”——论韩柳古文“明道”方式的差异》，《北京师范大学学报（社会科学版）》2006 年第 4 期；罗书华：《论唐宋古文运动非以骈文为对立面》，《上海师范大学学报（哲学社会科学版）》2013 年第 5 期。

③ 王运熙、杨明的《中国文学批评通史·隋唐五代》已经注意到韩愈的道的丰富性，说：“韩愈所谓道，其具体内容包含很广，大至国家政治，小至交友为人，都有道贯彻其中。”（王运熙、杨明：《中国文学批评通史·隋唐五代》，上海古籍出版社 2011 年版，第 490 页）

三、古文家道论的特点

在重道这一点上，古文家与道学家没有根本性的区别，导致他们攻讦不已的根本原因在于他们对道的理解不同。概括地说，古文家的道具有现实性、丰富性和反思性等特点 ①，而道学家的道却虚玄、狭隘、独断。

首先，古文家的道具有现实性。韩愈的《原道》云："博爱之谓仁，行而宜之之谓义，由是而之焉之谓道，足乎己无待于外之谓德。仁与义为定名，道与德为虚位。" ② 韩愈之所以认为"道与德为虚位"是因为他不重视道与德的形而上学特征，而是强调仁与义的现实意义。在韩愈看来，圣人之道主要是"相生养之道"，圣人之教是"博爱之谓仁，行而宜之之谓义。由是而之焉之谓道"。韩愈的道论看似没有多少新意，但是由于他是结合唐朝的社会现实来谈的，这就使其道论具有了现实意义。③ 柳宗元更是强调道的及物性。在《报崔黯秀才沦为文书》中，柳宗元说"圣人之言，期以明道……道之及，及乎物而已耳" ④，在《答吴武陵论非国语书》中，柳宗元又说"以辅时及物为道" ⑤，都将"辅时及物"作为道的根本精神。在《时令论上》中，柳宗元完全剥离了道的神秘性，认为圣人之道"不穷异以为神，不引天以为高，利于人，备于事，如斯而已" ⑥，将"利于人，备于事""生人""利安元元"作为道的根本精神。与韩愈的辟佛不同，柳宗元肯定佛教的价值。柳宗元肯定佛教的原因是"浮屠诚有不可斥者，往往与《易》《论语》合"(《送僧浩初序》)。⑦ 所谓的佛教与《易》和《论语》相合的地方，主要指爱好佛教的人往往能"不爱官，不争能，乐山水而嗜闲安者为多"。在柳宗元看来，这比那些"逐逐然唯印组为务以相轧"的仕宦之徒高尚得多。欧阳修对道的理解也非常现实。在《与张秀才第二书》中，欧阳修也反对

---

① 寇养厚的《韩愈古文理论中的"道"》(《文史哲》1996年第1期)、罗书华的《韩柳道论四维》(《社科纵横》2013 年第 7 期)等文分析过古文家道论的特点，可参看。

② 马其昶:《韩昌黎文集校注》, 第 15 页。

③ 陈寅恪的《论韩愈》已经指出了这一点。陈寅恪:《金明馆丛稿初编》, 生活 · 读书 · 新知三联书店 2015 年版, 第 324 页。

④ 柳宗元:《柳宗元集》, 第 886 页。

⑤ 柳宗元:《柳宗元集》, 第 824 页。

⑥ 柳宗元:《柳宗元集》, 第 85 页。

⑦ 柳宗元:《柳宗元集》, 第 673 页。

“舍近取远”、追求“务高言而鲜事实”的“三皇太古之道”，强调“古道”一定要能够“履之以身，施之于事”。[①] 在欧阳修看来，虽然唐虞之道至高，但孔子在叙述的时候也不过“亲九族，平百姓，忧水患，问臣下谁可任，女妻舜，及祀山川，见诸侯，齐律度，谨权衡，使臣下诛放四罪而已”。欧阳修认为，孔子之后孟子最知道，“然其言不过教人树桑麻、畜鸡豚，以为养生送死为王道之本”。都是切于事实，易知可行的。欧阳修反对言性，理由是性“非学者之所急，而圣人之所罕言也”(《答李翊第二书》)。[②] 在欧阳修看来，不管性是善还是恶，都需要后天的教化，教化才是最重要的。欧阳修明确反对士人“弃百事而不关于心”(《答吴充秀才书》)。欧阳修对道的阐释始终贯彻着“可通于今”“可用于今”的现实关怀。苏轼也非常重视道的现实性。在《答王庠书》中，苏轼批评“儒者之病，多空文而少实用”[③]。在《谢除两职守礼部尚书表二》中，苏轼强调自己的学问“以适用为本，以空言为耻”[④]。在前代的众多文人中，苏轼最佩服的是中唐的陆贽，理由是陆贽的文章“皆欲酌古以驭今，有意于济世之实用，而不志于耳目之观美”(《答虔倅俞括奉议书》)。在《凫绎先生诗集叙》中，苏轼认为诗歌创作应该“言必中当世之过，凿凿乎如五谷必可以疗饥，断断乎如药石必可以伐病”[⑤]。从这些引文不难看出，那些将苏轼对道的理解仅仅局限在佛老思想是非常错误的。

尽管道学家也有很强的外王意识，或者说，其内圣的功夫本就是为外王的目的服务的。但是由于他们将“格君心之非”作为外王的切入点，而这一点在家天下的政治格局中很难付诸实践，这就必然造成其学说“内圣”有余而“外王”不足。《中国文学理论史》的作者已经发现，道学家的道论有脱离现实的特点。他说：“虽然道学家也讲‘观物’，也讲‘适怀’，但正如他们那套‘格物致知’的认识论一样，他们是先把那套道学观念藏进事物、摄入怀中，然后再从物中、怀中把它‘发现’出来的。‘观物’‘适怀’其实就是观道、适道，还是从抽象概念出发，不过拐了个弯儿就是了。……道学家虽然要求文学‘一出于道’，

① 洪本健:《欧阳修诗文集校笺》，第 1759—1761 页。

② 洪本健:《欧阳修诗文集校笺》，第 1169 页。

③ 孔凡礼点校:《苏轼文集》，第 1422 页。

④ 孔凡礼点校:《苏轼文集》，第 701 页。

⑤ 孔凡礼点校:《苏轼文集》，第 313 页。

但主要是要求表现道学的味道或者气象，而不要求提出和解决实际的社会、政治问题。”[①]这真正挠到了道学家道论的痒处。道学家道论缺乏现实性的特点在南宋就遭到了一些有识之士的批评。陈亮在《送吴允成运干序》中云：“为士者（理学之士）耻言文章、仁义，而曰尽心知性；居官者耻言政事、书判，而曰学道爱人。”[②]周密的《癸辛杂识》记载吴兴的老儒沈仲固说，道学之徒将“治财赋者，则目为聚敛；开阃扞边者，则目为麄材；读书作文者，则目为玩物丧志；留心政事者，则目为俗吏”[③]。道学家一心谈心论性，鄙视对实际事务的经营，表面上美其名曰“君子不器”或者“君子不言利”，其实是才学空疏和不达事宜的表现。

其次，古文家的道具有丰富性。虽然韩愈以尊儒学、辟佛老自命，其实他对道的理解比较开放。在《读仪礼》中，韩愈云：“百氏杂家尚有可取。”[④]在《读墨子》中，韩愈对墨子的尚同、兼爱、尚贤、明鬼等思想予以了肯定，认为它们与孔子的泛爱亲仁、选贤与能、重祭祀等思想一致。韩愈说，儒墨之间的辩论主要是“生于末学各务售其师之说”[⑤]引起的，而“非二师之道本然也”。在韩愈看来，“孔子必用墨子，墨子必用孔子，不相用不足为孔墨”。在《进学解》中，韩愈明确说自己不仅刻苦钻研过六经，而且对诸子百家、《史记》、汉赋、魏晋以来的诗歌等都下过功夫。在《答李翊书》中，韩愈之所以强调“非三代两汉之书不敢观，非圣人之志不敢存”，主要是为了鼓励初学者立志要高、入门须正，并不是真不懂三代两汉之后的书。柳宗元在这一点上与韩愈有相似之处。柳宗元既肯定五经在取道之原中的地位，说“本之《书》以求其质，本之《诗》以求其恒，本之《礼》以求其宜，本之《春秋》以求其断，本之《易》以求其动，此吾所以取道之原也”(《答韦中立论师道书》)，又强调诸子百家、《史记》等对道的“旁推交通”的作用，说“参之穀梁氏以厉其气，参之《孟》《荀》以畅其支，参之《庄》《老》以肆其端，参之《国语》以博其趣，参之《离骚》以致其幽，参之《太史公》以著其洁”(《答韦中立论师道书》)。柳宗元虽然批评

① 成复旺、黄保真、蔡钟翔：《中国文学理论史（二）》，第 275 页。
② 陈亮：《陈亮集》，中华书局 1974 年版，第 179 页。
③ 周密：《癸辛杂识》，中华书局 1988 年版，第 169—170 页。
④ 马其昶：《韩昌黎文集校注》，第 43 页。
⑤ 马其昶：《韩昌黎文集校注》，第 45 页。

《国语》"背理去道"(《答吴武陵论非国语书》)，但是仍然学习《国语》的广博之趣。欧阳修更是兼收并蓄，"藏书一万卷，集录三代以来金石遗文一千卷"(《六一居士传》)[①]，读过六经、诸子百家、各朝史书、韩柳古文和诗经至宋代的各种诗歌作品。欧阳修主张博取于人，即使晚唐的贾岛、姚合，宋初的西昆体，在他看来，也有可取之处(参见《六一诗话》)。苏轼强调"博观而约取，厚积而薄发"(《稼说》)。[②]苏辙《亡兄子瞻端明墓志铭》说，苏轼早年喜欢贾谊、陆贽书，论古今治乱，既而读《庄子》，后又读释氏书。[③]苏轼曾"发奋识遍天下字，立志读尽人间书"。"腹有诗书气自华，读书万卷始通神"，是苏轼饱读诗书之后的经验之谈。

古文家不仅读书广博，而且对道的理解比较宽泛。韩愈写了《毛颖传》以后受到了张籍、裴度等人的批评。韩愈在《重答张籍书》中说："夫子犹有所戏，《诗》不云乎：'善戏谑兮，不为虐兮。'《记》曰：'张而不弛，文武不能也。'恶害于道哉？"[④]柳宗元在《读韩愈所著毛颖传后题》也认为"俳又非圣人之所弃者"[⑤]。在韩愈和柳宗元看来，"游戏之文"也有益于世。柳宗元说，学者如果终日"讨说答问，呻吟习复，应对进退，掬溜播洒"，必然"罢惫而废乱"，这就需要游戏来放松。韩愈和柳宗元表面上是在为《毛颖传》辩护，本质是他们的性情丰富，对道的理解比较宽泛。这与道学家的狭隘固陋形成鲜明的对比。道学家凡事都要与对伦理道德的体验联系起来。宋哲宗折杨柳，程颐谏以"方春发生，不可无故摧折"[⑥]。道学家不剪窗前的草也是为了观察天地的生生之意。如果事物不能发挥感发道德的作用，在理学家看来，就是"玩物丧志"或者"闲言碎语"。杜甫的《曲江》诗有"穿花蛱蝶深深见，点水蜻蜓款款飞"，描写蝴蝶在花中嬉戏，蜻蜓在水中戏水，非常活泼自然，自是生活中一道靓丽的风景线。但是，道学家程颐却说"如此闲言语，道出作甚"[⑦]。像韩愈的《毛颖传》、杜甫的《曲江》这样的诗文作品在古文家的创作中是非常多的，却被道学家视为

① 洪本健：《欧阳修诗文集校笺》，第 1131 页。
② 孔凡礼点校：《苏轼文集》，第 340 页。
③ 苏辙：《栾城集》，上海古籍出版社 2009 年版，第 1421—1422 页。
④ 马其昶：《韩昌黎文集校注》，第 152 页。
⑤ 柳宗元：《柳宗元集》，第 569 页。
⑥ 程颢、程颐著，王孝鱼点校：《二程集》，第 342 页。
⑦ 程颢、程颐著，王孝鱼点校：《二程集》，第 239 页。

"闲言碎语"。在我看来，古文家文学作品风格的多样性是以他们对道之内涵的丰富性解读分不开的。道学家却抹杀这种丰富性，只允许能够感发道德意味的作品存在，结果就将丰富多样的文学创作异化为"道德讲章之押韵者"。

最后，古文家的道具有反思性。古文家虽然强调道对文学创作的基础作用，但是他们并不独断地宣称真理在握，而是对自己所理解的道持一种批判和反省的态度。在《答李翊书》中，韩愈自谦是"望孔子之门墙而不入于其宫者"。韩愈虽然苦学二十余年，却不敢以知道者自居，反问"虽如是，其敢自谓几于成乎"，"不知其至犹未也"。韩愈虽然好为人师，但不以知道者自居，而是用自己在求道为文方面的经验鼓励和劝诫后进以求道。韩愈的《师说》云"圣人无常师"①，"道之所存即是师之所存"。在韩愈看来，"见道有先后，术业有专攻"，道并不以贵贱、长幼为转移。与韩愈好的为人师不同，柳宗元不敢以人师自居。在《答韦中立论师道书》中，柳宗元说自己"虽常好言论，为文章"，但"甚不自是也"，不敢认为自己的文章就是对的。在谈到自己的为文经验时，柳宗元也不敢以知道者自居，而是持反省的态度，说"凡吾所陈，皆自谓近道，而不知道之果近乎，远乎"，将判断、选择的权利留给了对方。欧阳修在《答吴充秀才书》中，也谦言自己是"学道而不至者"。在《答李诩第一书》中，欧阳修也说自己是"非知道者，好学而未至者也"。欧阳修不仅自谦为"非知道者"，而且还对李诩的固执自信予以了善意的提醒。在欧阳修看来，如果一个人固执己见，即使孔子也拿他没有办法，这样的人是无法讨论学术问题的。欧阳修虽然发现战国以来阐述"圣人之言"的多有"未得其真"的情况，但他并不是要断以己意，而是要"积千万人之见，庶几得者多而近是"(《又答宋咸书》)②，非常重视对前人研究成果的吸收。生性自由的苏轼更是反对思想的专断和统一。当王安石通过行政手段来"一道德"的时候，苏轼予以了强烈的反抗。苏轼云："文字之衰未有如今日者也。其源实出于王氏。王氏之文未必不善也，而患在好使人同己。自孔子不能使人同，颜渊之仁，子路之勇，不能以相移，而王氏欲以其学同天下。地之美者，同于生物，不同于所生。惟荒瘠斥卤之地，弥望皆黄茅白苇，此则王氏之同。"③(《答张文潜县丞书》)苏轼的批评切中肯綮。

① 马其昶:《韩昌黎文集校注》, 第 47—49 页。
② 洪本健:《欧阳修诗文集校笺》, 第 1828 页。
③ 孔凡礼点校:《苏轼文集》, 第 1427 页。

理想的教育是因材施教，根据受教育者的不同禀赋、个性特征培养其独立的人格和自由之思想，而不是通过行政手段雕刻成清一色的器具。苏轼对学者“好使人同己”的痼疾有清醒的认识。他在《墨宝堂记》中说：“人特以己之不好，笑人之好，则过矣。”① 苏轼对个体如何才能认识道的主体质素进行过很好的反思。在《上曾丞相书》中，他说：“以为凡学之难者，难于无私；无私之难者，难于通万物之理。故不通乎万物之理，虽欲无私不可得也，己好则好之，己恶则恶之，以是自信，则惑也。”② 一方面，苏轼强调学者们的自私自利对探求真理的阻碍；另一方面，苏轼又警醒，学者即使无私也可能不通万物之理，如果不通万物之理而以自己的好恶取舍定是非，必然固执己见，产生恶劣的影响。苏轼的这些议论已经触及了如何探求真理的哲学问题，可惜没有引起广泛的注意。

但是道学家对此却缺乏必要的反省意识，多独断之见。第一，他们独断地否定了文学在明道中的积极作用。文学作为一种社会存在自有其存在的合理性。魏徵等在《隋书·文学传序》中云：“上所以敷德教于下，下所以达情志于上。大则经纬天地，作训垂范，次则风谣歌颂，匡住和民。或离谗放逐之臣，途穷后门之士，道轗轲而未遇，志郁抑而不申，愤激委约之中，飞文魏阙之下，奋迅泥滓，自致青云，振沉溺于一朝，流风声于千载。是以凡百君子，莫不用心焉。”③ 正如魏徵等所言，在中国古代，文学上可以治国平天下，下可以抒发个人之志向和穷达祸福，自有其不可磨灭的价值。道学家却对此予以一概否定，其鲁莽和专断不言而喻。第二，他们独断地将自己对道的认识封为正统。程颐在《明道先生墓表》中云：“周公没，圣人之道不行；孟轲死，圣人之学不传。道不行，百世无善治；学不传，千载无真儒。无善治，士犹得以明夫善治之道，以淑诸人，以传诸后；无真儒，天下贸贸焉莫知所之，人欲肆而天理灭矣。先生生千四百之后，得不传之学于遗经，志将斯道觉斯民。”④ 程颐推倒千古以来圣贤对道的认识做出的贡献，直接以兄程颢作为继承孔孟道统的继承人，这既不符合历史事实，也缺乏君子的自省意识。第三，道学家有“尚同之

① 孔凡礼点校：《苏轼文集》，第 358 页。

② 孔凡礼点校：《苏轼文集》，第 1379 页。

③ 魏徵、令狐德棻等：《隋书》，中华书局 1973 年版，第 1729 页。

④ 程颢、程颐著，王孝鱼点校：《二程集》，第 640 页。

弊"[①]。在"好使人同已"这一点上，道学家与王安石的新学无异。《朱子语类》卷一百三十记载，朱熹云："若荆工之学是，使人人同己，俱入于是，何不可之有？今却说：'未尝不善，而不合要人同'，成何说话！若使弥望这黍稷，都无良莠，亦何不可？只为荆公之学自有未是处耳。"[②]朱熹的这一番话显然是针对苏轼而发的。单从理论上来说，如果一种学说完全正确应该获得大家的认可是没有问题的。但是，在治国平天下这样的学问中有没有绝对的真理呢？谁又能保证自己对道的认识是放之四海而皆准的真理呢？所以，正确的做法只能是广开言路，兼听则明，允许各种学说同台竞争，相互争鸣。对于理学家的独断，清代的戴震做过深刻的思考。他在《孟子字义疏证》上卷中说，在人的认识没有获得广泛认可的时候，只能称为是个人的意见，不能径直称为理或者义。[③]而理学家正是好以己意为圣人意，对不同己见者严加挞伐，最终酿出"以理杀人"的恶果。

四、重视文在明道中的积极作用

过去有种观点认为，主张文以明道就忽视对文学艺术的讲求。其实，这是非常狭隘的理解，是把部分理学家的文学观当作了古文家的文学观。古文家非常重视文学修辞和文学技巧在明道中的积极作用。[④]

首先，不同的文体明道的方式是不一样的。柳宗元的《杨评事文集后序》云："文有二道，辞令褒贬，本乎著述者也；导扬讽谕，本乎比兴者也；著述者流，盖出于《书》之谟、训，《易》之象、系，《春秋》之笔削，其要在于高壮广厚，词正而理备，谓宜藏于简册也。比兴者流，盖出于虞、夏之咏歌，殷、周之风雅，其要在于丽则清越，言畅而意美，谓宜流于谣诵也。"[⑤]柳宗元主要区分

---

① 南宋初期的陈公辅已经指出，以程颐为代表的理学和王安石的新学都有"尚同之弊"。参见陈邦瞻：《宋史纪事本末》，中华书局 1977 年版，第 873 页。

② 黎靖德编：《朱子语类》，第 3099—3100 页。

③ 戴震：《孟子字义疏证》，中华书局 1982 年版，第 3 页。

④ 寇养厚梳理过韩愈、柳宗元对"文"的论述，参见《韩柳论"文"》，《山东大学学报（哲学社会科学版）》1997 年第 1 期；刘锋杰分析过"文以载道"中载的个体性特征，参见《"文以载道"再评价——作为一个"文论原型"的结构分析》，《文学评论》2015 年第 1 期。

⑤ 柳宗元：《柳宗元集》，第 579 页。

了文与诗在明道方式上的差异。本乎著述的文章重在褒贬辞令，要求“高壮广厚，词正而理备”“宜藏于简册”；本乎比兴的诗重在导扬讽谕，要求“丽则清越，言畅而意美”“宜流于谣诵”。诗与文在明道方式上存在一定的区别，在创作的时候要予以注意。

其次，在不同的作者那里，文学明道的方式也会存在一定的区别。韩愈强调“不平则鸣”(《送孟东野序》)和“气盛言宜”。过去一些学者因为对文以明道有成见，所以将其与“不平则鸣”和“气盛言宜”区别对待，有的甚至认为两者是矛盾的。[①]其实，这是有问题的。在韩愈那里，文以明道与“不平则鸣”和“气盛言宜”存在紧密的联系。文以明道强调的是文学创作的功能性、目的性诉求，“不平则鸣”强调的是作者与社会现实之间的张力关系，“气盛言宜”强调的是道义之气在培养作家写作能力方面的激发作用。这三者是紧密联系的，只是着眼点略有差别而已。罗书华已经认识到了这一点，认为韩愈、柳宗元的古文理论以文以明道为主，以气盛言宜、不平则鸣和以文为戏为宾。[②]与韩愈的个性张扬不同，柳宗元则比较谨慎、中庸。他非常重视为文的态度，“每为文章，未尝敢以轻心掉之，惧其剽而不留也；未尝敢以怠心易之，惧其弛而不严也；未尝敢以昏气出之，惧其昧没而杂也；未尝敢以矜气作之，惧其偃蹇而骄也”(《答韦中立论师道书》)。[③]欧阳修则强调文学写作不仅要知道社会的弊病，而且要分析社会弊病形成的原因，还要提出切实可行的“革弊”之策(《与黄校书论文章书》)。[④]苏轼则既强调对事物之理的认识，也重视将事物之理惟妙惟肖地刻画出来的能力。其《答虔倅俞括奉议书》云：“物固有是理，患不知之，知之患不能达之于口与手。所谓文者，能达是而已。”在苏轼看来，文学创作不仅要知道物之理，而且要能够将之顺畅地表达出来。苏轼非常强调文学表达的流畅性，其《自评文》云：“吾文如万斛泉源，不择地皆可出，在平地滔滔汩汩，虽一日千里无难。及其与山石曲折，随物赋形，而不可知也。所可知者，常行于所当行，常止于不可不止。”[⑤]“常行于所当行，常止于不可不止”是非常高的

① 成复旺、黄保真、蔡钟翔：《中国文学理论史（二）》，第126页。

② 罗书华：《韩柳古文理论的一主三宾结构》，《上海师范大学学报（哲学社会科学版）》2012年第2期。

③ 柳宗元：《柳宗元集》，第873页。

④ 洪本健：《欧阳修诗文集校笺》，第1784页。

⑤ 孔凡礼点校：《苏轼文集》，第2069页。

行文境界，苏轼做到了，并且以此为乐。

第三，文学在明道的过程中不是完全被动的，而是起着非常积极的作用。在《答尉迟生书》中，韩愈虽然强调“有诸实”对文学创作的重要性，但是并不因此而忽视语言修辞的重要性。他说“体不备不可以成人，辞不足不可以成文”①，将语言修辞上升到决定能否成文的高度。柳宗元说得更形象。在《杨评事文集后序》中，他说：“文之用，辞令褒贬，导扬讽谕而已。虽其言鄙野，足以备于用。然而阙其文采，固不足以竦动时听，夸示后学。立言而朽，君子不由也。故作者抱其根源，而必由是假道焉。”②柳宗元的意思是，即使粗鄙的语言也能发挥文学“辞令褒贬，导扬讽谕”的作用，但是如果缺乏文采就不能“竦动时听，夸示后学”，也就实现不了立言不朽的目的。因为君子知道这一点，所以非常重视文学的修辞。柳宗元非常重视为文技巧在明道中的意义，它选取的为文策略是“抑之欲其奥，扬之欲其明，疏之欲其通，廉之欲其节，激而发之欲其清，固而存之欲其重”(《答韦中立论师道书》)，非常重视文在“羽翼夫道”中的作用。欧阳修也非常重视文辞的重要性。在《代人上王枢密求先集序书》中，他说只有“事信言文”的文章才能不朽，传之久远。③“事信”是指文学所载的道理可信，“言文”是指文学的语言优美。欧阳修自己作文非常重视对语言的修饰和锤炼。陈善《扪虱新话》卷五“文章博远贵于精工”条记载，欧阳修“平昔为文章，每草就，纸上净讫，即粘挂斋壁，卧兴看之，屡思屡改，至有终篇不留一字者”④。其态度之严谨和认真，至今跃然纸上。苏轼最讲究文学的语言技巧。在《书李伯时山庄图后》中，苏轼云：“居士之在山也，不留于一物，故其神与万物交，其智与百工通。虽然，有道有艺，有道而不艺，则物虽形于心，不形于手。”⑤在苏轼看来，文学创作既需要对道的涵养，也需要对技巧的锻炼，只有道艺双全才能获得成功。否则，有道而无艺，即使心中有很好的艺术构思也难以形诸笔墨。正是意识到文学技巧的重要性，苏轼才对孔子的“辞达而已矣”做出了全新的解释。其《与谢民师推官书》云：“孔子曰：‘言之不

① 马其昶：《韩昌黎文集校注》，第 163 页。
② 柳宗元：《柳宗元集》，第 578 页。
③ 洪本健：《欧阳修诗文集校笺》，第 1777 页。
④ 陈善著，孙钒婧、孙友新校注：《扪虱新话评注》，福建人民出版社 2014 年版，第 105 页。
⑤ 孔凡礼点校：《苏轼文集》，第 2211 页。

文，行而不远。’又曰：‘辞达而已矣。’夫言止于达意，即疑若不文，是大不然。求物之妙，如系风捕影，能使是物了然于心者，盖千万人而不一遇也。而况能使了然于口与手者乎？是之谓辞达。辞至于能达，则文不可胜用矣。”①孔子的“辞达而已矣”向来是不重视文学修辞者的借口，苏轼却认为不能借口孔子的“辞达而已矣”来否定文辞修饰的重要性。在苏轼看来，事物之理非常微妙，要将其捕捉到具有一定的难度，“千万人而不一遇也”；能够将捕捉到的事物之理形象地刻画出来的就更少了。在苏轼看来，文辞如果能够做到达意就会产生非常大的作用。

与苏轼不同，道学家常常借孔子的“辞达而已矣”表达他们对修辞的轻忽。那么，为什么苏轼和道学家对孔子的“辞达而已矣”的理解有这么大的差异呢？这可以从两个方面做出解释。一是道学家不重视文学在明道中的作用，所以也就不重视文学修辞了。二是与道学家对道的狭隘理解有关。由于道学家对事理的探讨主要局限在儒家的道德伦理范围之内，整体而言，儒家的道德伦理是比较朴质的道德规范，传达这样的内容本来就不需要非常高超的修辞技能。古文家与此不同，他们对道的理解非常广泛，不仅包括国家的兴衰成败，而且包括个体情感的喜怒哀乐，要将这样丰富而复杂的情感、事理形象地传达出来，必须具备非常高的文学修辞能力。其实，文学的修辞技巧在传道的过程中并不完全是被动的，如果应用得当，能够发挥“因其言工而理益明”（张耒《答李推官书》）的积极作用。②古文家正是意识到了这一点，才重视文学的修辞技巧。

除此之外，古文家还非常注重文学创作的独创性和文从字顺。韩愈在《答刘正夫书》中云：“若圣人之道，不用文则已；用则必尚其能者，能者非他，能自树立，不因循者是也。”③《答李翊书》也云：“惟陈言之务去。”后人发现，主张文从字顺的韩愈其部分诗文却有险怪的特点，这是如何形成的呢？这一方面是其个性使然，另一方面是他刻意求新的结果。韩愈本不主张险怪，在《答刘正夫书》中，当有人问他“文宜易宜难”时，他说“无难易，惟其是尔”。在《南

① 孔凡礼点校：《苏轼文集》，第1418页。

② 张耒：《张耒集》，中华书局1990年版，第829页。

③ 马其昶：《韩昌黎文集校注》，第232页。

阳樊绍述墓志铭》也说“文从字数各识职”[①]。唐代古文在韩愈之后走上险怪的道路，显然是误解了韩愈的思想。欧阳修也非常重视文学的独创性。他在《与乐秀才第一书》中说：“古人之学者非一家，其为道虽同，言语文章未尝相似。孔子之系《易》，周公之作《书》，奚斯之作《颂》，其辞皆不同，而各自以为经。子游、子夏、子张与颜回同一师，其为人皆不同，各由其性而就于道耳。”[②]欧阳修认为，古人即使在传达相同的道，也会在文体语言方面表现出不同。每个人都应该根据自己的个性来成就道，而不能千篇一律地模拟剽窃。在王安石未得志之前，曾巩曾向欧阳修推荐过王安石的文章，欧阳修虽然非常欣赏，但是对其为文模拟孟子和韩愈却予以了规劝，欲其“少开廓其文，勿用造语及模拟前人”(《与王介甫第一书》)。[③]苏轼非常重视语言的浅显自然，在《与谢民师推官书》中，他表达了对扬雄《太玄》和《法言》的不满，认为这是“好为艰深之辞，以文浅易之说”。

最后需要对本文做个总结。通过详细的梳辨，本文认为，古文家与道学家的文道观存在根本的差异，古文家的文道观以立言为出发点，道学家的文道观以立德为出发点。古文家与道学家虽然都重视道对文学创作的基础作用，但是他们对道的理解存在很大的差异，概括言之，古文家的道具有现实性、丰富性和开放性的特点，道学家的道虚玄、狭隘、独断。除此之外，古文家也非常重视文学修辞技巧在明道中的积极作用，强调文学创作的独创性和语言的浅显自然，而道学家却否定文学的独立性，要么将其视为伦理道德的婢女，要么将其视为玩物丧志、壮夫不为的雕虫小技。当然，本文对古文家与道学家的对比只是就其大概而言的，实际情况远比这复杂得多。有的古文家也具有道学家的一些气质，有的道学家反而具有古文家的一些特征。但是作为两种士人的代表，他们的差别是主要的，个别的变化不影响整体的判断。

---

① 马其昶:《韩昌黎文集校注》，第 604 页。

② 洪本健:《欧阳修诗文集校笺》，第 1849 页。

③ 曾巩:《曾巩集》，中华书局 1984 年版，第 255 页。

一种叠加的诗学：唐诗钟声意象的美育功能与诗境拓展*

刘亚斌

摘　要："叠加"在福柯理论中用于分析权力的普泛性宰制，本文将其运用于唐诗钟声意象的分析，并给予某种程度的反观，抛弃其权力模式，从知识学的角度进行审视。"钟声"在空间神圣化的过程中发挥着重要作用，对唐代诗歌创作影响深远。在禅宗的直观方式下，钟声连接着世俗生活与方外世界，诗人将两者逐渐叠加起来，在"遗其关系"限制的自身存在敞开的基础上融合为一，从而产生新的审美境界。叠加的诗学成为一种建构新的人生美育与扩展诗歌境界的方式，其诗歌创作中不断调适的过程性和异质融合所产生的新质性都对全球化时代文化交流、审美教育和艺术创作具有重要的启示意义。

关键词：叠加的诗学　唐诗　钟声　美育　诗歌境界

福柯在探讨精神病和刑罚理论时，拒绝使用术语"置换"(substitutions)，改用"叠加"(doublages)来解释，具有某种创见性。"确切地说，这不是替代，而是引入连续的对偶物(doublets)"，"对于这些关于刑罚的精神病学话语，并不是像人们所说的那样，要创立另一个舞台；而是相反，是要在同一个舞台上叠加一些要素。因此，这不是标明通向象征的诗歌中的顿挫，而是强制的综合，它保证了权力的传递及其效力无限的转移"。① 作为医学知识的精神病学与作为法律的刑罚制度能够结合起来发挥作用。依赖司法鉴定，在面对犯罪

---

*　基金项目：浙江省高等教育教学改革研究项目："跨文化背景下汉语言师范专业传统美育实践设计研究"，编号：jg20180251。

①　福柯著，钱翰译：《不正常的人》，上海人民出版社 2003 年版，第 14 页。

（或者犯罪者）这个共同舞台上，精神病学叠加了不同的要素，如给犯罪叠加原因、根源、动机和出发点等方面的探源，给犯罪的责任人加上犯罪人，给犯罪增添犯罪性等。通过叠加手段，权力实现了自身生产与再生产的统一。从知识学角度来说，两种异质性叠加在矛盾冲突中互汇融合，从而产生新质，才是问题所在。本文拟从唐诗"钟声"意象来探讨世俗生活与方外世界的叠加所产生的美育功用和诗境拓展，即禅宗文化给诗歌创作所带来的新质变化。

一

据统计，《全唐诗》（含《外编》）中具有钟声意义的词语共出现1206次，280多位诗人写过钟声，像王维、李白、杜甫、白居易、李商隐等著名诗人都使用过钟声意象①，可见其对唐诗创作的重要性。钟并非自然现象，而是人类文明发展的产物，与宗教祭祀活动有关，是一种通过发声产生节奏旋律的乐器。黄帝时期铸钟奏之，"命之曰《咸池》"（《吕氏春秋》），使人闻之"惧""怠""惑"，"荡荡默默，乃不自得"（《庄子》）。钟能发出悦耳的声音，让人逐渐沉浸在宗教性的迷醉中。

对原始人来说，音乐并非现代人所说的一种艺术，而是一种力量。通过音乐的传递，宗教世界被呈现出来。音乐的创造被誉为人类获得的"唯一的神赐能力"，在音乐中人与神才能相互交流。某种程度上，原始音乐被视为神的力量显现，具有新世界的超越性；人类则通过沉醉其中而与神灵沟通，即所谓的"通神"。由于青铜技术的兴盛，钟成为宗教性礼仪活动优先考虑的神器。《诗经》不少篇目都写到，在祭祀活动中人们通过音乐祈福，钟声就是人与神或祖先沟通对话的声音符号。在钟声所造就的宗教音律氛围中，人类满怀迷醉的喜悦自由地飞升，抵达超越世俗的外在世界。

钟声构建了两个世界的共在与沟通，其清澈悠扬的旋律特性，让人想起天籁的自然神韵，造就其神性根基。随着社会历史的发展，钟声的神性意义逐渐被具有人文特色的儒家文化所改造，其鬼神因素被排除，只是抽取其音韵和谐而加以利用，"钟磬竽瑟以和之，干戚旄狄以舞之，此所以祭先王之庙也，所以

① 傅道彬：《晚唐钟声——中国文化的精神原型》，东方出版社1996年版，第225—226页。

献酬酳酢也，所以官序贵贱各得其宜也，此所以示后世有尊卑长幼序也”(《史记·乐书》)，演化为礼乐教化的重要手段，比附一种伦理道德与社会秩序的人间关怀。

作为佛教发源地之印度，同样有钟的宗教神圣性。据《五分律》载，佛陀时代用钟声来集众布萨。《增一阿含经》说，钟不仅作为号令集合之用，还伴随其声说偈颂，降伏心魔，普度众生。① 随着集体信仰生活的兴起，作为制度规则的表征信号，一天作息起止于钟声。召集僧人上殿、诵经做功课等诸多佛事，还有诸如起床、睡觉、吃饭、报时等无不以钟声为号。佛寺中有晨钟、晓钟、昏钟、斋钟和定钟的制度规定，并有专门的执事僧负责敲打，其打法各有不同。钟声有其世俗的用处，但同时也包含佛法大义。佛教对内而言有两种世界（生活制度与佛法大义），对外来说亦有世界的两分（世俗生活与方外世界），既可以实现某种程度的内在叠加，也可从世俗生活扩展到方外世界。

寺院制度的产生让方外世界进入世俗社会，成为人神交流的场所，获得将社会空间神圣化的愿望，“让钟声有秩序就证明了对能听到声音的空间的统治”②。佛教传入中国后，钟声的神圣意义重新出现，实现两种文化的有效对接，发挥其普度众生的作用。唐朝佛教兴盛，诸多诗人广受其影响，钟声意象与此密切相关。“疏钟清月殿，幽梵静花台”（储光羲《苑外至龙兴院作》）、“鸣钟惊岩壑，焚香满空虚”（韦应物《寄皎然上人》）、“幡影中天飏，钟声下界闻”（元稹《大云寺二十韵》）、“天香自然会，陵异识钟音”（王昌龄《同王维集青龙寺昙壁上人兄院五韵》）、“曲径绕丛林，钟声杂梵音”（牟融《访请上人》）、“晨钟云外湿，胜地石堂烟”（杜甫《夔州雨湿不得上岸作》）、“香随青霭散，钟过白云来”（刘长卿《自道林寺西入石路至麓山寺，过法崇禅师故居》），等等。世俗社会的晨钟直通方外之境，仿佛从云上世界飘来，此时天香飘散，梵音悠远，带着温暖的湿气，穿过白云而响彻世间。钟声连接世俗与方外世界，拓展诗歌的新境界。

钟声所带来的已非现实生活，而是佛经中所描绘的梵国境界。白居易《寄韬光禅师》写道：“一山门作两山门，两寺原从一寺分。东涧水流西涧水，南山

① 宽昌：《佛教法器漫谈——钟》，《世界宗教文化》2002 年第 1 期。

② 阿兰·科尔班著，王斌译：《大地的钟声——19世纪法国乡村的音响状况和感官文化》，广西师范大学出版社 2003 年版，第 223 页。

云起北山云。前台花发后台见，上界钟声下界闻。遥想吾师行道处，天香桂子落纷纷。”诗歌开始就出现两两相对的场景，最后韬光禅师行道的地方，乃神圣的“天香桂子”之境。钟声来自上界，那是远离红尘世俗和功利事心，皈依佛祖才有的美妙的佛国世界。因此，通过钟声的世俗性与方外性的叠加，两个世界在唐诗意境中简单地并置，完成了由喧嚣杂乱、破败不堪的世俗社会向林静花台、天香梵音的佛国世界的转移。

人类处于世俗社会而渴望得到解脱，从而进入美妙的超越世界，并希望得其永恒的满足。当钟声不断地重复敲响的时候，那种舒缓平息的感觉得以延长无尽，内心寂静恒久，悄然进入梵音佛国。“清晨入古寺，初日照高林。曲径通幽处，禅房花木深。山光悦鸟性，潭影空人心。万籁此俱寂，惟闻钟磬音”（常建《题破山寺后禅院》），禅院可谓佛国的人间居所，连接着世俗与神圣空间，也是神圣空间的世俗化。钟声是其标志性符号，既是联结的感性工具，同时其自身又具有神圣性。诗歌开篇的“入”字，就决定了其归属性，美妙怡悦的寺内，此时万籁俱寂，唯有悠扬洪亮的钟磬之音缭绕其间，世俗风景被含纳于神圣空间内，异质性因素叠加起来，不仅开创唐诗新的人生美育，而且拓展其自身的境界。

二

佛国世界的静谧美妙并非每个士人都能体会，需要经过严格训练和实践修行。对于诗人来说，可能无法亲自体验佛国境界，但对其世俗居所则可充分利用，洗脱尘世间的烦恼和忧愁，享受那份难得的宁静和喜悦，因此其描述不再只是想象的，而是越来越现实化，钟不来自上界天国，它就悬挂在对面山上的寺庙中。想象世界的直接描述已不再重要，在乎的是钟声自身的言说，包括其传达的佛法大义和美育旨向，吸引诗人去领悟那份悠远的境界，让诗歌与人生韵味无穷。诗歌不再是观赏性的享受，而是让人去领悟，它建基于对钟声言说的理解上，而这恰恰是诗人的强项。换句话说，钟声利用自身秩序（钟的敲法与重复性使用）实现了空间神圣化的言说，体现出佛教的体用不二的观念，既有其自身所指的佛法大义，即“体”，也有其在寺院文化中所起的工具性作用，即“用”；诗人以此为基础化用钟声意象，创造诗歌的美育境界。

佛学著作记载了钟声除去日常制度外的佛法功用。《延福钟铭并序》载，“梁武帝假宝公神力见地狱相，问何以救之，宝公曰：‘众生定业不可即灭，唯闻钟声，其苦暂息耳。’武帝于是下诏天下佛寺击钟当舒徐其声，欲以伫苦者”①。对此功用，远尘先生曾有资料收集②，如《行事钞》中说，“我鸣此钟者，为召十方僧众。有得闻者，并皆云集，共同获利。又诸有恶趣受苦众生，令得停息”；《付法藏传》说，“古月支国，因与安息国战，杀人九亿。历恶报故，死后化为千头大鱼，剑轮绕身砍头。随砍随生，极痛难忍。往求罗汉僧常击钟声，以息其苦”；《大唐西域记》也说：“迦腻色迦王受恶龙请，建寺鸣钟，息其嗔心。”兹录以上数条可知，钟声发挥息苦的功用，使人脱离世间苦海。

钟声在佛寺中响起时主要起警醒作用，体现在日常事功上，更在于顿悟佛法上。《敕修百丈清规》卷八《法器章》云：“大钟，丛林号令资始也，晓击则破长夜，警睡眠；暮击则觉昏衢，疏冥昧。”杂喻经说偈云：“所在闻钟声，卧者必须起”，“闻钟卧不起，护法善神嗔；现前减福慧，后世堕蛇身”。③佛教不排除现实社会，禅宗强调不二法门，挑水担柴，无非是道；行住坐卧，无不是禅。在世界的直观中领悟万物缘起生灭本性为空的佛理，但也特别警示僧众的禅定，勿以一切不想为要旨，将之等同于重眠闷绝，虽有引生四大轻安之触，但难免行尸走肉，泯于死寂，以至于佛祖放光说法震动三千大千世界，亦不知不觉，终归于六道轮回的世俗世界。《建中靖国续灯录》载福州圣泉寺绍登禅师“冥目两宵，俨然如示寂。偶闻钟声，忽然而醒，四大轻安，续后舍利，身常频现”④，闻钟声而醒，悟法入道。

禅宗发展出顿悟观，智慧在一念之间，转念即菩提。钟声便是转念的机缘，是智慧生长的契机。佛教有钟声偈：“闻钟声，烦恼轻，智慧长，菩提生，离地狱，出火坑，愿成佛，度众生”⑤；《入众须知》中说，“闻此钟声超法界，铁围幽暗悉皆明；三途八难悉停酸，一切众生成正觉”⑥。从钟声中顿悟，

① 《佛光大藏经·禅部·史传部·林间录外三部》，台湾佛光出版社1994年版，第186页。
② 远尘：《佛规戒律——佛教丛林观》，宗教文化出版社2008年版，第106—107页。
③ 转引自秋爽、姚炎祥主编：《苏州寒山寺文化论坛论文集》，中国文史出版社2008年版，第77页。
④ 《佛光大藏经·禅部·史传部·建中靖国续灯录（一、二、三）》，第687页。
⑤ 冯修齐：《晨钟暮鼓——佛教礼仪》，四川人民出版社2004年版，第103页。
⑥ 《续藏经》第111册，No.1236。

烦恼即菩提，动亦是静，静也是动，动静不二，烦恼菩提本一，世间即是超越，禅境也是万象，平常心即道，在日常生活中就能体验到其苦自息的佛境三昧。“欲觉闻晨钟，令人发深省”（杜甫《游龙门奉先寺》），“钟磬清心”“欲生缘觉”，闻钟声警醒，万事缘念而起，刹那间转念，便是方外世界，确实发人深省。

佛教通过钟声使人聆听来自方外世界的召唤与言说，引导人们迷途知返，放弃世俗功利，回归本来世界。《悦堂訚禅师》记载有闻钟声而入寺出家者，“禅师祖门者，……年十二，闻钟声，嗒然自失，即厌家居。乃辞亲，求出世法，辄受业于嘉瑞沙门”[①]。“坐恐晨钟动，天涯道路长”（司马扎《宿寿安甘棠馆》），常住世俗社会者，听此钟声召唤，方悟尘外世界，更增添俗事功利上漫漫长路的厌倦。俗世者总是放逸安睡，“背帐凤摇红蜡滴，惹香暖梦绣衾重，觉来枕上怯晨钟”（顾敻《浣溪沙》），酥香美梦中醒对钟声便生惧怕，超越世界的召唤撞击着人的心灵。

钟声内含的佛法大义则有：其一，自说佛法。《只园图经大略》说：“只园精舍无常院中，有银钟、颇梨钟各四座。银钟放置无常堂内，此堂乃病僧所住。僧病垂危，钟即自鸣，音中宣说：‘诸行无常，是生灭法；生灭灭已，寂灭为乐。’僧闻音已，苦恼即除，如入三昧，得生净土。”《俱舍论》及《佛祖统记》（智者传）中也说：“人命将终，闻击钟磬之声，能生善心，能增正念。”[②]钟被安排在病僧旁边，作为其守护神而存在，在病僧将逝之时，钟声自说佛理，成为神之言说，消除人间的苦恼和对死亡的恐惧，安抚人的内心，使人生善心增正念，将众生接引到寂灭涅槃之境，而不至于因恐惧邪念妄心而堕入万劫不复的地狱。其二，菩萨显世。禅宗经常用日常生活之事或自然场所之景来回答佛法大义的问题。《荐福归则禅师》说，“常州荐福院归则禅师，僧问：‘如何是祖师西来意？’师曰：‘耳畔打钟声。’”[③]用钟声作答，切其西来之义，甚至以钟声直指菩萨显现，“今日板声钟声鱼声鼓声齐振。或有个拍手哈哈大笑，直向伊道：观音菩萨来也”[④]，钟声就是菩萨的临在。其三，自性本空。钟声在佛教所起的

① 《续藏经》第79册，No.1562。

② 转引自远尘：《佛规戒律——佛教丛林观》，第107页。

③ 普济：《五灯会元》，中华书局1997年版，第640页。

④ 《佛光大藏经·禅部·语录部·黄龙禅师语录外二部》，第423页。

重要作用，与其自身特质密切相关。钟采取中空的制作形式，其本性为空。从寺钟打法来看，轻重、急缓、疏密和长短结合，诸法无我，诸行无常，虚幻变灭，自性为空；其声疏朗绵长，有空无意味；其声所传缥缈、空旷和悠远；不敲打则无声可出；敲完后则亦无声；寂静是也，其体用皆空，在声响（色）中将世界的本真（空）呈现出来，唤起众生对万物缘起、自性本空以及色即是空、空即是色，色不亦空、空不亦色的中道观的顿悟，达到佛教境界。

随着禅宗的影响，佛国景象的直接呈现逐渐消失，钟声从其构成要素转向象征性的指向。也就是说，钟声更起着工具性作用，其内容大义则不必坐实，由读者自行领悟。这样，只有钟声与寺庙在诗歌中扮演方外角色，且已被符号化处理，嵌入世俗景象的描绘中，依稀可见佛国寂静与世俗喧嚣的对比。“东林精舍近，日暮空闻钟”（孟浩然《晚泊浔阳望庐山》）；“一宿西峰寺，尘烦暂觉清。远林生夕籁，高阁起钟声”（戴叔伦《留宿罗源西峰寺示辉上人》）；“直钩终日竟无鱼，钟鼓声中与世疏”（方干《赠会稽杨长官》）；再如孟浩然《夜归鹿门歌》云：“山寺鸣钟昼已昏，渔梁渡头争渡喧。人随沙岸向江村，余亦乘舟归鹿门。鹿门月照开烟树，忽到庞公栖隐处。岩扉松径长寂寥，唯有幽人独来去。”黄昏山寺钟声响起，洗净世间的忙碌，召唤着清净幽寂的隐居世界。总之，忙碌喧闹、变化无常的世俗生活让人沉沦迷惘，倍增烦恼与痛苦，感性的钟声打破了世俗生活的节奏，传达出外在世界的冲击和占有，新的感觉方式持续强化，寂寥的音乐战胜了混乱的喧嚣，获得别样的情感节奏，终于想起并进入另外的世界。这个世界是否为方外佛国及其具体景象已变得不再重要，重要的只是其传达出来的静谧境界。

三

现实世界与超然世界的区分是宗教的标志之一。与两种空间截然分开的宗教类型不同，佛教在对世俗空间的神圣化过程中强调不同空间的逐渐契合。在其中国化后，禅宗使两种空间达到合一。当僧问道“如何是祖师西来意”，得到禅师的回答却是“耳畔打钟声”时，此处钟声显然并非日常生活或寺庙器具的使用，而是指钟声这种纯粹的听觉现象。从客体而言，它“走出了它对自身以外任何事物的一切关系”，超越具体时空的存在者关系，而作为听者的主体“摆脱了对意志的一切关系”①，即超越了任何事物及其关系的意识，“对境无心”，“作为客体的镜子而存在”，直观者和直观本身合一，主体迷失于对象当中，“忘记了他的个体，忘记了他的意志”，从而让钟声自身的存在得以显现出来。南宗禅正是认为“佛法并不在遥远的彼岸，就在此时此刻的现实生活中”②，在于让事物自身的存在完满地呈现出来，纯粹的现象直观抛弃任何意识活动的参与，自然也不需要赋予其象征意义。

在时间观上，佛教与日常生活不同。刹那是佛教的时间单位，佛教认为一弹指有六十刹那，一念有九十刹那，一刹那有九百生灭。③纯粹现象的显现必然在极短的时间内完成，禅宗发展佛教的时间观念，提出刹那间的直观顿悟说。禅宗观看世界万物有其独特性，所观万象非日常生活之世界。师问僧：“外边是什麽声？”学人云：“雨滴声。”师云：“众生迷己逐物。”学人云：“和尚如何？”师云：“洎不迷己。”④这则禅宗公案虽不是说钟声，而是雨滴声，但以常人之眼观看世界，将其作为自然之声音，则是“迷己逐物”而未能超越世俗世界。师有时云：“真空不坏有，真空不异色。”僧便问：“作么生是真空？”师云：“还闻钟声么？”僧答：“此是钟声。”师云：“驴年梦见么？”⑤这则公案表明应将钟声“从物理时空中剥离，而还原为纯粹的听觉现象”⑥，依其生活世界具体的时空关系及其所有限制，将其视为纯粹的钟声，只有在直观本真中其自身完满的存在才会呈现出来，在刹那间顿悟到万法皆空，从而达到“洞里无云别有天，桃花似锦柳如烟。仙家不解论冬夏，石烂松枯不记年”⑦的超越时空的永恒之境。“檐头水滴，分明沥沥。打破乾坤，当下心息”⑧，乾坤不在，只是水滴，即其存在自身，而非事物之间的关系和限制，在当下刹那间返归到事物的“原始性”状态，即直观其本来面目，从而使人烦恼顿除、当下心息，不再做任何意识活动，达到入世间即出世间的永恒的空寂之境。

---

① 叔本华著，石冲白译：《作为意志与表象的世界》，商务印书馆 1982 年版，第 250 页。

② 周裕锴：《禅宗语言》，浙江人民出版社 1999 年版，第 34 页。

③ 张节末：《禅宗美学》，第 208 页。

④ 静筠二禅师编：《祖堂集》（上），中华书局 2007 年版，第 470 页。

⑤ 普济：《五灯会元》，第 931 页。

⑥ 张节末：《禅宗美学》，第 164 页。

⑦ 《大正藏》第 47 卷，第 650 页上。

⑧ 普济：《五灯会元》，第 689 页。

禅宗采用直观方式，破除现象界与本质界的二元对立，排除现实空间的自然关系，脱离世俗欲念而达超越之境，让其绝对自身呈现出来。也就是说，众生具有禅心，一切世俗世界则方外世界，一切现象即纯粹现象。大珠慧海《顿悟入道要门论》中说道，“问：有声时即有闻，无声时还得闻否？答：亦闻。问：有声时从有闻，无声时云何得闻？答：今言闻者，不论有声无声，何以故？为闻性常故；有声时即闻，无声时亦闻。问：如是闻者是谁？答：是自性闻，亦名知者闻。”① 事物当下存在与否，都可以直观其本质，还原为纯粹的现象，即可将事物从具体时空关系中抽离出来，让其自身存在显现，使心物合一。要之，禅宗境界的智慧途径主要在于：一、万物缘起幻灭，刹那间的变化使其自性本空，领悟于此则世间万物不值得，也无法让心识执着，不再羁绊于外在关系；二、尽管万物须臾变灭，但毕竟存在于某个当下，此时直观则抽离于万物关系，让其自身于刹那间完满地呈现出来，此时心识为空，“对境无心”，丧失主体的自我意识，空寂之境顿时呈现出来；三、禅宗的核心在于心识，就算钟声不敲，依然可以“无声时亦闻”，闻其自性，现象世界已无关紧要，留下意识直观的纯粹现象，意识及其对象合一，让绝对自身敞开来。

钟声的体用关系使社会空间得以神圣化，加上佛教本土化过程中强化其转念和顿悟的功用以及佛境显现的世俗性，七宝楼台、梵音香花的佛国境界已由不离现实的超越世界替代，而其象征的佛法大义亦被逐渐消除，只留下自身声音的呈现，与诗中其他意象构成一方世俗与方外合一的艺术世界。“南望鸣钟处，楼台深翠微”（于良史《春山月夜》）；“忽忆秋江月，如闻古寺钟”（顾况《寄江南鹤林寺石冰上人》）；“古寺寒山上，远钟扬好风”（皎然《闻钟》）；等等。身在世俗世界，听着世间古寺传来的钟声，深远而寂寥，万物缘起生灭，尽在刹那间，其自性本空，其烦苦自息。换言之，不脱离现实世界，却能从中直观到一种闲适寂静、万象皆空、与世疏离的超越之境。唐人张继《枫桥夜泊》云“月落乌啼霜满天，江枫渔火对愁眠。姑苏城外寒山寺，夜半钟声到客船”，“愁”字的主观性置入弥漫着一种情感，缓慢地升腾出来，而夜半钟声的突然鸣响，打破羁旅在外的愁苦情绪，此时已看不出佛国和世俗的区分，它们都是现实世界的呈示，同时又共同构成超越之境，于刹那间顿悟而真正超拔出来。

---

① 《续藏经》第 63 册，No.1223。

四

张继《枫桥夜泊》曾引发诗学公案，对于其中的“夜半钟声”，北宋欧阳修评论说：“诗人贪求好句而理有不通，亦语病也。如……唐人有云：‘姑苏台下寒山寺，半夜钟声到客船。’说者亦云句则佳矣，其如三更不是打钟时”（《六一诗话》）；而南宋叶少蕴则认为，“欧阳文忠公尝病其夜半非打钟时。盖公未尝至吴中，今吴中山寺，实以夜半打钟”（《石林诗话》）；南宋陈岩尚则举出自己的亲身经历进行推论，“然余昔官姑苏，每三鼓尽四鼓初，即诸寺钟皆鸣，想自唐时已然也”（《庚溪诗话》），甚至有“此地有夜半钟，谓之无常钟，继志其异耳”（南宋计有功《唐诗纪事》）的说法，清楚地说明“夜半钟声”的真实性。这则公案的焦点在于艺术真实的问题，它应该等同于生活真实吗？客人在船上所处的世俗社会和以寒山寺为代表的方外世界，通过钟声传递信息，这些与艺术真实又有什么关系呢？要回答这个问题，必须回到佛教的传入以及经过本土化改造的禅宗的影响上，即诗人对禅宗文化的接受和自身心性的改造，并将其运用到诗歌创作中。

钟声对于缺乏声音美育的时代而言是不可多得的真正的听觉享受，其丰富的感官享受、脱俗化的理想和穿越时空的力量，吸引唐代文人的积极书写，同时能使其身份标识美学化，使生活空间艺术化，并拥有新的美育观念，增强诗人团体的归属意识。因此，诗人逐渐否弃佛国世界的虚幻性，将艺术真实建立在禅宗直观的基础上，将世俗与方外空间统一起来，追求纯粹现象的显现，使事物自身的存在显现出来。王国维曾说，“自然中之物，互相关系，互相限制，故不能有完全之美”，“必遗其关系、限制之处”（《人间词话》），事物存在的自身敞开，没有任何与其他事物关系的限制，这样的艺术创作才有“完全之美”。因为现实事物“保持在一种非存在状态而没有加入显现的东西”，是一个“优雅而宁静的不确定的世界”，而在主体“审美感知的照亮和见证”下成为审美对象，“客体可以发散出一种光环，山脉可以表现得像巨人”[①]，事物在审美直观中敞亮自身。审美对象的存在并非事物具体时空的存在，而是抽离自身呈现出来

① 彭锋：《西方美学与艺术》，北京大学出版社2005年版，第21页。

的结果；主体情感也非附加或寓意其中的刻意制作，而是一种直观的结果，心物合一保持在原初的、本然的、自发的现象呈示中。

就此而言，艺术真实并非生活真实，也非虚幻的超越世界，而是一种生活自身的真实，一种生活直观的真实。明谢榛《四溟诗话》卷一云："韦苏州曰：'窗里人将老，门前树已秋。'白乐天曰：'树初黄叶日，人欲白头时。'司空曙曰：'雨中黄叶树，灯下白头人。'三诗同一机杼，司空为优：'善状目前之景，无限凄感，见乎言表。'"同一主题的诗却自有高下之别。韦苏州诗局限于现实的空间关系，即一处生活小景；白乐天诗中的"初"和"欲"等词表现出明显的时间性，无法超越现实世界；唯有司空曙诗不离现实却又超越现实，世俗生活与超然世界统一于现实自身的呈现而产生新的审美世界。究其实质，诗中采用直观方式，景物超越具体时空关系的限制而敞开自身，其多个画面不带关联地呈现，这就是禅宗直观所带来的艺术真实。当我们用禅心直观世界时，万物自身的存在才得以原初地、本然地、自发地、完满地呈现出来，让现实生活与方外世界在此基础上实现两者的合一，于刹那中见永恒，在愁苦间悟空寂，动静不二、实亦是虚、空不异色，象征着"禅的本体与诗的本体"①，既是超越，又是现实；从超越中反观现实，现实亦超越；反之亦然；从而成就新的美育境界，就如王维《鸟鸣涧》《辛夷坞》等诗歌那样别具一格，在寂静的世界中让事物自身呈现出来，显现其活泼泼的生命样态，回归其生命的真实，同时也是艺术的真实，这就是人生美育的新启示，也是诗歌境界的新拓展。

某种意义上说，福柯抛弃了后现代意义上的"替代"观念，使用"叠加"的做法是坚持一种现代主义的立场，在权力的运作中，每门学科话语变得更加复杂，互相交织，实现其生产与再生产。毫无疑问，佛教的传入让传统诗人看到方外世界，他们需要将此纳入诗歌，从而推动书写的不断延伸，同时与佛教士人（包括诗僧）争夺话语权，实现自身对言说书写的权力追求。对于权力的知识学批评而言，叠加的探讨不应该像福柯那样去考察权力的复杂运作，而应该分析两种文化的共同基础、差异冲突及其最终融合中所创作出来的新东西，以实现文艺创作的发展和美育观念的更新，从而使知识得以有序地增长。因此，叠加的诗学并非去证明权力秩序的普泛性，而是去考察异质文化在交流和碰撞

① 周裕锴：《中国诗歌与禅宗》，上海人民出版社1992年版，第109页。

中的融合方式及其所产生的新书写。通过唐诗钟声意象的分析，我们应该看到随着佛教传入而来的方外世界影响了唐代诗歌，诗人将禅宗直观的方式运用到诗歌创作，将现实生活和方外世界在事物存在的敞开中融合，以遗其现实关系的现象呈示及其存在组合，来超越喧嚣功利的世俗生活和飞升想象的方外世界，在刹那间体会现实世界的幻灭，从而敞亮万物的生命自身，丰富诗歌意象的表现和审美境界。

更进一步地说，将福柯的叠加方法运用到唐诗钟声意象的分析中，以上结果表明叠加的做法有不同的意义，使其区别于法国哲学家已有的观念，这既有文化差异的背景，又有学科知识的不同，但其最终目的仍是希望找到某种有效的模式去分析当代全球化及其文学创作的问题。就此而言，唐代诗歌创作所采用的叠加诗学，其时代意义在于：一是更准确地反映出当代全球文化秩序的异质性和过程性。全球化时代不同文化的遭遇使其差异性突显并叠加起来，其合一的过程是漫长的，任何文化融合上的急功近利都是不切实际的，这取决于诗人美育甚至人性观念的拓展和改变。二是无须将叠加局限在相同学科的专门领域内，而是要扩充到不同知识之间，不断地打破其界限，实现新的知识创造；就诗歌创作来说，要立足于自身文学而借鉴异质文化的观念和做法来开创诗歌的审美境界，而非仅仅局限于诗歌之间的相互影响。三是叠加诗学的归宿并非异质融通，而是在此基础上所产生的新质性。叠加需要共同的因素，如境界的追求，钟声等符号的使用，在主题、意象等方面容纳新的意义、使用新的模式和产生新的联结，都是诗歌创新的路径，从而开创艺术的新天地。

"词深人天，致远方寸"
——《文心雕龙》对"论"体的建构与规范[*]

王　艺[**]

摘　要:《文心雕龙·论说》篇是研究"论"与"说"两种文体的专篇。刘勰以《论说》篇为核心，对"论"体中的相关问题进行概念建构与理论规范。其中，刘勰借鉴佛教中经论并称的方式，赋予"论"体崇高的地位，同时，援引小学、经学等领域中的研究成果，对"论"及"论"体谱系中的八种文体做出详细考察。在此基础上，刘勰以"论之为体""论家之正体"两个理论命题为发端，借鉴佛教论文中的价值观念，对"论"体用辞、结构、标准等做出规范与要求。

关键词: 音训释名　文体谱系　经学发展　"论"体规范

刘勰以《文心雕龙·论说》篇为核心，对"论"体进行概念建构与理论规范，有着丰富的价值与意义。其对"论"体命名与功能的阐释，对"论"体起源与流变的概述，对"论"体谱系的考察，以及对"论"体做出的理论规范，代表了六朝时期"论"体文研究的最高水平。目前学界对《文心雕龙·论说》篇中的"论"体，尚未形成全面系统的研究。① 本文则从刘勰"论"体观的建构理念

---

* 基金项目：温州大学硕士研究生创新基金项目（3162018011）。

** 作者简介：王艺，1991年生，山西太原人，现为温州大学人文学院硕士研究生，主要研究方向为中国古代文论。

① 目前学界对《文心雕龙·论说》篇的研究，主要涉及四个方面：第一，以文体学视角研究"论"体的概念与意义。如张庆国《论〈文心雕龙〉论说篇》（《辽宁师范大学学报》1984年第6期）、莫恒全《刘勰论说文理论述略》（《学术论坛》1988年第4期）、冯莉《汉晋诸子"论"体考述——以〈文心雕龙·论说〉为中心》（《安徽大学学报》2007年第1期）等，对"论"体文的溯源、衍变等问题做出了相应的阐释。第二，以《论说》篇中的相关理论联系当代论文写作。如孙玮志《〈文心雕龙·论说〉与学术论文写作》（《广播电视大学学报》2008年第1期）等，重点讨论《论说》篇与当代论文写作的关系，而对其中涉及的哲理、宗教等问题未做深入研究。第三，以《论说》篇为切入点探究与（转下页）

与理论阐释，及其对"论"体文做出的规范与要求入手，对"论"体做更进一步的探索。

一、"论"体文之释名章义

"释名以章义"是《文心雕龙》文体论中建构文体概念的重要方式，具体表现为，在阐释文体名称的过程中，彰显文体的深刻意义。刘勰借鉴小学、经学、史学中的研究成果，运用音训释名、旁见侧出等方法对"论"及"论"体谱系中的八种文体做出详尽探讨。

（一）音训释名与"论"体建构

刘勰《序志》篇曰："若乃论文叙笔，则囿别区分，原始以表末，释名以章义，选文以定篇，敷理以举统，上篇以上，纲领明矣。"① 可见，"释名以章义"是我们考察《文心雕龙》中"论"体建构概念的必要途径。《论说》篇曰：

> 圣哲彝训曰经，述经叙理曰论。论者，伦也；伦理无爽，则圣意不坠。②

引文虽短短二十余字，却有着丰富的意涵。

首先，"圣哲彝训曰经，述经叙理曰论"，将"论"分为"述经""叙理"两类。对此，范文澜补充道："彦和此篇，分论为二类：一为述经、传注之属；二为叙理、议说之属。"③ 就"宗经"类而言，刘勰以"经""论"并称，将其视为阐释经

（接上页）之相关的思想意蕴。王琳妮《〈文心雕龙〉"论"篇探微》（复旦大学2009年古代文学专业硕士学位论文）、刘宁《"论"体文与中国思想的阐述形式》（《北京大学学报》2010年第1期）等，对《论说》篇所涉及的思想问题，做出了有意义的探讨。第四，从政治意识形态、文化史、文艺学等角度进行研究。如周振甫《谈〈文心雕龙〉中论说和抒情的写作》（《殷都学刊》1986年第4期），张利群《刘勰文体论"论说"中的文艺学和批评学蕴义》（《新疆财经学院学报》2003年第1期），雷恩海、杨小红《论说之体制暨文学性释证——以〈文心雕龙·论说〉为中心》（《兰州大学学报》2017年第6期）等，以多样的形式对其中的要义加以诠释，为文学理论的研究拓展了空间。

① 刘勰著，周振甫注：《文心雕龙注释》，人民文学出版社1981年版，第535页。本文中凡引自《文心雕龙·论说》篇，均见此注，不再注出。

② 刘勰著，周振甫注：《文心雕龙注释》，第200页。

③ 刘勰著，范文澜注：《文心雕龙注》，人民文学出版社1958年版，第330页。

义的工具，这在“论”体研究中实属首次，以至于范文澜曰：“然古惟称经传，不曰经论；经论并称，似受释藏之影响。”① 蒋祖怡亦肯定地说：“完全是把佛典中‘佛言为经，菩萨解经之言为论’的说法硬搬过来的。按照我国古代的通例，解‘经’之言，称‘注’‘疏’或‘传’，而没有叫‘论’的。”②要言之，刘勰将“经”“论”并称，在我国传统惯例中属于罕见现象，而在佛教领域却是最基本的认知。因此，我们可以认为，其中有极大的可能性是受到佛教的影响。刘勰借鉴佛教中经论并称的方式，客观上提高了“论”体的地位。就“叙理”类而言，其覆盖的范围更为广泛，汉魏六朝时以辨形神生灭、三教异同、天文地理为主题的诸多“论”体文皆在此列。

其次，“论者，伦也”中，刘勰将小学之音训释名引入文体研究。这种以“同声相谐，推论称名辨物之意”③ 的训诂方法，始于东汉刘熙《释名》。将“论”训为“伦”，并进而言“伦理无爽”，出自《释名・释典艺》篇，其中有“论，伦也，有伦理也”④。“论”的这一释名，对于其中“伦理”一词的理解，当代学者却出现了分歧。例如，周振甫、詹锳、王元化等将其释作“有条理”⑤，赵仲邑持相同观点，认为是“伦次条理”⑥。周勋初在此基础上，又提出“秩序”之解⑦。与此相对，牟世金、陆侃如、戚良德等，认为其为“道理”“义理”之义。这两种观点看似较为接近，实则有显著差别。简言之，“有条理”是形容词，体现的是“论”体文的外在特征。“道理”“义理”为名词，更侧重于表现“论”体文内容中的深刻意义。显然，如何正确解读“伦理”，对我们理解和掌握刘勰“论”体观，具有重要意义。对于“伦理”的理解，我们可以从两方面进行探讨：

第一、考察《释名》语境中的“伦理”之义。既然刘勰对“论”的阐释源自刘熙《释名》，那我们不妨回到其出现的原始语境，分析其中的“伦理”以作为理解《论说》篇“伦理”之义的参考。《释名》共三次涉及“伦理”，除对“论”的

---

① 刘勰著，范文澜注：《文心雕龙注》，第 329 页。

② 蒋祖怡：《文心雕龙论丛》，上海古籍出版社 1985 年版，第 8 页。

③ 刘熙：《释名八卷》，《四库全书总目提要》，中华书局 1965 年版，第 340 页。

④ 王先谦：《释名疏证补》，上海古籍出版社 1984 年版，第 317 页。

⑤ 刘勰著，周振甫注：《文心雕龙注释》，第203页；刘勰著，詹锳义证：《文心雕龙义证》，上海古籍出版社1989年版，第666页；刘勰著，王运熙、周锋撰：《文心雕龙译注》，上海古籍出版社2016年版，第174页。

⑥ 赵仲邑：《文心雕龙译注》，漓江出版社 1982 年版，第 164 页。

⑦ 周勋初：《文心雕龙解析》，凤凰出版社 2015 年版，第 299 页。

释义外，另两处分别见于《释水》《释采帛》篇，其中有：

> 水小波曰沦，沦，伦也，水文相次有伦理也。①
>
> 纶，伦也，作之有伦理也。②

《释水·沦》中，"水文相次"即"有伦理"。关于"沦"，《诗经·伐檀》有"坎坎伐轮兮，寘之河之漘兮，河水清且沦漪"③的诗句。伐木工将砍好的檀木运至河边时，望着水中泛起的涟漪，思考着自己不公正的命运。此处，"沦"指层次分明的水纹。而在《释采帛·纶》中，言"作之有伦理"。"纶"本义为青丝绳，其不仅制作工艺遵循严谨的秩序，呈现出的纹理亦是层次分明。通过对《释名》中另外两处"伦理"的分析，可以认为刘熙"伦理"为"有条理"之义。

第二、分析六朝时期"论"体研究状况，并将其与刘勰之"伦理"相参照。刘勰之前不乏对"论"体的研究。自魏晋以来，辨别文体之作蔚然兴起，中国古人逐步形成特定的文体分类观。曹丕《典论·论文》作为第一篇文学批评专论，其中就有对"论"体的叙述，曰：

> 夫文，本同而末异。盖奏议宜雅，书论宜理，铭诔尚实，诗赋欲丽。此四科不同，故能之者偏也；唯通才能备其体。④

曹丕的"四科八体"说中，有"书论宜理"。其中"理"为"条理"之义。一者，"奏议宜雅"之"雅"、"铭诔尚实"之"实"、"诗赋欲丽"之"丽"皆为形容词，且四者为并列关系，故而"理"也当为形容词。二者，就"书论宜理"中的"书"体而言，刘勰谈其特征时，以"宜条畅以任气"⑤来形容。其中"条畅"就指条理、流畅。"书""论"并称，由于这两种文体存在共性，因而"书"体的特征也同样适用于"论"体。综合以上两点，曹丕对"论"体做概述时，最重视其条理性。

---

① 王先谦：《释名疏证补》，第 66 页。

② 王先谦：《释名疏证补》，第 229 页。

③ 郑玄笺，孔颖达疏，朱杰人、李慧玲整理：《毛诗注疏》，上海古籍出版社 2013 年版，第 523 页。

④ 曹丕：《典论·论文》，萧统编、李善注：《文选》，上海古籍出版社 1986 年版，第 2271 页。

⑤ 刘勰著，周振甫注：《文心雕龙注释》，第 278 页。

陆机《文赋》较曹丕“八体”更为丰富，关于“论”体，其言“精微而朗畅”①。其中“朗畅”就是指述理清晰有条理。李充《翰林论》表述更为清晰，言“论贵于允理，不求支离”②。其中，“不求支离”就是对“论”体中形式琐碎、述理混乱等缺点的否定。至此，“伦理”之义渐趋清晰。刘勰将“论”训为“伦”实际上是强调“论”体文应当条分缕析地阐释道理。只有采取有条理的述理方式，才能于精微奥妙处理解圣人的微言大义。

最后，“伦理无爽，则圣意不坠”，既是对前文的补充，也是对其推崇圣人经典教训的强调。“伦理无爽”是手段，使“圣意不坠”才是最终目的。“论”体文在阐述事理时须条理也好，有秩序也好，都是为最终目的服务。《征圣》篇言“是以论文必征于圣，窥圣必宗于经”③。《文心雕龙》无时无刻不体现着其对道、圣、经的尊崇。

综上所述，刘勰对“论”体释名章义时，将其分作“述经”“叙理”两大类，这种分类模式既有受佛教影响的成分在，又在客观上赋予“论”以崇高的地位。刘勰以之为前提，借鉴东汉以来小学成果，将音训释名引入“论”体研究，并以“论者，伦也”为核心，强调“论”体文述理清晰的重要性。

（二）“论”体谱系中的八种文体

刘勰在“论”体文的“释名以章义”中，还对“论”体谱系中的其他八种文体做出阐释。我国文体命名一直较为复杂，正如黄侃所言，“详夫文体多名，难可拘滞，有沿古以为号，有随宜以立称，有因旧名而质与古异，有创新号而实与古同”④。我们若要准确掌握这八种文体的意涵，还须对其做进一步探究。《论说》篇曰：

> 详观论体，条流多品：陈政则与议说合契，释经则与传注参体，辨史则与赞评齐行，诠文则与叙引共纪。故议者宜言，说者说语，传者转师，注者主解，赞者明意，评者平理，序者次事，引者胤辞：八名区分，一揆宗

① 陆机：《文赋》，萧统编、李善注《文选》，上海古籍出版社 1986 年版，第 766 页。

② 李充：《翰林论》，李昉等《太平御览》，中华书局 1960 年版，第 2678 页。

③ 刘勰著，周振甫注：《文心雕龙注释》，第 12 页。

④ 黄侃：《文心雕龙札记》，上海古籍出版社 2000 年版，第 71 页。

> 论。论也者，弥纶群言，而研精一理者也。①

"论"体在不同领域有各自的分支名目，刘勰按照其功能的不同，将其分别归于"陈政""释经""辨史"与"诠文"四个类别。现叙述如下：

"陈政则与议说合契"中，涉及"议""说"两种文体。关于"议"体，《论说》篇中有"议之言宜"之语，表示"议"的作用是审查事理是否合宜。《议对》篇论述更为详细，曰：

> 周爰谘谋，是谓为议。议之言宜，审事宜也。易之节卦，"君子以制数度，议德行"。周书曰，"议事以制，政乃弗迷"。议贵节制，经典之体也。②

"周爰谘谋，是谓为议"，语出《诗经·小雅·皇皇者华》，"我马维骐，六辔如丝。载驰载驱，周爰咨谋"③。这是在描述使臣奔走于民间，寻求治国之策的辛劳。"君子以制度数，议德行""议事以制，政乃弗谜"分别见于《易经》《尚书》，旨在说明"议"应以遵守礼仪典章为前提。④刘勰对"议"体的概念做理论建构时，按照详略不同的原则，将其分别置于不同篇节中。在《议对》篇的"议"部做主要论述，而将其与"论"体的关系则放置于《论说》篇中。这种方式源自《史记》塑造人物形象时创立的"旁见侧出法"⑤。刘勰将其运用至文体研究中，使"论"体的研究形式更为丰富。关于"说"体，其与"论"体共列于《论说》篇，可见二者关系紧密。其曰：

> 说者，悦也；兑为口舌，故言资悦怿；过悦必伪，故舜譬谗说。说之善者，伊尹以论味隆殷，太公以辨钓兴周；及烛武行而纾郑，端木出而存鲁，

---

① 刘勰著，周振甫注：《文心雕龙注》，第200页。

② 刘勰著，周振甫注：《文心雕龙注》，第265页。

③ 郑玄笺，孔颖达疏，朱杰人、李慧玲整理：《毛诗注疏》，第805页。

④ 《易经·节卦·象》："泽上有水，节。君子以制数度，议德行。"（《周易正义》，李学勤主编《十三经注疏》，北京大学出版社1999年版，第240页）《尚书·周官》曰："学古入官，议事以制，政乃不迷。"（《尚书正义》，李学勤主编《十三经注疏》，第486页）

⑤ "旁见侧出法"，又称互见法。司马迁在人物传记中所运用的方法。靳德俊总结为："一事所系数人，一人有关数事，若各为详载，则繁复不堪，详此略彼，详彼略此，则互文相足尚焉。"（靳德俊：《史记释例》，商务印书馆1933年版，第14页）

亦其美也。[①]

《说文》有“说，释也”[②]，段注为“说释即悦怿”[③]，认为“说”体应在愉悦的氛围中完成论述。“兑为口舌”，见《易经·说卦》，“兑为泽，为少女，为巫，为口舌，为毁折，为附决”[④]。《兑卦·彖》亦有“兑，说也。刚中而柔外，说以利贞，是以顺乎天而应乎人”[⑤]。这些说明“说”体在政治领域中发挥着极大的作用。同时，刘勰注意到，过分地追求令人喜悦的效果会陷入虚伪的境地。于是，便列举伊尹等人对“说”体的完美运用，来说明怎样才能做到守正其中而阴柔处外。“论”“说”中，“论”偏重理论，而“说”更注重技巧。

“释经则与传注参体”中提及“传”“注”两种文体。关于“传”体，《论说》篇有“传者转师”，见于《释名·释书契》，“传，转也，转移所在，执以为信也”[⑥]。《史传》篇赞美《左传》时，亦有“传者，转也；转受经旨，以授于后，实圣文之羽翮，记籍之冠冕也”[⑦]之语，说明“传”体在阐释经典时起着转相师授的作用。关于“注”体，《论说》篇言“注者主解”。《仪礼》郑氏正义云，“注者，注义于经下，若水之注物”[⑧]。针对“传”“注”二体，《博物志》曰：“上古去先师近，解释经文皆曰传，传师说也；后世去师远，或失其传，故谓之注，注下己意也。”[⑨]简言之，距先师时代的远近是“传”体与“注”体最主要的差别。随着时代的发展，“传”“注”间的区别日益减少，朱熹《诗集传》中，便不讲究距先师远近的问题。刘勰认为，“杂文虽异，总会是同”，只要将分散的形式汇总起来，其就是“论”体。

“辨史则与赞评齐行”谈及“赞”体与“评”体。关于“赞”体，《论说》篇言“赞者明意”，对此《颂赞》篇有更为详尽的论述，曰：

---

① 刘勰著，周振甫注：《文心雕龙注释》，第201—202页。
② 许慎著，汤可敬撰：《说文解字今释》，岳麓书社1997年版，第330页。
③ 许慎著，汤可敬撰：《说文解字今释》，第331页。
④ 《周易正义》，李学勤主编《十三经注疏》，第334页。
⑤ 《周易正义》，李学勤主编《十三经注疏》，第234页。
⑥ 王先谦：《释名疏证补》，第300页。
⑦ 刘勰著，周振甫注：《文心雕龙注释》，第169页。
⑧ 《仪礼注疏》，李学勤主编《十三经注疏》，第4页。
⑨ 刘勰著，詹锳义证：《文心雕龙义证》，第670页。

> 赞者，明也，助也。昔虞舜之祀，乐正重赞，盖唱发之辞也。……然本其为义，事生奖叹，所以古来篇体，促而不广，必结言于四字之句，盘桓乎数韵之辞，约举以尽情，昭灼以送文，此其体也。发源虽远，而致用盖寡，大抵所归，其颂家之细条乎！①

刘勰认为，“赞”体可以溯源至虞舜时期的唱发之辞，并且是“颂”体的分支。但是就史学领域而言，目前公认《春秋左氏传》中“君子曰”的体例是“赞”体之滥觞。《史记》承其体例，有“太史公”之言。至《汉书》，则体式正式以“赞”为名。《汉书》中的“赞”体，或补正文不足，或臧否人事得失，或抒发襟怀慨叹，意义良多。此后，荀悦《汉书》之“论”，陈寿《三国志》之“评”，王隐《晋史》之“议”等，虽然名称不同，但意义却一脉相承。关于“评”体，《论说》篇有“评者平理”，见于《广雅·训诂》中“评，平也”②，取其评量情理的意义。因其与“赞”体意义接近，故不赘述。要言之，两者在史学中与“论”体意义相同。不同之处，大抵是这二者篇幅普遍较为短小。

“诠文则与叙引共纪”中有“序（叙）”③“引”二体。就“序”体而言，《论说》篇言“序者次事”。此处“序”意为排比事理。“序”体文较为多见，如《毛诗序》论述《诗经》性质与体裁等诸多理论问题。《太史公序》总论《史记》的内容体例，以及司马迁的生平。《两都赋序》表明作者对两汉时屈骚批评的看法。乃至刘勰《序志》、钟嵘《诗品序》、萧统《文选序》都表达了作者对文章理论的重要见解。关于“引”体，《论说》篇中有“引者胤辞”之论，为率引之义。“胤辞”是对作品加以引申的文辞。有学者认为，“序”“引”在六朝时是一种文体。如张相认为：“斯知序引同体，从来已古。”④ 李曰刚指出：“引，亦文体之一，与叙同。”⑤ 对于此种观点，也有学者持不同的看法，认为“引”为独立的文体，如牟世金以为，“不能视序、引为同一种文体”⑥。其中争执因文献资料缺失暂且存而不论，但大致而言，二者功能非常相近。

---

① 刘勰著，周振甫注：《文心雕龙注》，第96页。

② 王念孙：《广雅疏证》，上海古籍出版社1983年版，第410页。

③ “序”“叙”同义，故不做分别。

④ 刘勰著，詹锳义证：《文心雕龙义证》，第674页。

⑤ 李曰刚：《文心雕龙斠诠》，台北“国立”编译馆1982年版，第774页。

⑥ 牟世金：《〈文心雕龙〉的“范注补正”》，《社会科学战线》1984年第4期。

上述“论”体谱系中的文体，刘勰并以“八名区分，一揆宗论”概括之。可以说，刘勰以建立文体谱系的方式深化了“论”体的意涵。这其中，刘勰特别注重借鉴其他领域的研究成果。不论以《说文》《释名》为代表的东汉小学研究成果，还是史传中旁见侧出的方式，乃至《易》之卦象彖辞、《诗》之章句、《书》之典故皆被其引入其中。最终使“论”体“释名以章义”呈现出辞约而义丰的效果。

综上所述，刘勰在“论”体的释名章义中，将“论”视为“经典之枝条”，赋予“论”体崇高的地位，并在陈政、释经、辨史、诠文等四个领域对“论”体谱系中的八种文体命名做出详细的阐释，而“论”体的意蕴也在此过程中更为丰富。

二、“论”体文之原始表末

“原始以表末”是刘勰建构文体概念的重要方式，具体表现为追溯文体起源与阐释文体流变。“论”体溯源分为立名溯源与文体溯源，可以分别追溯到《论语》《易经》两部儒家经典中。而涉及“论”体流变时，则发现其与经学发展有着微妙的联系。

（一）立名溯源与文体溯源中的分歧与回应

《论说》篇对“论”体的溯源主要表现在两方面，即立名溯源与文体溯源。就对“论”体文的立名溯源而言，《论说》篇曰：

> 昔仲尼微言，门人追记，故抑其经目，称为《论语》。盖群论立名，始于兹矣。自《论语》已前，经无论字，《六韬》二论，后人追题乎？①

刘勰在立名方面，将其溯源至《论语》。《论语》记载着孔子应答弟子及时人的言辞，由孔子门人弟子编纂而成。引文特意强调《论语》命名是“抑其经目”，刘勰何出此言呢？《仪礼·聘礼》疏引郑玄《论语序》曰：

> 《易》《诗》《书》《礼》《乐》《春秋》，策皆二尺四寸。《孝经》谦，半之；

① 刘勰著，周振甫注：《文心雕龙注》，第200页。

> 《论语》八寸策者，三分居一，又谦焉。①

"策"作为一种载体，其尺寸的大小代表着经典地位的不同。《六经》为众经之首，故其策有二尺四寸。《孝经》不敢与之比肩，尺寸减半，为一尺二寸。《论语》不敢越过前者，以《六经》的三分之一为标准，有八寸。中国是礼仪之邦，外在形式往往代表内在的价值。此处，刘勰看似在谈《论语》因谦虚不以"经"自称，实则是对《论语》经典地位的强调，即其虽不在《六经》之列，但其重要地位却不容忽视。简言之，刘勰将"论"体立名，溯源至《论语》，实际上是将其溯源至"经"的范畴。使"论"的地位再一次提升。刘勰言"群论立名，始于兹矣"，颇有些慨叹自得的意味。

然而，后世学者对刘勰此举却存有异议。一部分学者认为《论语》之"论"不同于文体之"论"，且《论语》论辩性不强，故不能将《论语》归入"论"的范畴。蒋祖怡提出：

> 《论语》之"论"是"论纂"之"论"，不是"议论"之"论"，或"辩论"之"论"。其实，论说之体，并不始于《论语》，而且《论语》中大半是载言记事的，不纯粹是议论。刘氏因为"尊圣宗经"，把《论语》作为论说体的始祖，这种说法显然是很勉强的。②

这一说法将《论语》之"论"释作"论纂"，进而否定其为"论"体文的合理性是片面的。"论纂"在《论语》之"论"的诸多释义中，只是其中一种。皇侃《论语义疏序》总结前人对《论语》的命名情况时，提到的"舍音依字，而号曰论"③，就将其释作"论辩"。另外，蒋祖怡认为《论语》内容为载言记事，而非纯粹的议论，故《论语》不能称作"论"体文，这一说法也非常武断。虽然《论语》中的论辩技巧、逻辑思维都不能与六朝相比，但却不能认为《论语》中没有议论的成分。事实上，《论语》围绕仁、孝、礼等诸多命题展开了丰富睿智的探讨。

① 《仪礼注疏》，李学勤主编《十三经注疏》，第450页。

② 蒋祖怡：《文心雕龙论丛》，第8页。

③ 皇侃《论语义疏序》："舍音依字为论者，言此书出自门徒，必先详论。人人佥允，然后乃记。记必已论，故曰论。"（何晏集解，皇侃义疏：《论语集解义疏》，中华书局1985年版，第2页）

因此，蒋祖怡的这一说法并不能成立。

而另一部分学者则认为，“《论语》已前，经无论字”这一结论是错误的，如詹锳《文心雕龙义证》引晁公武《郡县读书志》云：

> 观其《论说》篇称“《论语》以前，经无论字，《六韬》二论，后人追题”，是殊不知《书》有“论道经邦”之言也。①

晁公武认为，比《论语》更早的《尚书》中就有“论道经邦”之语。的确，《尚书·周书》有言：

> 今予小子，祗勤于德，夙夜不逮。仰惟前代时若，训迪厥官。立太师、太傅、太保，兹惟三公。论道经邦，燮理阴阳。②

《尚书》以“论道经邦，燮理阴阳”形容三公职能。面对“《论语》已前，经无论字”与《尚书》中“论道经邦”之间的矛盾，一些学者为刘勰辩解。刘熙载认为“论道经邦”太过简省，难以为鉴，故刘勰避而不谈。③顾炎武认为，是刘勰接触的《尚书》版本无“论道经邦”。即使二者皆为刘勰做辩驳，但不能否认其对“经无论字”存在误读。按照范文澜的意见，“经无论字”之“字”，是“名字”而非“文字”。刘勰本意是说《论语》之前没有以“论”为名的文章。范文澜的观点是正确的，当其置于“经无论字”的原文语境中，就会发现该词前后出现的《论语》《霸典文论》《文师武论》等文章，都以“论”为名。这样看来，刘勰将《论语》作为“论”体文的立名之源，是合理的。

以上是对“论”体文的立名溯源，那么，其体裁又是从何衍变而来的呢？关于对“论”的体裁溯源，《宗经》篇曰：

---

① 刘勰著，詹锳义证：《文心雕龙义证》，第667页。

② 《尚书正义》，李学勤主编《十三经注疏》，第483页。

③ 刘熙载《艺概》：“刘彦和谓群论立名，始于《论语》，不引《周官》‘论道经邦’一语，后世诮之，其实过矣。《周官》虽有论道之文，然其所论者未详《论语》之言，则原委具在。然则论为《论语》奚法乎？”（刘熙载：《艺概》，上海古籍出版社1978年版，第42—43页）

> 故论说辞序，则易统其首；诏策章奏，则书发其源；赋颂歌赞，则诗立其本；铭诔箴祝，则礼总其端；纪传盟檄，则春秋为根：并穷高以树表，极远以启疆，所以百家腾跃，终入环内者也。①

刘勰认为《五经》为后世开疆辟域，有着巨大的先导意义。进而又将"论"体与"说""辞""序"体一起归于《易经》。对于《易经》，刘勰曰：

> 夫易惟谈天，入神致用。故系称旨远辞文，言中事隐；韦编三绝，故哲人之骊渊也。②

"易惟谈天，入神致用"指《易经》在阐发自然之道时，已经达到出神入化的境地，其所蕴含的深刻意义亦关照着现实生活中的人事。"旨远"指其意旨深远，"辞文"指语言有文采，"言中"即语词精准，"事隐"则言其事理深奥。要言之，《易经》不仅其自身特点与"论"体有契合之处，其《系卦》《说卦》《序卦》诸篇更是"论"体文最早的发轫之作。

总之，刘勰对"论"体溯源时，分别将其追溯至《论语》《易经》中，这是其"宗经"思想的外在表现，也是建构"论"体谱系的重要组成部分。其中的观点，虽有研究者质疑，但通过上文的分析，说明刘勰的观点是合理的。由此，我们对刘勰的"论"体观有了更深层次的理解。

（二）"论"体流变与经学发展

《论说》篇中，刘勰以"述经叙理"规定了"论"体文的功能与作用。这说明在"宗经"原则的指导下，对经典的阐释是"论"体文的重中之重。通过对"论"体文发展流变的考察，可以发现，不同时期经学在学术领域中的变化，与"论"体文的发展有着微妙的联系。

关于先秦"论"体文的发展，《论说》篇的"选文以定篇"曰：

> 是以庄周齐物，以论为名；不韦春秋，六论昭列。③

---

① 刘勰著，周振甫注：《文心雕龙注》，第 19 页。

② 刘勰著，周振甫注：《文心雕龙注》，第 18 页。

③ 刘勰著，周振甫注：《文心雕龙注》，第 200 页。

“庄周齐物”“不韦春秋”分别指代《庄子·齐物论》与《吕氏春秋》“六论”。其作为先秦“论”体文的代表，其中差异亦反映了先秦不同时期“论”体文的发展水平。《齐物论》中，其条理化、理论化的述理特征还不明显，甚至就其是否为“论”体文，还存在争议。这争议源于对“齐物论”的不同解读，一种观点认为，“齐物论”应理解为“齐物—论”，就是“齐物之论”[①]，而另一种观点则认为，其为“齐—物论”，就是“齐同物论”[②]。若按照后一种观点理解，则不能将其称为“论”体文。

至《吕氏春秋》“六论”，已不再有人质疑其是否为“论”体文。《吕氏春秋》全书分为纪、览、论三部分，其中之“论”根据内容的不同，分作《开春论》《慎行论》《贵直论》《不苟论》《似顺论》《士容论》等六论。这六论中，每一论又有六篇文章，共计三十六篇。以《贵直论》为例，其便以《贵直》《直谏》《知化》《壅塞》与《原乱》六篇，从六个角度对君主提出建议。[③]从《齐物论》至《吕氏春秋》“六论”，“论”体文逐渐成熟，尤其《吕氏春秋》“六论”以专题论文的形式，显示着“论”体文由先秦向秦汉过渡的趋势。“论”体文在先秦取得的成就，与当时的学术思潮密切相关。孔子删定《六经》，被认为是中国经学历史的开端，这当然对“论”体文的产生有重要的先导意义。然而，先秦时期经学的历史虽然已经拉开了帷幕，但其在学术领域之却始终未曾占据统治地位。在当时百家争鸣的时代背景下，每一思想派别都有着充分的言说空间，故而“论”体文得以繁盛一时。

然而到了秦朝，“论”体文的发展陷入了停滞状态。不仅如此，就连先秦时期的大量“论”体文亦没有保存下来。秦始皇焚书坑儒，使儒家经学遭受到毁灭性的打击，这也是刘勰在《论说》篇中丝毫提及秦朝“论”体文的原因。《史记·秦始皇本纪》载：

> 臣请史官非秦记皆烧之。非博士官所职，天下敢有藏《诗》《书》、百家语者，悉诣守、尉杂烧之。有敢偶语《诗》《书》者弃市。以古非今者族。

---

① 郭象注、郭庆藩：《庄子集释》，中华书局 2004 年版，第 43 页。

② 林希逸著，陈红映校点：《南华真经口义》，云南人民出版社 2002 年版，第 67 页。

③ 陆玖译注：《吕氏春秋》，中华书局 2011 年版，第 851—882 页。

> 吏见知不举者与同罪。令下三十日不烧，黥为城旦。所不去者，医药卜筮种树之书。①

李斯提出上述建议，秦始皇将其采纳并令郡县即刻执行。秦火之焚，使《诗经》《尚书》及百家语化作灰烬。坑儒之后，天下士子更是噤若寒蝉。可想而知，当经书禁毁，士子禁言，所谓“述经叙理”之“论”，便无从谈起。

西汉时期“论”体文虽恢复了发展，但其发展仍较为缓慢。《论说》篇中，刘勰仅提及贾谊《过秦论》一篇，其曰：

> 陆机辨亡，效过秦而不及：然亦其美矣。②

《过秦论》是西汉初期“论”体文的代表，其对秦王朝兴亡的论述，受到历代学者的称赞。晋左思认为，正如《子虚赋》是“赋”中的代表一样，《过秦论》亦是“论”体文的标准与典范。故其曰：“著论准过秦，作赋拟子虚。”③清冯班更直言：“《过秦论》，论之首也。”④要言之，《过秦论》中“自首至尾，光焰动荡，如鲸鱼暴鳞于皎日之中，烛天耀海”⑤的文风，承袭先秦文章纵横捭阖之势，在“论”体文中具有较高的意义与价值。然而，《过秦论》之后，西汉“论”体文不仅没有进一步发展，反而显示出日渐低迷之势，以至于刘勰对这一时期的“论”体文发展未作提及。“论”体文发展的这一状况，是当时经学变化所然。西汉初，统治者奉行黄老之学，学术氛围较为宽松自由，这是如《过秦论》这样批评反思性作品得以产生的前提。后来，汉武帝独尊儒术，使“师异道，人异论，百家殊方，指意不同”⑥的格局不复存在。与此同时，今文经学成为学术领域中的主导思想，其不求新解、恪守严格家法传承的治学理念，在相当大的程度上，抑制了学者对于经学问题探讨的积极性，从而进一步阻碍了当时“论”体文的发展。

① 司马迁：《史记·秦始皇本纪》，中华书局1959年版，第255页。
② 刘勰著，周振甫注：《文心雕龙注》，第201页。
③ 左思：《咏史》（其一），沈德潜编选，司马翰校点《古诗源》，岳麓书社1998年版，第108页。
④ 冯班：《钝吟杂录》，《景印文渊阁四库全书》（第886册），台湾商务印书馆1986年版，第557页。
⑤ 何焯：《义门读书记·文选·杂文》，中华书局1987年版，第969页。
⑥ 班固：《汉书·董仲舒传》，中华书局1962年版，第2523页。

东汉以来，“论”体文的发展取得了长足的进步。刘勰在《论说》篇中，以大量的笔墨对当时“论”体文的发展做出评述。其曰：

> 班彪王命，严尤三将，敷述昭情，善入史体。①

严尤《三将军论》与班彪《王命论》得到了刘勰的肯定。其中，《三将军论》作于东汉稍前一些的王莽伪政时期。严尤以古代名将为例，劝阻王莽莫要攻伐四夷。王莽失败后，刘秀即位于冀州，但隗嚣却拥众于天水欲图不轨。班彪避难于天水，便征引史实，作《王命论》为隗嚣陈述汉承天下的合理性。这两篇文章，情理清晰，有史体之善，故刘勰称赞之。关于其他“论”体文，《论说》篇曰：

> 李康运命，同论衡而过之。②
> 张衡讥世，韵似俳说。③

刘勰对李康《运命论》、王充《论衡》、张衡《讥世论》等三篇“论”体文，做出简要评述。然而，这三篇文章中，除张衡《讥世论》已亡不可考，其余两篇文章的思想主旨都与当时的学术思潮密切相关。以《论衡》为例，其以唯物主义的立场，批驳儒家经学之的神秘主义倾向，以疾世间虚妄。这其实是同时期经学新变的折射。东汉初，刘秀“宣布图谶于天下”④。孙蓉蓉认为，这“客观上却将谶纬以书籍的形式，加以规范而公开于世”⑤。此举使经学中的神学迷信色彩更加浓厚。随着时代的发展，神秘主义带来的不良影响日益显现，这便是王充著《论衡》的根本原因。纵观东汉时期的学术思想，今文经学与古文经学相互攻讦，郑玄与王肃等人混乱师法，这使经学中对圣人教训的解读出现更多分歧，这些分歧又进一步带来更多的探索与论辩，故东汉时期“论”体文盛行。

魏晋南北朝“论”体文的发展可谓蔚为大观。关于此时“论”体文发展的

---

① 刘勰著，周振甫注：《文心雕龙注》，第200页。
②③ 刘勰著，周振甫注：《文心雕龙注》，第201页。
④ 范晔：《后汉书·光武帝纪》，中华书局1965年版，第84页。
⑤ 孙蓉蓉：《谶纬与文学研究》，中华书局2018年版，第16页。

盛况，刘勰曰：

> 魏之初霸，术兼名法，傅嘏、王粲，校练名理。迄至正始，务欲守文，何晏之徒，始盛玄论；于是聃周当路，与尼父争涂矣。详观兰石之才性，仲宣之去伐，叔夜之辨声，太初之本无，辅嗣之两例，平叔之二论，并师心独见，锋颖精密，盖论之英也。至如李康运命，同论衡而过之；陆机辨亡，效过秦而不及：然亦其美矣。次及宋岱郭象，锐思于几神之区；夷甫裴颜，交辨于有无之域：并独步当时，流声后代。①

这一时期，"论"体文郁然勃兴。其中，王璨《去伐论》、嵇康《声无哀乐论》、夏侯玄《本无论》、王弼《易略例》、何晏《道德论》、李康《运命论》以及陆机《辨亡论》等诸篇文章，都是当时"论"体文的代表作。这些文章，以精密的笔锋与深邃的思考，探讨了国家兴亡、个体命运、玄学有无、音乐情理等领域中的诸多问题。因而刘勰以"师心独见""锋颖精密""流声后代"等辞藻美誉之。而"论"体文发展的这一盛况，自然得益于学术领域中多元格局的形成。"魏之初霸，术兼名法"，刘勰特意提及，曹魏之初以申商法术取代儒家经学这一历史事实，可谓别有深意。刑名法术主张循名责实，这便促使学者们用更多的精力去辨别事物的名实，由此为学者们带来更多的质疑与思考。魏文帝至正始年间以文治国，学者善以文辞附会经典。尤其在何晏等人的推动下，玄学得以兴盛。这便是刘勰所说的，"耽周当路，与尼父争涂"。因此，就整个魏晋南北朝时期而言，产生了大量辨别玄学问题的"论"体文。简言之，在儒家经学呈式微之势的时代背景下，学术领域更加多元与自由。刑名之学、老庄玄学以及佛教思想汇于一处，共同推动了当时"论"体文的发展。

显然，"论"体文由先秦发展至魏晋南北朝时期，其与每一时期的学术思想密切关联。故刘永济评曰："是故此体之兴废，常与学术相始终。"② 而经学作为先秦汉魏南北朝时期，学术领域中的重要组成，其与"论"体文的关系尤为紧密。

---

① 刘勰著，周振甫注：《文心雕龙注》，第 200—201 页。

② 刘勰著，刘永济校释：《文心雕龙校释》，中华书局 1962 年版，第 64 页。

由此可知，“论”体文的起源与流变均与儒家经学有着密切的联系。《文心雕龙》对“论”体这一特征的强调，既有赖儒家经学在中国学术思想史中发挥的重要作用，亦体现着《文心雕龙》中一以贯之的宗经思想。

三、刘勰对“论”体文的理论规范

刘勰以“论之为体”“论家之正体”两个理论命题为发端，对其提出相应的规范与要求。其中，“论之为体”居于基础性地位，是对“论”体文最根本的要求。“论家之正体”作为最正宗的“论”体，代表其对“论”体文做出的最高标准。

（一）“论之为体”中对技巧与道德的双重强调

《论说》篇中关于“论”体文的“敷理以举统”部分，刘勰以“论之为体”为发端，做出相应的规范与要求，其曰：

> 原夫论之为体，所以辨正然否，穷于有数，究于无形，钻坚求通，钩深取极；乃百虑之筌蹄，万事之权衡也。故其义贵圆通，辞忌枝碎；必使心与理合，弥缝莫见其隙，辞共心密，敌人不知所乘，斯其要也。是以论如析薪，贵能破理。斤利者越理而横断，辞辨者反义而取通：览文虽巧，而检迹知妄。唯君子能通天下之志，安可以曲论哉？①

根据这一段话，刘勰对“论”体文的规范与要求可以分作三点：

第一，“论”体文的目的是“辨正然否”，这就要求其在辨别是非时，应当深入事物本质进行探讨。外在表象错综复杂，而“论”体文若要精准地把握事物本质，势必会经历一番曲折。刘勰以“穷”“究”“钻”“钩”四个动词形象地概括出其中的艰辛。可见，只有以“上穷碧落下黄泉”式的精神探索真理，才能于纷繁的表相中辨别是非曲直。

第二，“论”体文是表达持“论”者思想的工具，也是衡量天下万事的天平。要想达到这个目的，就必须处理好心、理、辞三者之间的关系。“心与理合”指

① 刘勰著，周振甫注：《文心雕龙注》，第201页。

作者正确洞察外物事理，而“辞共心密”是指语言可以完美地表达出自己心中所想。只有三者配合于一处，才有可能达到“圆通”的标准，成为合适的“论”体文。

第三，持“论”者应当具备君子般优秀的道德品质。刘勰将论述的过程譬喻为劈柴。合理的论述即按照木头的纹理劈，但若斧头十分锋利，不顾木质的纹理亦能将其劈开。刘勰进而阐释，若持“论”者拥有高超的论辩技巧，那么，就可以利用其娴熟的论辩技艺来歪曲事实。故而于论述技巧之外，又特意对持“论”者做出道德方面的要求。

总之，刘勰以“论之为体”为发源，对“论”之技巧与道德两方面做出规范。就技巧方面而言，必须不畏艰辛，深入事物本质探索真理，在对事理做出正确判断后，要处理好思维、语言、事理三者间的关系。就道德水平方面而言，持“论”者须有君子之风，秉持公心，具有良好的道德品质修养。

（二）“论家之正体”中隐含的佛“论”价值观

“论家之正体”即刘勰为“论”体树立的正统典范。其中，体现出刘勰对“论”体的价值判断。《论说》篇曰：

> 至石渠论艺，白虎讲聚，述圣通经，论家之正体也。①

“石渠论艺”与“白虎讲聚”分别指代于西汉宣帝、东汉章帝时召开的石渠阁会议与白虎观会议。关于石渠阁会议，《汉书·宣帝纪》载：

> 诏诸侯讲《五经》同异，太子太傅萧望之等平奏其议，上亲称制临决焉。乃立梁丘《易》、大小夏侯《尚书》、穀梁《春秋》博士。②

汉孝宣皇帝一生功绩卓著，班固以“中兴”之辞美誉之，认为其功绩可与殷之高宗、周之宣王比肩。于此之中，其对经学的重视就是其中之一。在其执政晚期召开的石渠阁会议，在整个经学史上都有着重要意义。这次会议与会者为

---

① 刘勰著，周振甫注：《文心雕龙注》，第 200 页。

② 班固：《汉书·宣帝纪》，第 272 页。

经学大家，会议内容是讲论《五经》异同，最终结果由皇帝亲自裁决。会议以后，相关奏议辑录为《石渠议奏》，又名《石渠论》。《石渠议奏》今已亡佚，会议具体内容也只能散见于其他著作中。但从会议结果来看，梁丘贺所治之《易经》，大、小夏侯之《尚书》，及穀梁之学被立为博士，成为受官方认可的主流思想。

然而，其中仍有值得我们思考的地方。刘勰曾言："释经则与传注参体。"可见，刘勰认为《穀梁传》在传述《春秋》微言大义时，其功能与"论"体相同。刘勰对石渠阁会议的推崇，包含着对这次会议内容的肯定，而《穀梁传》作为一种"论"体存在于其中又是不争的事实。因此，我们可以通过解构《穀梁传》以进一步了解刘勰的"论"体观。

就阐释经典的方式而言，《穀梁传》特别擅长使用设问而答的形式，以"鲁隐公元年为例"，曰：

> 夏，五月，郑伯克段于鄢。克者何？能也。何能也？能杀也。何以不言杀？见段之有徒众也。段，郑伯弟也。何以知其为弟也？杀世子、母弟目君。以其目君，知其为弟也。段，弟也，而弗谓弟；公子也，而弗谓公子，贬之也。段失子弟之道矣，贱段而甚郑伯也。何甚乎郑伯？甚郑伯之处心积虑，成于杀也。于鄢，远也，犹曰取之其母之怀中而杀之云耳，甚之也。然则为郑伯者宜奈何？缓追逸贼，亲亲之道也。①

引文围绕经典中"夏，五月，郑伯克段于鄢"展开。《穀梁传》对其阐释时，运用六组设问句，分别对经文中"克""段""郑伯""鄢"等关键字词进行义理分析。在问答交错中，杂有作者议论之辞。而《左传》在传解时，则采取完全不同的方式。其更注重为"郑伯克段于鄢"这一事件寻求其发生的合理性。于是剪裁史料、敷衍情节，乃至溯源至郑庄公出生之时。通过《左传》叙述，可以得知正是姜氏生产郑庄公时遇到难产使之受到惊吓，因此姜氏对其产生疏离之心而更偏爱弟弟共叔段。共叔段凭借母亲的宠爱日益骄横，终萌生不臣之心。《左传》对历史事实极尽刻画之能事，乃至对二人交战细节颇用笔墨。但真正涉及对经

① 《春秋穀梁传注疏》，李学勤主编《十三经注疏》，第4—5页。

典义理的解释时，则篇幅较短，曰：

> 《书》曰：“郑伯克段于鄢。”段不弟，故不言弟；如二君，故曰“克”；称“郑伯”，讥失教也；谓之郑志，不言出奔，难之也。①

朱熹评价《春秋》三传得失，曰：“《左氏》是史学，《公》《穀》是经学。史学者记得事却详，于道理上便差；经学者于义理上有功，然记事多误。”②此处，朱熹将《左传》划入史学的行列，认为《公羊传》《穀梁传》才属于经学范畴。其实，在解经方面，三传中也是《穀梁传》最为精要。历来学者多持此观点，郑玄言“《左氏》善于礼，《公羊》谶，《穀梁》善于经”③。胡安国道“事莫备于《左氏》，例莫明于《公羊》，义莫精于《穀梁》”④。孙觉亦有“《左氏》多说事迹，《公羊》亦存梗概，《穀梁》最为精深”⑤的论断。要言之，在解经方面，《公羊传》《穀梁传》精于《左传》。前两者在论述模式上善于运用设问而答的方式来敷陈经典要义，只不过在精要程度上《穀梁传》更胜一筹。我们可以认为，《穀梁传》之所以在这次会议中受到统治者的认可，与其擅长使用设问而答的体式不可分离。

其实，《穀梁传》中设问而答的体式，亦可见于同为“论家之正体”的《白虎通义》。建初四年，汉章帝效仿甘露三年的石渠阁会议，在白虎观召开学术会议，史称白虎观会议。《后汉书·章帝纪》载：

> 于是下太常，将、大夫、博士、议郎、郎官及诸生、诸儒会白虎观，讲议《五经》同异，使五官中郎将魏应承制问，侍中淳于恭奏，帝亲称制临决，如孝宣甘露石渠故事，作《白虎议奏》。⑥

这次会议中的相关议奏辑录为《白虎议奏》，后班固奉旨整理成《白虎通》，即

① 《春秋左传正义》，李学勤主编《十三经注疏》，第 54 页。
② 《朱熹传》，《朱子全书》，第 2841 页。
③ 《春秋穀梁传注疏》，李学勤主编《十三经注疏》，第 3 页。
④ 胡安国：《春秋传》，《景印文渊阁四库全书》（第 145 册），第 5 页。
⑤ 孙觉：《春秋解经》，《景印文渊阁四库全书》（第 145 册），第 556 页。
⑥ 范晔：《后汉书·章帝纪》，第 138 页。

《白虎通义》。《白虎通义》中固定的述理模式即设问而答的体式，如“论王者太子称士”中载：

> 王者太子亦称士何？举从下升，以为人无生得富贵者，莫不由士起。是以舜时称为天子，必先试于士。《礼·士冠经》曰：天子之元子，士也。①

其中论述层次较为分明，先是设问而答，继而以经典辅之。

但令人疑惑的是，这种固定的设问而答的体式，与《论说》篇“选文以定篇”中体现出的“论”体观并不相符。不论《穀梁传》还是《白虎通义》，其论述体式怎样也与“钻坚求通，钩深取极”“论如析薪，贵能破理”中锋芒毕露的气势联系不到一起。针对此困惑，陈引驰将其分别与刘勰“论之为体”、萧统《文选》中辑录“论”体文的价值取向相比较，认为刘勰“论家之正体”中的评判标准与之皆不相同，反而与佛教中的“论”体标准更为接近。其曰：

> 刘勰所标举的作为“叙经”文类的“论”，与《论说》篇“选文以定篇”部分显示的刘勰对于玄学“论”文的高度推重不合，其在体式上，应受到当时毗昙学及佛教之“论”的影响，《论说》推为“论家之正体”的《白虎通义》，其设问而释答的体式，在佛教论典及本土佛教诸论中，较之经学等本土传统，更属基本格式且甚是普遍，而此一事实，正是刘勰熟知而深悉的。②

陈引驰认为，刘勰将《白虎通义》标举为“论家之正体”，受到佛教论文的影响。因为其呈现出的设问而答的体式，在佛教论文中正属于基本体式。《魏书·释老志》概括佛教的论述模式为“假立外问，而以内法释之”③。《大智度论》中更将这种形式命名为“问论”。其曰：

> 然斯经幽奥，厥趣难明，自非达学，尠得其归，故叙夫体统，辨其深

① 陈立撰，吴则虞点校：《白虎通疏证》，中华书局1994年版，第21页。

② 陈引驰：《中古文学与佛教》，商务印书馆2017年版，第48页。

③ 魏收：《魏书·释老志》，中华书局1974年版，第3028页。

致。若意在文外，而理蕴于辞，辙寄之宾主，假自疑以起对，名曰问论。①

这种形式在佛论中随处可见，试举一例以明之。僧伽提婆与慧远所译《阿毗昙心论》曰：

问：佛知何法？

答：有常我乐净，离诸有漏行。诸有漏行，转相生故离常，不自在故离我，坏败故离乐，慧所恶故离净。②

此前，在对"论"体文的"释名以章义"中，就论及刘勰将"经""论"并称，有受到佛教影响的可能性。至此，我们又发现，刘勰在标举"论家之正体"时，佛教的"论"体观在相当大的程度上影响了刘勰对"论"体的价值判断。虽不排除刘勰将"石渠论艺""白虎讲聚"标举为"论家之正体"，是"宗经"思想的延续，但亦不能否认，佛教论文对刘勰建构"论"体概念，及对"论"体做出价值判断有着重要影响。我们可以这样表述，刘勰对"论"体的价值判断中，隐含着来自佛教的影响。

综合所言，《文心雕龙》对"论"体的建构与规范，与魏晋以来"论"体文的研究有着显著的区别，其以独特的研究方式、价值观念等，为后世文学批评家研究"论"体提供了有益的借鉴。

---

① 释慧远：《大智论抄序》，释僧祐撰，苏晋仁、萧链子点校《出三藏记集》，中华书局1995年版，第389页。

② 僧伽提婆、慧远译：《阿毗昙心论·界品第一》，《中华大藏经》（汉文部分第48册），中华书局1985年版，第517页。

美学范畴

孔子论“兴”及其对后世美育精神之塑造

曹元甲*

摘　要：孔子第一个将兴引进对《诗经》的评价，并首次将其铸成一个诗学、美学范畴，逐渐在后世形成了一个强大的以兴说诗的传统。孔子对兴义演变的另一个重大影响是他将兴解读作譬喻。尽管这种解读在孔子那里还是潜在、没有明确表达出来的，但实际上已经隐含在他对兴解读的逻辑当中。随着时间发展，这种隐含着的思想势必会被明确化，而首次明确化这一点的是战国时期《周礼》提出的“六诗”说。直到两汉时期，兴的这个解释才成为思想界的主流，甚至发展成一个极为强大的解诗传统，即经学传统。这一传统影响着两千多年来的中国美学、艺术实践，甚至在中国人的思维方式的塑造方面也起了不可估量的作用。因为在这一传统中，兴不仅是一种文学修辞方法和艺术表现手法，而且是一种思维方式和认知模式。

关键词：兴　孔子　譬喻　思维方式　美育精神

一

从现有的文献来看，最早从诗学角度运用“兴”的是孔子。他的“诗可以兴，可以观，可以群，可以怨”以及“兴于诗，立于礼，成于乐”就是最早从诗学、美学的角度来运用“兴”阐释诗歌功能的。这两句中的“兴”到底该做何解释？后世理论家对此多有争议。我们可以通过检查兴在《论语》中的其余用法来回答这个问题。《论语》中，兴一共出现9次：

---

* 作者简介：曹元甲，哲学博士，湖北大学哲学学院讲师，湖北大学高等人文研究院研究员，主要研究方向为中国美学和中西比较美学。

君子笃于亲，则民兴于人；故旧不遗，则民不偷。（《泰伯》）包咸曰：兴，起也。君能厚于亲族，不遗忘其故旧，行之美者，则民皆化之，起为仁厚之行，不偷薄。

兴于诗、立于礼，成于乐。（《泰伯》）包咸曰：兴，起也。言修身当先学诗。

名不正，则言不顺。言不顺，则事不成。事不成则礼乐不兴。礼乐不兴则刑法不中。刑法不中，则民无所措手足。（《子路》）

定公曰："一言可以兴邦，有诸？"孔子对曰："言不可以，若是其几也。人之言曰：'为君难，为臣不易'如知为君之难也，不几乎一言而兴邦乎？"（《子路》）

在陈绝粮，从者病，莫能兴。（《卫灵公》）孔安国曰：兴，起也。

小子何莫学夫《诗》。《诗》可以兴，可以观，可以群，可以怨。迩之事父，远之事君，多识于鸟兽草木之名。（《阳货》）孔安国曰：兴，引譬连类。

兴灭国，继绝世，举逸民，天下之民归心焉。（《尧曰》）

通过对上述材料的引证，我们至少可以得出两个结论：第一，孔子第一次将"兴"这个字引入对《诗经》功能的评价，并铸成了一个诗学、美学范畴，从此之后，越来越多的人开始以兴论诗。这也可以解释或许成书于战国时期的《周礼·春官·大师》受到了孔子以兴论诗的影响。[①]第二，在孔子眼中，兴的

① 《周礼》究竟成书于何时，到目前为止，仍然是学术界一大公案。有的说成书于汉初，比如李泽厚与刘纲纪持此说（参见李泽厚、刘纲纪：《中国美学史》，中国社会科学出版社 1984 年版，第 574 页）；有的说成书于战国末年，如张岱年（参见张岱年：《中国哲学史史料学》，生活·读书·新知三联书店 1982 年版，第 81 页）。在没有充足的考古证据证明之前，本文暂且遵从郭伟川先生《〈周礼〉制度渊源与成书年代新考》一书的结论，该书认为《周礼》应成书于战国初年魏文侯主政时期。

主要意思是“兴起”“兴盛”。至于孔安国为何独独会将“诗，可以兴”一句中之兴解释为“引譬连类”，而且这一解释是否符合孔子对兴的理解，我们需对其做进一步的考证。

一般认为，在这段话中，孔子谈的是诗的社会作用。如果从整段话寓目，这样说自然没错。但如果仅着眼于“兴”“观”“群”“怨”这组概念的话，将其理解为一种孔子对于美感心理的阐释或许更确切一些，因为孔子对于诗歌功能的总结可以从他对美感心理的分析中推论出来。

接下来我们对“诗可以兴”与“兴于诗”中的“兴”的含义做一番考察。抛开后人关于孔子对兴的理解的领会、注解和阐释，单凭自己的分析和判断，我们认为，这两句中的兴，都可以解释为起，或者唤起。但是如果仔细分析，我们会发现，二者仍然有一些区别："兴于诗"这句话只是站在诗的欣赏者的角度，来陈述一个“通过欣赏诗可以被唤起”的事实；而“诗可以兴”这句话，不仅可以站在诗的欣赏者的角度来陈述一个“通过欣赏诗可以被唤起的事实”，而且还可以站在诗的创作者的角度，来反思一个创作者通过某些方法或技巧，如何来唤起读者的问题。前者可以等同于“兴于诗”，而后一个理解就是更深一层次的问题了，是对“兴于诗”的追问和反思；前者只指出了读者在欣赏活动中被唤起的被动性，而后者除此之外还多了一层意思，即创作者在创作过程中要如何主动地唤起读者。

究竟哪个是孔子对兴的理解，还是二者兼而有之？我认为是二者兼而有之。证据有三：

第一，孔子十分注重诗的精神感发、唤起作用。这从他对《诗经》的社会作用的排序中就能显示出来。在“兴”“观”“群”“怨”四者之中，孔子把兴放在首位，并不是偶然或随机的，而是有着深邃的考虑。上文已说过，孔子对诗的社会作用的理论是建立在其对诗歌美感心理特点的认识之上的，诗最大的功效即在于其感发、唤起欣赏者的精神，唯有如此，才会有后面的“观”“群”“怨”作用，没有这一功能，所谓的“观”“群”“怨”都是空的。因此，后世许多思想家也特别强调兴的这一感发功能。朱熹对兴的解释是“感发志意”①、“托物兴

① 朱熹:《论语集注》，中华书局1983年版，第178页。

辞”[①]、“兴起，感动奋发也”[②]。

兴的要义就是说，诗歌能够唤醒、激发、净化以及升华人的精神和灵魂（荡涤其浊心，震其暮气），使人从猥琐、迟钝、平庸的状态中超拔出来，变成灵敏的、昂扬的、朝气蓬勃的人。这既是兴的精神状态，也是兴的社会功能。孔子把兴摆在兴、观、群、怨的前面就表明，艺术的关键作用就在于其使人兴发感动。孔子的这一思想影响很大，逐渐形成了一个强大的传统，这个传统的形成，孔子无疑是开创者。

第二，孔子对兴的唤起功能的强调，从他在教育中对启发无以复加的强调也可以看得很清楚。“不愤不启，不悱不发，举一隅，不以三隅反，则不复也。”（《论语·述而》）这就是说，启发式教育是孔子最为推崇，也是他最常用的教育模式。在教学过程中，学生如果不能举一反三、触类旁通，孔子就不会再教新的内容。因此他最欣赏能够“闻一以知十”（《论语·公冶长》）的颜回。不仅他教育学生如此，他自己也同样将触类旁通、闻一知十的标准贯穿到学习当中。司马迁在《史记》中记载了一个孔子学琴的小故事：

> 孔子学鼓琴师襄子，十日不进。师襄子曰：“可以益矣。”孔子曰：“丘已习其曲矣，未得其数也。”有间，曰：“已习其数，可以益矣。”孔子曰：“丘未得其志也。”有间，曰：“已习其志，可以益矣。”孔子曰：“丘未得其为人也。”有间，（曰）有所穆然深思焉，有所怡然高望而远志焉。曰：“丘得其为人，黯然而黑，几然而长，眼如望羊，如王四国，非文王其谁能为此也！”师襄子辟席再拜，曰：“师盖云文王操也。”（《史记·孔子世家》）

学一首曲子，不仅要学会曲谱，而且要熟练掌握弹奏技巧；不仅要熟练掌握弹奏技巧，而且还要懂得这首曲子中所蕴含着的思想情感；懂得了这首曲子中所蕴含着的思想情感，还不够，还要洞悉作曲家的人格。只有当一个人能从曲谱中领悟到其中所蕴含着的思想感情以及背后的人格精神之后，才算达到了对这种曲子的真正掌握。这种教学心理，很明显同艺术对人的感发、唤起作用

---

① 朱熹：《朱子全书》第11册，第342页。

② 朱熹：《孟子集注》，中华书局1983年版，第367页。

有相通之处。艺术的感发、唤起就常常表现在，欣赏者通过联想和想象从在场的、有限的、个别的形象中感悟、领会到不在场的、普遍的、无限的内容，从而在情感心理上受到启发和感染。孔子的这种思想实际上是其美感理论在教育领域的延伸。

第三，孔子对比喻情有独钟。在教学中，为了启发学生，孔子常常会用到比喻。比如，孔子用《卫风·硕人》中描写卫庄公夫人庄姜美貌的诗句“巧笑倩兮，美目盼兮，素以为绚兮”来启发子夏，进而使其领会到礼后于质、质里文表的道理（这个故事记载于《论语·八佾》）。再比如，孔子通过众星拱北斗的例子来说明一个道理，即君王若能以德立身行事，便能获得万民归附。（《论语·为政》：“为政以德，譬如北辰，居其所而众星拱之。”）这样的例子比比皆是。比如，《论语·雍也》：“子谓仲弓曰：‘犁牛之子骍其角，虽欲勿用，山川其舍诸？’”《论语·为政》：“子曰：人而无信，不知其可也。大车无輗，小车无軏，其何以行其哉？”《论语·子罕》：“子曰：岁寒，然后知松柏之后凋也。”《论语·颜渊》：“君子之德风，小人之德草，草上之风必偃。”《论语·子罕》：“子在川上曰：逝者如斯夫，不舍昼夜。”等等。《论语》中的比喻大约有35处，单单是孔子本人使用的比喻就有23次之多。这就说明孔子对比喻情有独钟。《孟子》中也有两例可以说明，孔子善于从《诗经》中兴发出哲理：

> 《诗》云：“商之孙子，其丽不亿。上帝既命，侯于周服。侯服于周，天命靡常。殷士肤敏，祼将于京。”孔子曰：“仁不可为众也。夫国君好仁，天下无敌。”（《离娄》）
>
> 《诗》云：“迨天之未阴雨，彻彼桑土，绸缪牖户。今此下民，或敢侮予？”孔子曰：“为此诗者，其知道乎！能治其国家，谁敢侮之？”（《公孙丑上》）

正是基于这个理解，后世许多学者将兴和比喻连在一起，如孔安国就将“诗可以兴”之“兴”直接解释为“引譬连类”。

从上面的论证来看，孔子对兴的理解，既有欣赏者的视角，也有创作者的维度；既可理解为精神的感发、唤起，也能理解为一种艺术（诗歌）创作手法——譬喻。在孔子这里，兴义在演变过程中出现了一个拐点，这是在他之前从来没有出现过的一种含义。当然，这种含义在孔子那儿还是潜在的，还没有明确化。真正将兴的这种含义明确化，已经是在汉朝了，准确说是在东汉时期。关于这一明确化的过程，我将会在后面的章节中予以详细阐述。正是由于孔子本人对兴这种暧昧、含混的看法，使得后世对兴的解释和理解歧异纷出，并由此分出了两个大的解诗传统：解兴为譬喻这一思想，经过汉代经学家们的极力强调和鼓吹，形成了一个十分强大且影响深远的经学传统；解兴为感发、唤起的思想，经过道家哲学、魏晋玄学以及禅宗哲学的洗礼，尤其是经过艺术家们自身艺术实践经验的总结，形成了一个与经学传统既相对抗又相互补的诗学传统。正是这两个传统的相激相荡，产生了一部波澜壮阔的中华美学史。

总的来说，正如李泽厚、刘纲纪所说的："孔子提出'兴'这个总括的概念，播下了一颗有着极大发展可能性的种子，后世中国美学关于艺术特征的理论是从这颗种子逐渐生长起来的大树。"[①]后世关于兴的理论尽管有所增益，兴的内涵也逐渐丰富，但大方向上，几乎就是在孔子奠定的这两条传统的轨道上滑行。

二

按照习惯，我们将譬喻意义上的兴称为兴寄或比兴思想。这一思想对后世产生了很大的影响。我们认为这种影响具体表现在两个方面：一个是对艺术创作实践具有极大的指导意义；另一个是对中国人思维方式的塑造也起了很大的作用。就第一个方面而言，这种思想很早就渗透进了诗学，早在梁朝时期，刘勰在《文心雕龙》里就表达了这一思想：

> 观夫兴之托喻，婉而成章，称名也小，取类也大。关雎有别，故后妃方德；尸鸠贞一，故夫人象义。义取其贞，无疑于夷禽；德贵其别，不嫌于鸷鸟：明而未融，故发注而后见也。[②]

在这段话里，刘勰对比兴做了区分。兴虽然有托喻之意，但如果一方面喻

① 李泽厚、刘纲纪：《中国美学史》，第125页。
② 王利器校笺：《文心雕龙校证》，上海古籍出版社1980年版，第227页。

指的内涵要大于喻体的内涵（“称名也小，取类也大”），另一方面，喻指与喻体之间的关系要幽微隐秘，让人难以一下子窥探出其中的喻意（“明而未融，故发注而后见”）。这就是说，兴虽也为比喻，但喻意与比相比更为隐蔽。实际上正是刘勰对比兴做了这样的区分，后来孔颖达才能顺理成章地提出“比显而兴隐”的观点。事实上，赋比兴三者，在显或隐上的关系是存在着级差的。赋“叙物言情”，是直接陈述，作者要说的基本上是平铺直叙，不存在多少的技巧；比“索物托情”，就没有赋那么明确了，文句说的是“物”，至于作者要表达的“情”是什么就隐含在喻体中；到了兴体诗中，“他物”与“所咏之词”之间就更加似有似无、微妙迷离了。正是比兴的这种特征使得后世许多艺术家都对之情有独钟。明代李东阳在《怀麓堂诗话》中说：“所谓比兴者，皆托物寓情而为之者也。盖正言直述则易于穷尽而难以感发，惟有所寄托，形容摹写，反复讽咏，以俟人自得，言有尽而意无穷，则神爽飞动，手舞足蹈而不自觉，此诗之所以贵情思而轻事实也。”清人吴乔《围炉诗话》：“比兴是虚句、活句，赋是实句。有比兴则实句变为活句，无比兴则实句变死句。”“大抵文章实做则有尽，虚做则无穷。雅、颂是实做；风、骚则多比兴，是虚做。唐诗多宗风、骚，所以灵妙。”“宋诗率直，失比兴而赋犹存。”① 毛泽东也说：“诗要用形象思维，不能如散文那样直说，所以比、兴两法是不能不用的。”②

他们都认识到，与赋相比较，比兴能给诗歌带来更隽永、丰厚的意味。

除此之外，在上面的引文中，刘勰还认为，尽管比兴有别，但二者都指向批判和讽刺现实的目的（“讽兼比兴”“诗刺道丧，故兴义销亡”）。到了唐朝，文学家和文论家们对文艺的这种功能更加强调。如陈子昂，为了反对齐梁时期的淫靡文风，不遗余力地鼓吹文艺的兴寄功能。在《与东方左史虬修竹篇叙》中，陈子昂感叹齐梁间诗歌兴寄都绝：“文章道弊，五百年矣。汉魏风骨，晋宋莫传，然而文献有可征者。仆尝暇时观齐梁间诗，彩丽竞繁，而兴寄都绝，每以永叹。思古人，常恐逦迤颓靡，风雅不作，以耿耿也。”这里的“兴寄”实际上有思想、风骨的意思。陈子昂批判的就是齐梁诗文中缺乏思想，表现得逦迤颓靡，显得没有力量。到了白居易，兴寄被明确表述为有意识地对现实的批判

① 郭绍虞编选，富寿荪校点：《清诗话续编》，上海古籍出版社1983年版，第481页。
② 毛泽东：《给陈毅同志谈诗的一封信》，《毛泽东诗词选》，人民文学出版社1986年版，第167页。

和讽喻，并将兴寄功能当作衡量文艺价值高低的重要标准。带着这个标准，白居易对唐代诗歌在整体上发表了一通评论：

> 唐兴二百年，其间诗人不可胜数，诗之豪者，世称李、杜。李之作，才矣奇矣，人不逮矣；索其风雅比兴，十无一焉。杜诗最多，可传者千余首，至于贯穿古今，覙缕格律，尽工尽善，又过于李焉。然撮其佳章，亦不过十三四。杜尚如此，况不逮杜者乎？仆常痛诗道崩坏，忽忽愤发，或废食辍寝，不量才力，欲扶起之。①

白居易认为，唐朝二百年间，诗人不可胜数，但真正算得上"诗之豪者"也只有李白和杜甫两人。如果以兴寄为标准来衡量一下他们两人，李白的诗合格的连十分之一都不到，杜甫广为流传的千余首诗符合标准的也不过十三四首。李、杜尚且如此，其他诗人更可想而知了。平心而论，白居易是中国古代了不起的现实主义诗人，他的讽喻诗揭露了社会黑暗，引起了被批判者的不悦和怨恨。他说："凡闻仆《贺雨》诗，而众口籍籍，已谓非宜矣。闻仆《哭孔戡》诗，众面脉脉，尽不悦矣。闻《秦中吟》，则权豪贵近者相目而变色矣。闻《乐游园》寄足下诗，则执政柄者扼腕矣。闻《宿紫阁村》诗，则握军要者切齿矣。大率如此，不可遍举。"② 本来是委婉比喻的比兴，到了白居易这里变成了尖锐的批判，这种批判居然可以让"执政柄者扼腕""握军要者切齿"。可见其批判的力度。另一方面，他的诗歌反映了民间疾苦，深受底层老百姓喜爱，加上他"为君为民为物为事而作，不为文而作"的写作态度，以及他朴实无华、平易浅显的文风，使得他的诗歌在当时具有强大的社会影响力。据他自己说："自长安抵江西三四千里，凡乡校、佛寺、逆旅、行舟之中，往往有题仆诗者。士庶、僧徒、孀妇、处女之口，每每有咏仆诗者。"③ 其诗之受欢迎程度，由此可见一斑。其实这种要求艺术作品反映民间疾苦、揭露黑暗现实、批判当前政治的比兴思想，即使在当代，仍然回荡在中国的文艺界。

---

① 白居易：《白居易集》，中华书局 1979 年版，第 961—962 页。

②③ 白居易：《白居易集》，第 962 页。

三

比兴思想的意义并不仅仅局限在文艺创作这一领域，而是早已溢出了这一领域渗透到了中国人思维方式当中。也就是说，这种横向聚拢的类比方法一旦从诗歌的创作和欣赏中扩展开来，形成某种普遍性的言说方式和论证模式，比兴就成了一种固定的思维模式了，而不仅仅是一种诗歌技巧了。这种引譬连类式的认知模式和论证方式在先秦时期的诸子那里就表现得十分明显。前面已经说到，孔子是一个十分善于运用比喻来启发后学的教育家，他的教学方法大多时候是依靠类比推理来进行的。孔子所谓的“兴于诗”或“诗可以兴”的命题中实际上或多或少已经包含比喻的意思了。这大概就是孔子会语重心长地对儿子孔鲤说“不学诗，无以言”的真正原因了。因为《诗经》在很大程度上就是培养人的引譬连类的思维方式和推理方式，如果不学习《诗经》，思维就受不到训练，因此连在公共场合发言的能力都不具备。这就是说，在孔子这里，善取类已经成了衡量一个人理性成熟程度的基本标准。法国学者唐纳德·霍尔兹曼就认为，《诗经》在古代外交场合中折冲樽俎的过程中常常被当作重要的交际工具。被外交家们引用的诗句，尽管是从上下文语境中抽离出来的，并附以主观附会的解释，仍然可以恰如其分而不失礼节地表达自己的立场与观点。如果引用的诗句不恰当，就是一种失礼行为，从而会引起国与国之间的争端。①这就说明，在孔子眼里，《诗经》不仅仅是一部文学作品，在很大程度上更是一部训练类比思维的典范。通过它，学生们可以获得触类旁通式的领悟力和说服力。

不仅孔子十分推崇这种类比思维，先秦时期的其他思想家也都对这一思维方式情有独钟。尽管他们之间观点歧异，甚至针锋相对，但是他们在互相辩论时或者在证明自己的观点时所运用的推理方法却如出一辙，也就是说，他们在论辩或推理时所采用的方法无一例外都是类比推理。这方面的例子不胜枚举，只要翻开先秦诸子的书，就会看到大量的比喻。宋人陈骙在《文则》中将比喻分为十类，即直喻、隐喻、类喻、诘喻、对喻、博喻、简喻、详喻、引喻、虚喻。

① 转引自叶舒宪：《诗经的文化阐释》，陕西人民出版社 2005 年版，第 412 页。

他的分类烦琐，对各类比喻的解说显得简单而未得要领。不过，关于博喻，他讲得很好。陈骙说的博喻是指用多个喻体来比方同一个喻指。他举的例子有《尚书·说命上》里武丁对傅说讲的话："朝夕纳诲，以辅台德。若金，以汝作砺；若济巨川，用汝作舟楫；若岁大旱，用汝作霖雨。"又举《荀子·劝学》中的话："不道礼宪，以《诗》《书》为之，譬之犹以指测河也，以戈舂黍，以锥飡壶，不可以得之矣。"①刘勰在《文心雕龙·诸子》就说："韩非著博喻之富。"《韩非子·难言》篇中，韩非子为了论证"以至智说至圣，未必至而见受"，便一口气类举出一大串的事例来：

> 故文王说纣而纣囚之；翼侯炙；鬼侯腊，比干剖心；梅伯醢；夷吾束缚；而曹羁奔陈；伯里子道乞；传说转鬻；孙子膑脚于魏；吴起收泣于岸门，痛西河之为秦，卒枝解于楚；公叔痤言国器反为悖，公孙鞅奔秦；关龙逢斩；苌弘分胣；尹子罕于棘；司马子期死而浮于江；田明辜射；宓子贱、西门豹不斗而死人手；董安于死而陈于市；宰予不免于田常；范雎折协于魏。

据钱锺书的考证，博喻在《诗经》的《邶风·柏舟》和《小雅·斯干》等篇用得很好。宋人洪迈《容斋随笔》说："韩苏两公为文章，用譬喻处，重复连贯至有七八转者。"韩愈和苏轼的诗和散文对博喻的运用十分出色。②

除了博喻外，还有一种详喻。所谓"详喻"就是指在比喻中，本来喻体和喻指在比例上应该是差不多的，但是作者为了说服他人，便极力将喻体铺排开来，给人一种排山倒海般的压迫感。在先秦诸子中，详喻用的极为出色的是庄子。例如《逍遥游》以树之大而无用来比喻言之大而无用，对于喻体说得十分详细，但对于喻指却只是点到为止而已：

> 惠子谓庄子曰："吾有大树，人谓之樗。其大本拥肿而不中绳墨，其小枝卷曲而不中规矩。立之涂，匠者不顾。今子之言，大而无用，众所同去

① 陈骙著，刘明辉校点：《文则》，人民文学出版社 1962 年版，第 13 页。
② 钱锺书：《宋诗选注》，人民文学出版社 1982 年版，第 72—73 页。

也。”庄子曰：“子独不见狸狌乎？卑身而伏，以候敖者；东西跳梁，不辟高下；中于机辟，死于罔罟。今夫斄牛，其大若垂天之云。此能为大矣，而不能执鼠。今子有大树，患其无用，何不树之于无何有之乡，广莫之野，彷徨乎无为其侧，逍遥乎寝卧其下。不夭斤斧，物无害者，无所可用，安所困苦哉！”

本来，关于“有用”“无用”之辨才是庄子哲学要论证的核心命题，但是庄子不去正面论证这个命题，不借助逻辑推理来说服对方，而是通过打比方和讲故事的方法来说明，而且他还将喻体淋漓尽致地铺排开来，试图用这种不停地在喻体上腾挪的办法来转移对方的注意力从而使人信服。这种论证方法很少会正面与对手辩论，而是绕开主题，以一个和该主题在某些方面相似的、浅显的例子来获取对方的认同，对方一旦在这一点上达到认同，也就意味着他已经朝作者的观点这边靠拢了一小步；紧接着，作者会继续以同样的方法不断地抛出与主题在某些方面类似的例子，直到对方完全认同该主题为止。不太准确地说，这有点类似于催眠。

如果说在先秦时期，人们在运用类比思维时还不是十分自觉的话，那么到了汉朝时期，这种类比思维已经被明确地规定为写作论说的不二法则了。董仲舒构建的天人感应宏大理论体系就建基在这一思维模式之上。淮南王刘安主持编撰的《淮南子》是一部前所未有的百科全书式的著作，“上考之天，下揆之地，中通诸理”，把宇宙和人生的万事万物都统合为一个有机体，其所依赖的逻辑规则就是类比。《淮南子·要略》说：“已知大略而不知譬喻，则无以推明事。”① 这句话实际上可以看作孔子的“不知诗，无以言”的注脚。

这种思维方式从近代以来一直是被批判的对象，被认为是科学得以产生和发展的绊脚石，因为类比思维只能反映出事物与事物之间表面上的相近或相似，并不能找到事物的本质，因而只是一种主观性的虚假知识。侯外庐认为这种思维方式是一种“无故”“乱类”的恣意推论，是一种唯我论的比附的推理。他认为在类比这种方法里，“虽然貌似‘类比’（尤其孟子特别显著），而实则全然为一种‘无故’‘乱类’的恣意推论。荀子说思孟的思想‘僻违而无类’，此

① 刘文典：《淮南鸿烈集解》卷二十一，《新编诸子集成》，中华书局1989年版，第707页。

‘无类’二字，却足以概括思孟学派逻辑思想的特征。”[①]这种对类比思维进行批判所依据的标准是科学逻辑，或者更准确地说是亚里士多德开创的形式逻辑。在严密的形式逻辑的比照下，类比逻辑确实显得千疮百孔、漏洞百出，关于这一点，上述的批评是有一定道理的。

但也有一些学者，他们不是从认识求真的角度，而是从人生境界的角度去审视类比逻辑，认为在扩展人的精神层面和提升人的心灵境界方面具有不可比拟的优势。比如钱穆就曾说过：

> 诗尚比兴，多就眼前事物，比类而相通，感发而兴起。故学于诗，对天地间草木鸟兽之名能多熟识，此小言之也。若大言之，则俯仰之间，万物一体，鸢飞鱼跃，道无不在……孔子叫人多识鸟兽草木之名者，乃所以广大其心，导达其仁，诗教本于性情，不徒务于多识也。[②]

这就是说，通过“比类相通”的思维方式就可以“广大其心”，从而达到“万物一体”的人生境界。在古人看来，人达到最高境界时的显著特征在于“通”。所谓“通”就是在常人看来“无类”的事物，在圣人那里却是相通的，圣人的本领就在于在万事万物之间建立起联系，从而使得宇宙中的每一个事物都是整个处于动态平衡中的有机体当中的一分子。

对于这一点，张世英说得更为具体而明确。在《哲学导论》一书中，张世英受现象学，尤其是海德格尔哲学的影响，对中、西（主要是海德格尔以前的西方传统哲学）两种文化的总体精神做了宏观的概括。他认为，西方传统文化的终极目标是“同”，因此为了达到“同”而采用的方法是“纵向超越”，具体地说就是“想象”；而中国传统文化的终极目标是“通”，为了达到“通”而采用的方法是“横向超越”，具体地说就是“思维”。他说：

> 哲学史上，粗略地说，有两种追问的方式：一个是“主体—客体”结构的追问方式，一个是“人—世界”结构（“天人合一”）的追问方式，也可以

① 侯外庐等：《中国思想通史》第1卷，人民出版社1957年版，第399页。

② 钱穆：《论语新解》，巴蜀书社1985年版，第422页。

说，一个是以“主体—客体”结构为前提，一个是以“人—世界”结构（“天人合一”）为前提。[①]

“主体—客体”结构的追问方式，就是西方传统哲学所遵循的那种由感性存在向非时间性的、永恒的、理性概念方向的超越，这种超越就是张世英所谓的“纵向超越”。张世英认为，西方传统哲学，几乎都是主客二分思维模式下的产物，都是遵照以下纵深思维路线，即从个别到普遍，从差异到同一，从具体到抽象，从现象到本质，进而将这种抽离了差异性和个别性的抽象的概念当作事物的本来面目和最终本体，而这本体就是张世英所谓的“同”。

尼采、海德格尔以降，一些哲学家企图跳出传统的追问方式，不再遵照这种主客二分式的思维模式，而呼吁回到鲜活的、变动不居的现实世界。当然，他们并不是仅仅主张逗留于当前在场，而是同样要求超越当下；不过，他们所主张的超越当下并非如西方传统哲学那样，从此岸世界超越到彼岸世界，而是从当下超越到过去和未来，将当下、现在和未来聚拢、联通起来，从而使瞬间成为永恒。这样一种超越就是所谓的“横向超越”，而前面所讲的那种从此岸到彼岸的超越就是所谓的“纵向超越”。张世英先生还将这种“纵向超越”理论称为“有底论”，而把“横向超越”理论称为“无底论”。因为在他看来，事物根植于其中的未出场的东西是无穷无尽的，也就是说，每一个事物都是宇宙网络上的一个点，任何一个事物都与无数其他的点有着或远或近，或直接或间接，或有形或无形的联系，因此任何一个事物都埋藏于无穷无尽之中。“横向超越”所要达到的不同现实事物之间的相互融通的整体，在张世英看来就是“通”，如果用中国哲学中的话来说，就是所谓的“万物一体”。张世英认为，哲学的最高任务不只是“求同”，而是“求通”，也就是说要让各不相同的东西相互融合为一个有机的整体。

问题是，如何做到让宇宙中各不相同的万事万物都能融为一个有机整体呢？也就是说，如何在“不同”中求“通”呢？张世英认为要做到这一点需要的不是纵向上的逻辑推理，而是横向上的发散想象。所谓“想象”，就是“把不同的东西综合为一个整体的能力，具体地说，是把出场的东西和未出场的东西综

① 张世英：《哲学导论》，北京大学出版社2002年版，第26页。

合为一个整体的能力”[①]。无论从存在论还是从认识论上讲，宇宙万物无穷无尽的，我们都不可能让它们同时出场，但是我们可以从任何一个当前在场的事物出发，通过想象让无穷多未出场的事物与在场的事物一起综合为一个整体。如果用海德格尔的话来说，就是任何一个现实物都是天地神人的集合。尽管它只是显现为在场的东西，但是它却关联着无穷无尽的不在场事物，其意义蕴藏在未出场或不在场的事物当中。由于它所寓于其中的事物是不在场的或未出场的，因此可以说它的意义是隐蔽的。每一存在物的意义都隐蔽在无穷无尽的不在场物之中，而要领悟这隐蔽的意义靠的就是想象。

其实张先生这里的与逻辑思维相对立的想象思维就是我们前面所说的类比思维。因为类比思维的最显著的特征就在于它的横向性和平面性，类比思考其实就是一种根据相似性和关联性而起作用的“水平思考”（李敖语），它在本质上就是一种聚集和涌现。从认识论的角度看，这种思维因为太过随意且不注重结果的检验，因而具有太大的或然性，也难免会夹杂着诸多虚假的成分，从这个角度看，这种思维是违背科学精神的。如果从存在论的角度看，这种思维无疑会造就一颗可以随时感受鸢飞鱼跃的活泼敏感的心灵，正如钱穆先生所说的可以“广大其心”“导达其仁”。也正如张世英先生所指出的，一种只有建立在存在论基础上的认识论才是可能的，因而，兴作为引譬连类的思维方式只有基于一种更基本的生存方式才是可能的。没有一颗灵敏易感的“仁心”，没有一种“万物一体”的境界，要达到“比类而相通、感发而起兴”是不可能的。兴作为一种生存方式的更基础的内涵在经学传统中被掩盖了。

① 张世英:《哲学导论》，第 42 页。

从品人术语到文论范畴——“旷达”美学蕴涵之流衍

程景牧*

摘　要：作为审美范畴、品人术语，“旷达”产生于魏晋时期，催生于玄学与清谈，具有深厚的历史文化背景。“旷达”在唐代开始进入文学领域，并于唐末正式成为文论范畴，广泛运用于唐以后的历代文学批评之中，彰显出既深刻而又独特的文艺价值与学术理念。旷达的美学蕴涵在从品人术语到文论范畴演变的过程中得以拓展深化，愈发成为中国古典美学与文学理论中的一个重要范畴与概念，在史学、哲学、美学、文学等诸多文化领域中均具有强大的生命力与价值意义。

关键词：旷达　品人术语　文论范畴　美学蕴涵

“旷达”既是中国传统文化中的品人术语，也是中国古典美学及文学理论批评中的重要范畴、概念，具有深厚的美学蕴涵与学理价值。“旷达”这个词汇产生于魏晋之际，运用于南北朝美学与文论中，在唐代正式成为文论范畴，且在唐代以后的美学与文论中亦彰显出强大的生命力。探赜“旷达”从最初的品人术语到后来的文论范畴的发展历程与内在逻辑将有助于我们更深入地理解其美学内蕴，有利于我们对传统文化思维特质的体认，而对于当下的中国古典文学理论批评研究也具有一定的意义。然而，在近些年的研究中，对于“旷达”的美学蕴涵的探讨仅仅停留在美学层面，而忽略了“旷达”这一审美范畴形成与衍化的历史文化背景以及“旷达”在不同文化领域所展现出的美学特质与意

* 作者简介：程景牧，安徽凤阳人，中国人民大学国学院博士研究生，研究方向为魏晋南北朝文学批评与美学。

义价值。是以笔者有鉴于此，尝试做一番梳理与探讨。

一、旷达的美学蕴涵及生成因缘

《说文》：“旷，明也。”“达，行不相遇也。”《玉篇》：“旷，光明也。”《篇海》：“旷，久也，豁也。”《博雅》：“旷，远也。”《广雅·释诂》：“旷，达也，又久也。”“达，通也。”由以上训释可见，旷是指光明、久远，达是指通达、通畅，旷与达意义相通，可以互训。旷与达二字连用，构成旷达一词，即运用二者之引申义。要言之，旷达即指心境宽广、心胸豁达、通达事理，是对人的精神气质与处世风格的概括总结。旷达这个美学概念、品人术语出现于魏晋时期，是玄学清谈的产物。魏晋玄学名士雅好清谈，因而放旷高逸、豁达飘逸、蔑视礼法，乃有“旷达”之称。《世说新语》“雅量”“豪爽”“任诞”“简傲”等篇在某种程度上即对魏晋名士“旷达”的精神风貌与行事风格的书写。旷达作为审美理念是对魏晋风度的概括，作为品人术语则是对名士品行的评价。

就现存文献而言，旷达一词最早出现于西晋玄学家裴頠的《崇有论》中。裴頠《崇有论》是针对玄学的贵无论之弊端而创作的，而旷达即贵无思想的产物，自然成为崇有论批判的对象之一。《晋书·裴頠传》云：“頠深患时俗放荡，不尊儒术，何晏、阮籍素有高名于世，口谈浮虚，不遵礼法，尸禄耽宠，仕不事事；至王衍之徒，声誉太盛，位高势重，不以物务自婴，遂相放效，风教陵迟，乃著崇有之论以释其蔽。”① 魏晋之际，以何晏、王弼为代表的正始玄学祖述老庄，主张以无为本的贵无论，提倡“名教本于自然”之说，嗣后，以嵇康、阮籍为代表的竹林玄学，将正始玄学“名教本于自然”之说推向极端，将道家的自然无为与儒家的纲常名教对立起来，主张“越名教而任自然”，采取一种旷达不羁、率性而为、不拘礼俗的生活方式。这种思想主张虽然起到了思想解放的作用，但亦产生了十分消极的影响，导致魏晋名士大多“口谈浮虚，不遵礼法，尸禄耽宠，仕不事事”，这种旷达之风对社会的发展、国家的治理均极为不利。崇有论对嵇康、阮籍为代表的贵无论进行了激烈的批判，指出贵无论导致士人：“立言藉于虚无，谓之玄妙；处官不亲所司，谓之雅远；奉身散其廉操，谓之旷

---

① 房玄龄等：《晋书》卷三十五《裴頠传》，中华书局 1997 年版，第 683 页。

达。故砥砺之风，弥以陵迟。放者因斯，或悖吉凶之礼，而忽容止之表，渎弃长幼之序，混漫贵贱之级。其甚者至于裸裎，言笑忘宜，以不惜为弘，士行又亏矣。”①裴頠的批判可谓切中肯綮，值得注意的是，其对旷达下了定义：“奉身散其廉操。”这个定义的本质即指不拘礼俗、放旷不羁的言行方式。无独有偶，东晋干宝对贵无论者的旷达之风，亦大加贬斥，并将西晋亡国归咎于玄学清谈者。干宝《晋纪总论》指出：“风俗淫僻，耻尚失所，学者以庄老为宗，而黜六经，谈者以虚薄为辩，而贱名俭，行身者以放浊为通，而狭节信，进仕者以苟得为贵，而鄙居正，当官者以望空为高，而笑勤恪。是以目三公以萧杌之称，标上议以虚谈之名，刘颂屡言治道，傅咸每纠邪正，皆谓之俗吏。其倚杖虚旷，依阿无心者，皆名重海内。若夫文王日昃不暇食，仲山甫夙夜匪懈者，盖共嗤点以为灰尘，而相诟病矣。……礼法刑政，于此大坏，如室斯构而去其凿契，如水斯积而决其堤防，如火斯畜而离其薪燎也。国之将亡，本必先颠，其此之谓乎！故观阮籍之行，而觉礼教崩弛之所由。”李善注引干宝《晋纪》：“阮籍宏逸旷达，居丧不帅常检。”②此处与孙盛《魏氏春秋》相类。可见，阮籍等人旷达之风格为裴頠、干宝等有识之士所诟病，而且干宝更是点名批评以阮籍为代表的旷达之品行，指出这种品行正是名教废弛之缘由。

清人徐钒《南州草堂集·史话序》云：“余窃怪典午以来，清言流弊，蔑弃礼教，以旷达为高率。至士大夫转相效慕，诐辞畸行，诡随相向，遂至典型荡然。”③魏源在《书乡饮酒礼》一文中说：“吾尝谓阴司果有地狱，其必何晏、王弼辈居之。盖自旷达之说起，一时轻薄之徒争相趋效，而学士大夫又美之以文章风雅之目，而淑慎尔仪之君子，反诋为鄙吝，盖至是而酒之中于人心风俗甚矣。”④英雄所见略同！清代学者对玄学清谈导致的旷达行为之弊端有着清醒的认识。虽然旷达是裴頠、干宝以及徐钒、魏源等人批判的对象，但是却在一定程度上反映了当时士人的审美风尚、精神风貌与价值取向。要之，玄学的贵无论催生了旷达这一审美风尚与品鉴术语，汤用彤在《魏晋玄学论稿·言意之辨》中指出：

① 房玄龄等：《晋书》卷三十五《裴頠传》，第684页。

② 萧统编，李善等注：《六臣注文选》卷四九《史论》，中华书局2012年版，第932—933页。

③ 周兴陆：《世说新语汇校汇注汇评·评论资料选编》十七，凤凰出版社2007年版，第1723页。

④ 魏源：《皇朝经世文编》卷六十八《礼政》十五《正俗》上，岳麓书社2004年版，第705页。

> 言意之辨，不惟与玄理有关，而于名士之立身行事亦有影响。按玄者玄远。宅心玄远，则重神理而遗形骸。神形分殊本玄学之立足点。学贵自然，行尚放达，一切学行，无不由此演出。阮籍《答伏义书》有曰："徒寄形躯于斯域，何精神之可察。"形骸粗迹，神之所寄。精神象外，抗志尘表。由重神之心，而持寄形之理，言意之辨，遂亦合于立身之道。……魏晋士大夫心胸，务为高远，其行径虽各有不同，而忘筌之致，名士间实无区别也。概括论之，汉人朴茂，晋人超脱。①

按，言意之辨是玄学贵无论中的一维理论体系，也是玄学清谈的重要论题，汤先生以阮籍等人的事例点明了言意之辨对魏晋名士放达的立身行事风格之影响，即证明了玄学思想与旷达这一风范的内在关系。

正是玄学的贵无论导致了旷达这一处世风格的形成，是以旷达这一词汇在魏晋时期亦是主要用来品鉴人物的。如陈寿《三国志·阮籍传》："阮籍瑀子籍，才藻艳逸，而倜傥放荡，行己寡欲，以庄周为模则。"刘宋裴松之注引东晋孙盛《魏氏春秋》："（阮）籍旷达不羁，不拘礼俗。性至孝，居丧虽不率常检，而毁几至灭性。"② 孙盛以"旷达不羁，不拘礼俗"来评价阮籍是恰如其分的。又如《世说新语·言语第二》："竺法深在简文坐，刘尹问：'道人何以游朱门？'答曰：'君自见其朱门，贫道如游蓬户。'"刘孝标注引东晋竺法济《高逸沙门传》："法师居会稽，皇帝重其风德，遣使迎焉。法师暂出应命。司徒会稽王天性虚澹，与法师结殷勤之欢。师虽升履丹墀，出入朱邸，泯然旷达，不异蓬宇也。"③ 竺法济以"泯然旷达，不异蓬宇"来形容竺法深在得到简文帝礼遇之后的表现，彰显出一代高僧的高雅气质与豁达风貌。再如《世说新语·任诞第二十三》："阮浑长成，风气韵度似父，亦欲作达。步兵曰：'仲容已预之，卿不得复尔！'"刘孝标注引东晋戴逵《竹林七贤论》："籍之抑浑，盖以浑未识己之所以为达也。后咸兄子简，亦以旷达自居。"④ 阮简亦以旷达自居，展现出当时

① 汤用彤：《魏晋玄学论稿及其他》，北京大学出版社 2010 年版，第 29 页。

② 陈寿撰，裴松之注：《三国志》卷二十一《魏书》二十一，中华书局 1982 年版，第 604 页。

③ 刘义庆著，刘孝标注，余嘉锡笺疏：《世说新语笺疏》卷上之上，中华书局2011年版，第97页。

④ 《世说新语笺疏》卷下之上，第 634—635 页。

士人对旷达之美的崇尚。《任诞篇》又载：“张季鹰纵任不拘，时人号为‘江东步兵’。或谓之曰：‘卿乃可纵适一时，独不为身后名邪？’答曰：‘使我有身后名，不如实时一杯酒。’《文士传》曰：‘翰任性自适，无求当世，时人贵其旷达。’”①张翰像阮籍一样具有旷达的处世风格，而为当时人所推崇，当时社会的审美风尚由此可见一斑。

元人吴师道云：“仲长统述志诗，允谓奇作，其曰‘叛散五经，灭弃风雅’者，得罪于名教甚矣。盖已开魏晋旷达之习，玄虚之风，昌黎志辟异端，而汉三贤赞，统与焉，殆未之察也。”②吴师道指出汉末仲长统蔑视名教，业已开魏晋旷达之先河，并批评韩愈撰《汉三贤传》不应当将仲长统纳入三贤，由此可见，旷达之这一美学范畴、精神品格、行事风范肇始于汉末，而形成于魏晋，受玄学影响而最终形成，是以有“魏晋旷达”之称。

总的来说，旷达是中古士人内在的心理状态的感性体现；是非理性的存在；是一种超理性的生命感悟与人生态度促成的审美观照方式，是具有超功利性、主观普遍性的审美范畴；是在一定的社会历史文化发展过程中逐渐形成的美学概念，具有逻辑的必然性，因而是逻辑与历史的统一，具有一种超验的人格精神与诗性人生之美，因此也是一个历史文化范畴。

二、旷达作为品人术语在魏晋以后的运用

“旷达”不仅在魏晋时期被作为品人术语而运用，在魏晋以后的古代社会中依然为评鉴家所青睐。如北魏邢子良《与王昕王晖书》赞扬王昕之弟王晞云：“贤弟弥郎，意识深远，旷达不羁，简于造次，言必诣理，吟咏情性，往往丽绝。”③可见，邢子良对王晞的旷达之风极为赞赏。萧梁释宝唱《比丘尼传·建福寺慧湛尼传七》云：“慧湛，本姓彭，任城人也。神貌超远，精操殊特，渊情旷达，济物为务，恶衣蔬食，乐在其中。”④可见慧湛作为一代名尼，颇具旷达之性。姚思廉《梁书·张缵传》云：“（裴）子野性旷达，自云‘年出三十，不复诣

① 《世说新语笺疏》卷下之上，第639页。

② 丁福保辑：《历代诗话续编·吴礼部诗话》，第584页。

③ 李百药：《北齐书》卷三十一《王晞传》，中华书局1972年版，第417页。

④ 释宝唱著，王孺童校注：《比丘尼传校注》卷一《晋》，中华书局2006年版，第21页。

人’。”① 可以想见裴子野作为一代名士的旷达之风。初唐诗人卢照邻《咏史四首》其一对西汉朱云的评价是：“伟哉旷达士，知命固不忧。”独孤及《唐故特进太子少保郑国李公墓志铭》称赞墓主李遵云：“公聪朗奇伟，豪迈旷达。率性忠孝，临节有勇。”②可见，旷达之风为唐人所推崇。张籍在《祭退之》中称赞乃师韩愈云：“公有旷达识，生死为一纲。及当临终晨，意色亦不荒。赠我珍重言，傲然委衾裳。”言辞凄恻，较为中肯。唐代大诗人杜牧《润州二首》诗云：“大抵南朝皆旷达，可怜东晋最风流。”此二句中，旷达与风流互文，东晋南朝名士如王导、谢安、王羲之等人皆风流倜傥、旷达高逸，是以杜牧有此慨叹。

由于受到道学的影响，理性思维极为发达，宋人对旷达有着更深入的体认。王钦若等人在《册府元龟·总录部》“旷达”一类中列举了从先秦至唐五代的诸多人物及事例，并在序中说：“夫夷情得丧，忘怀荣辱；外傥荡以无检，中恬漠而自适；简易威仪，脱略富贵；抗心俗表，不屑物议；任放肆志，率诣不羁；穷厄靡动，其情哀乐，罔婴其虑：斯皆晏然自得，不以世务为累者已。其有望实既重，才位兼著，不以名德骄物，不以事任经怀，体宽裕以安异同，徇谭宴以赏胜会，亦有靡修小节，不求当世，事于文酒之适，极乎山泉之致，兹乃处闲旷，齐物我，一端之士也。其或不励风操，惟任纵诞，礼法之所见诮，名教之所不容者，盖亦无取焉。”③ 此序阐释了旷达的基本内涵，较为客观理性地评价了旷达之一人格风操，对积极向上的旷达品行予以肯定，但对“惟任纵诞”，有违礼法的旷达之举则持否定态度，由此足见宋人对旷达是有深刻体认的。宋祁、欧阳修等人编修的《新唐书·李华传》以旷达概括传主之品行：“（李）华少旷达，外若坦荡，内谨重，尚然许，每慕汲黯为人。”④ 苏轼在《苏州僧》一文中说：“近在苏州，有一僧旷达好饮，以醉死。将瞑，自作祭文云：‘唯灵生在阎浮提，不贪不妒，爱吃酒子，倒街卧路。想汝直待生兜率天，尔时方断得住。何以故？净土之中，无酒得沽。’”⑤ 苏轼以旷达概括苏州僧之性情，而观其自祭文，可以印证。叶适《朝奉黄公墓志铭》评黄仁静云：“天性旷达，不作疑吝；

① 姚思廉：《梁书》卷三十四《张缵传》，中华书局1973年版，第493页。

② 独孤及：《毘陵集校注》卷十一《墓志墓表》中，辽海出版社2006年版，第247页。

③ 王钦若等编纂，周勋初等人校订：《册府元龟》卷八五五《总录部》一百五，凤凰出版社2006年版，第9954页。

④ 宋祁、欧阳修：《新唐书》卷二百三《文艺传》下，中华书局1975年版，第5775页。

⑤ 苏轼撰，茅维编：《苏轼文集·佚文汇编》卷六《人物杂记》，中华书局1986年版，第2588页。

推己利人，不自封殖。”[①] 文天祥《刘定伯墓志铭》赞刘定伯云：“余东家诗人刘君定伯，类晋宋间旷达。”[②] 此皆为极高之赞誉。

金、元、明三代文人亦自觉地将旷达运用于人物品评之中。金人元好问在《三知己·李讲议汾》中对李汾的评价是：“旷达不羁，好以奇节自许。”[③] 元人吴存在《祭徐松巢》中赞叹友人徐松巢云：“呜呼！巢君人中之麟，文中之虎。金石击撞，云雾吞吐。万牛不能回其翰墨之锋，三峡不足供其清谈之麈。其萧散也，以风月为朋徒。其旷达也，以天地为逆旅。”[④] 在吴存看来，徐松巢颇具魏晋清谈家的旷达风度。郝经《饮酒》诗云“谢安旷达士，携妓游东山”，彰显出对一代名士谢安的无限推崇。明人常伦《杜工部》诗赞誉杜甫云：“少陵本旷达，神秀钟华峰。”李东阳《明故赠文林郎广东道监察御史石公墓表》赞扬石大器云：“公生而爽朗旷达，不事容饰。”[⑤] 张岱《西湖梦寻·明圣二湖》云：“即湖上四贤，余亦谓：‘乐天之旷达，固不若和靖之静深；邺侯之荒诞，自不若东坡之灵敏也。’”[⑥] 张岱认为白居易性情旷达，但不如林逋性情之静深。可见在其心中，静深之美胜过旷达。

清代学者既在评议人事时广泛运用旷达这个美学概念，又对旷达之美有新的体认。如章学诚《文史通义·质性》指出：“大约乐至沉酣，而惜光景，必转生悲；而忧患既深，知其无可如何，则反为旷达。屈原忧极，故有轻举远游餐霞饮瀣之赋；庄周乐至，故有后人不见天地之纯、古人大体之悲；此亦倚伏之至理也。”[⑦] 章氏用辩证的观点来看待旷达的生成机制，指出士人对忧患的无可奈何反而催生了旷达之气，并以屈原、庄子为例证，是颇具道理的。所谓物极必反，在忧患愈深，超过常人之承受能力之后，反而会促使遭遇忧患者看淡一切、沉淀下来，从而获得精神上的自由与心理上的慰藉，所以海德格尔认为自由是对必然性的认识。与前代一样，清人用旷达一词来品评人物，亦是以褒

① 叶适：《叶适集》卷十五《墓志铭》，中华书局2010年版，第284页。

② 曾枣庄、刘琳主编：《全宋文》第三百五十九册卷八三二一，上海辞书出版社、安徽教育出版社2006年版，第224页。

③ 姚奠中主编：《元好问全集》卷四十一，三晋出版社2015年版，第809页。

④ 李修生主编：《全元文》卷六一八，凤凰出版社1998年版，第130页。

⑤ 李东阳：《李东阳集·文后稿》卷十七《墓表》，岳麓书社2008年版，第1150页。

⑥ 张岱：《西湖梦寻》卷一《西湖总记》，中华书局2007年版，第121页。

⑦ 章学诚撰，叶瑛校注：《文史通义校注》卷四《内篇四》，中华书局1985年版，第419页。

扬为目的的。如戴名世《涛山先生诗序》评其外祖父涛山先生云："先生奇情旷达，与人交无畛域，或有不合，面斥之，事过则已，复欢如平常。"① 寥寥数语，即可见其人旷达之品性。王士禛《豹嵒唐公墓志铭》称唐公："先生襟情旷达。"② 刘熙载等人在《重修兴化县志》卷八《人物志》中评郑板桥云："燮生有奇才，性旷达，不拘小节，于民事则纤悉必周。"③ 当然，旷达在清人对人事的品评中亦有贬损之意，如黄倬《国朝学案小识跋》对清乾嘉以来的学风进行了严厉的鞭挞："夫天下有性学而后有纲常，有纲常而后人道不至于澌灭。自性学之不明于天下也，于是旷达之流以名教为虚设，以性命为空谈，以荡检逾闲为豁达，以秉礼守义为拘牵。遇有一二尊崇正道、讲求性理者，辄非之笑之，且大肆狂言以讥之。不斥为怪，即訾为迂；不鄙为愚，即目为矫。今夫圣贤之道，即人人当尽之道，亦即人人同具之道也。"④ 唐鉴服膺程朱理学，重视义理学派，撰《国朝学案小识》即意在阐扬程朱性理之学，然乾嘉学派以复兴汉学为旨归，与以程朱理学为代表的宋学分庭抗礼，并对宋学大加排斥，是以引发理学家唐鉴等人的不满，黄倬作为唐鉴的外甥自然大力批驳汉学，斥责当时汉学家们"旷达"的学风，以此推尊宋学。

总之，旷达作为品鉴术语、审美范畴、文化概念，活跃于魏晋以后的传统文化之中，大抵以正面色彩、褒扬意义为主，而以负面贬义为辅。由此足见，古人对旷达美学价值界定的大体倾向。当然，旷达不仅仅作为品人术语，亦作为文论范畴运用于古代文学批评。

三、旷达作为审美范畴在唐代文论中的发展

无论品人还是衡文，都是文人有意识地进行品鉴与审美活动，都是传统文化领域内的活动。旷达作为品人术语，是一种审美价值判断，本身即具有诗性之美，而文学即一种美学，文艺学即文艺美学，文学批评、文学评论也是审美

① 戴名世：《戴名世集》卷二，中华书局1986年版，第24页。

② 王士禛：《蚕尾续文集》卷十三《墓志铭》，齐鲁书社2007年版，第2180页。

③ 卞孝萱、卞岐编：《郑板桥全集》附录一《研究资料汇编·方志》，凤凰出版社2012年版，第32页。

④ 唐鉴：《国朝学案小识》，岳麓书社2010年版，第731页。

价值判断，是以，从终极目标与内在本质上来说，品人与衡文是具有内在相通性与一致性的，都是在同一种文化场域内的品鉴活动。正因为这种共通性，旷达从品人术语平移到文论范畴即顺理成章、自然而然之事。从品人术语扩展为文论范畴，旷达的内容发生了革命性的变化，即从主体精神的自觉走向主体精神的超越。从起初的仅仅在清谈品鉴之中流行，而逐渐超越品人的局限，进入文艺理论领域，彰显出超越主体的自由意志。

旷达一词开始进入文学批评领域并正式成为一维重要的文论范畴是在唐代。唐代诗歌之发展处于古代诗歌发展史上的巅峰时期，诗歌的发达自然推动了诗歌理论的发展。虽然唐代诗学远不及诗歌发展兴盛，但是在诗歌美学风格、范畴的探索方面，还是取得了一定的成就。此外，唐代古文运动的发展也推动了散文创作的兴盛，古文理论也有一定的发展。旷达这一文论范畴的美学蕴涵即在唐代文学批评中发掘出来。李华《元鲁山墓碣铭并序》评元德秀文章云：“所著文章，根元极则《道演》，寄情性则《于蒍于》，思善人则《礼咏》，多能而深则《广吴公子观乐》，旷达而妙则《现题》，穷于性命则《蹇士赋》，可谓与古同辙，自为名家者也。”[①]李华以旷达界定元德秀《现题》一文，可以称得上是首次将旷达运用于文论。中唐诗僧皎然在《诗式·辨体有一十九字》中总结了诗歌的十九种美学风格，其中一类即“达”，自注云：“心迹旷诞曰达。”[②]虽然未明确提出“旷达”，但“旷诞曰达”，业已是旷达之雏形。嗣后，晚唐诗论家司空图在《二十四诗品》中将“旷达”列为二十四类诗歌美学范畴中的一品，并用四言诗进行诠释，诗云：

> 生者百岁，相去几何。欢乐苦短，忧愁实多。何如尊酒，日往烟萝。花覆茅檐，疏雨相过。倒酒既尽，杖藜行歌。孰不有古，南山峨峨。[③]

司空图对“旷达”这一诗歌美学范畴内在蕴涵有着深刻的体认，具有历史的厚度与时空的广度。这首四言诠释诗糅合了《古诗十九首》的意悲而远，魏武帝曹操《短歌行》的慷慨悲壮以及陶渊明《饮酒》诗的豁达自然、隐逸情怀，同时

① 董诰等编：《全唐文》卷三百二十，中华书局 1983 年版，第 3248 页。
② 何文焕：《历代诗话》上《诗式》，中华书局 1981 年版，第 36 页。
③ 《历代诗话》上《二十四诗品》，第 44 页。

又兼具白居易《达哉乐天行》的丰神情韵。可谓得汉魏之风骨、魏晋之情趣，是中古社会文化思想与审美蕴涵的结晶。可以看出，司空图对“旷达”的体悟主要渊源于魏晋诗歌之美。司空图近承皎然、白居易，远绍魏晋，从而总结出“旷达”这一诗歌美学范畴。这亦体现出司空图本人的思想志趣与审美心态。按《旧唐书·司空图传》载：

> 图有先人别墅在中条山之王官谷，泉石林亭，颇称幽栖之趣。自考盘高卧，日与名僧高士游咏其中。晚年为文，尤事放达，尝拟白居易《醉吟传》为《休休亭记》曰：……休，休也，美也，既休而具美存焉。……尚虑多难不能自信，既而昼寝，遇二僧谓予曰：“吾尝为汝师。汝昔矫于道，锐而不固，为利欲之所拘，幸悟而悔，将复从我于是溪耳。且汝虽退，亦尝为匪人之所嫉，宜耐辱自警，庶保其终始，与靖节、醉吟第其品级于千载之下，复何求哉！”因为耐辱居士歌，题于东北楹曰：“咄咄，休休休，莫莫莫，伎俩虽多性灵恶，赖是长教闲处着。休休休，莫莫莫，一局棋，一炉药，天意时情可料度。白日偏催快活人，黄金难买堪骑鹤。若曰：‘尔何能？’答云：‘耐辱莫。’”其诡激啸傲，多此类也。图既脱柳璨之祸还山，乃预为寿藏终制。故人来者，引之圹中，赋诗对酌，人或难色，图规之曰：“达人大观，幽显一致，非止暂游此中。公何不广哉！”①

可见司空图晚年与名僧高士交游，行文放达，仿效白居易《醉吟传》而作《休休亭记》，反映了其对“美”的自觉向往与执着追求；其以陶渊明、白居易为精神楷模，喜好赋诗酌酒，并劝友人达观，心胸广大，可见，其晚年为真旷达之人，因此他提出“旷达”这一美学范畴是自然而然之事。陶渊明之旷达自不必赘言，而白居易亦是追寻陶渊明之精神情志而成为旷达之士。如《旧唐书·白居易传》称居易：“效陶潜五柳先生传，作《醉吟先生传》以自况。文章旷达，皆此类也。”② 是以，宋人在论述司空图时秉承于《旧唐书》，然易“放达”为“旷达”，更直接地点明了司空图的旷达之风，如《册府元龟·总录部》文章五云：

---

① 《旧唐书》卷一百九十下《文苑传下》，中华书局1975年版，第5083—5084页。

② 《旧唐书》卷一百六十六《白居易传》，第4355页。

“司空图，僖宗时，为中书舍人，未几以疾辞。晚年为文，尤事旷达。常拟白居易《醉吟传》为《休休亭记》。”[①] 后世文人皆仰慕司空图之旷达，如清人阎镇珩《黄君寿圹铭序》云：“今岁都转从孙小鲁观察自鄂来书，言黄君年七十晋三矣，精强不衰，慕唐司空表圣之旷达，放其迹为生圹。”[②] 序中指出黄都转从孙黄小鲁在书信中称其祖父仰慕并仿效司空图之旷达。可见，司空图本人之风操与《二十四诗品》之“旷达”深入人心。司空图将旷达作为一品诗歌美学风格单独列出，具有体式化的意义，使得旷达正式成为古代文论的一个审美范畴，可谓厥功甚伟！

要言之，旷达在唐代进入文论领域，成为文论范畴，经过《二十四诗品》的书写而具备体式化意义，其美学意蕴在古代文论中得以发展流衍，同时也拓展了旷达的美学价值与意蕴，使其在唐以后的文论中被大量采用。唐以后的各代文人均在评诗论文时或自觉或不自觉地运用旷达这一审美范畴，提高了文化格调、深化了文学意境。是以，唐代是旷达从品人术语发展到文论范畴的开始阶段也是过渡阶段。

四、旷达作为审美范畴在唐以后文论中之流衍

“旷达”虽然在唐代正式成为文论范畴并被赋予体式化意义，但在文学批评之中并未被广泛运用，而自唐以后，宋元明清各代文人皆好于文学批评中运用“旷达”这一美学范畴，以此阐释自己的文艺美学理念，是以旷达的文艺美学蕴涵主要在唐以后得到发展深化。

“旷达”首先活跃于宋人的诗评中，彰显出极强的生命力。北宋吴处厚《青箱杂记》卷七云：“白居易赋性旷达，其诗曰：‘无时日月长，不羁天地阔’，此旷达者之词也。孟东野赋性褊狭，其诗曰：‘出门即有碍，谁谓天地宽？’此褊狭者之词也。然则天地又何尝碍郊，盖郊自碍耳。”[③] 此条诗论通过对比白居易与孟郊的性格及诗风格调，以此突出白居易之旷达、孟郊之褊狭。南宋江西诗派陈师道在《后山诗话》中说：“孟嘉落帽，前世以为胜绝。子美《九日》诗云：

---

① 《册府元龟》卷八四一《总录部》九十一，第 9771 页。

② 阎镇珩：《北岳山房诗文集 · 文集》卷十四《圹铭》，岳麓书社 2009 年版，第 217 页。

③ 程毅中主编：《宋人诗话外编 · 青箱杂记》，中华书局 2017 年版，第 162 页。

‘羞将短发还吹帽，笑倩傍人为正冠。’其文雅旷达，不减昔人。故谓诗非力学可致，正须胸肚中泄尔。”[①]按，江西诗派祖述杜甫，虽学杜甫，但亦认为杜甫可望而不可即，是以陈师道在称赞杜诗旷达之同时亦指出诗乃出于胸臆之自然抒发，非力学可致。真德秀《跋黄瀛甫拟陶诗》评陶渊明诗云：“虽其遗宠辱，一得丧，真有旷达之风，细玩其词，时亦悲凉感慨，非无意世事者。”[②]此处即点明陶渊明之诗意旷达为特质，而内在蕴藏着悲慨，旷达与悲慨对立统一于陶诗之中。罗大经尤好以旷达赞扬白居易诗，如《鹤林玉露》“以学为诗”条云：“如白乐天之诗，旷达闲适，意轻轩冕，孰不信之？”[③]“乐天对酒诗”条评白居易《对酒诗》云：“自诗家言之，可谓流丽旷达，词旨俱美矣。”[④]可见罗大经十分推崇白诗旷达之美。吴子良《石屏诗后集序》评价石屏晚年诗歌云：“行年七十七矣，焚香观化，付断简于埃尘，隐几闭关，等一楼于宇宙，离群绝侣，对独影为宾朋，而时发于诗，旷达而益工，不劳思而弥中的。然则诗固自性情发，石屏所造诣有在言语之外者，非世俗所能测也。”[⑤]吴氏指出石屏晚年诗歌之成就在于言语之外，即言外之意、象外之象，此处用旷达概括其诗风，即着眼于诗歌之意境与内在蕴藉。刘克庄《林子显诗序》云：“余敬其人，得其诗若干首，皆五言也，无郊、岛之艰深，而有元、白之旷达。”[⑥]刘氏以元稹、白居易诗风之旷达以喻林子显之五言诗，可谓评价甚高。刘克庄《跋赵公纲摘稿》评尤溪二赵文章云：“其言旷达而切情，闲淡而诣理，纵不逾矩者也，戏不为虐者也。”[⑦]可见刘氏以旷达赞二赵文辞的情调意境之美。

要之，从北宋到南宋，旷达愈发得到文论家之重视，被广泛运用于诗论之中，成为诗论中必不可少的审美范畴，而在文评中较少运用，在词评中更是鲜有涉及。旷达在宋人文论中之运用，将品人与衡文有机地结合，对于诗文意境的阐发、思想格调的理解、古今诗风的比较均大有裨益。元人亦有以旷达论诗文者，如王恽《送东崖学士总尹建昌军》诗云：“颜笔谢诗增旷达，铜陵碧涧

① 《历代诗话》上《后山诗话》，第 302 页。

② 《宋代序跋全编》卷一七六《题跋》八十，第 5021 页。

③ 罗大经：《鹤林玉露》卷三《乙编》，中华书局 1983 年版，第 163 页。

④ 《鹤林玉露》卷三《丙编》，第 287 页。

⑤ 《宋代序跋全编》卷五六《书（篇）序》五六，第 1521 页。

⑥ 《宋代序跋全编》卷五四《书（篇）序》五四，第 1458 页。

⑦ 《宋代序跋全编》卷一八一《题跋》八十，第 5151 页。

梦跻攀。”此处即以旷达概括颜延之文章与谢灵运诗歌之风格。但总的来说，旷达一词罕见于元人的文论之中，这与元代整体文化精神的没落与文论发展的式微有着巨大关系。旷达在明代文论中主要用于诗论与词论之中，亦别具特色。

朱升《风林类选小诗》选录自汉魏至晚唐的五言绝句，并效法方回《瀛奎律髓》分类思想，将所选诗歌共分 38 体，而“旷达”即为一体，可见朱升创造性地继承了司空图《二十四诗品》的美学思想，不仅将旷达作为一维重要的诗歌美学范畴，而且将其作为一种诗体，如此即推动了旷达在明清两代文论的运用，拓展了旷达的文艺美学价值。“后七子”之一的谢榛在《四溟诗话》中说：“(宗)诚轩《炙背》诗曰：‘昨夜清霜重，晴檐炙背初。宁言工我赋，兼得课儿书。钟鼎形骸外，溪山梦寐余。角巾庭际影，坐惜鬓毛疏。’俨然写一负暄障子。老成之语，旷达之气，此造少陵之渐也。”[①]谢榛称赞宗诚轩《炙背》诗旷达之气直逼杜甫，可见其对杜诗旷达之风的推崇。唐宋派茅坤在《唐宋八大家文钞》卷十七中说：“子厚最失意时最得意书，可与太史公《与任安书》相参，而气似呜咽萧飒矣。予览苏子瞻安置海外时诗文及复故人书，殊自旷达，盖由子瞻晚年深悟禅宗，故独超脱，较子厚相隔数倍。”[②]茅坤在文中比较了柳宗元与苏轼文风之差异，强调柳文之失意处与司马迁《报任安书》相类，而与苏轼落魄时之诗文旷达之风貌相去甚远，并指出其中缘由在于苏轼晚年因参禅而超脱。竟陵派钟惺在《古诗归》中评陶渊明诗云：“陶公山水朋友诗文之乐，即从田园耕凿中一段忧勤讨出，不别作一副旷达之语，所以为真旷达也。”[③]此处辩证地指出陶诗正是因为自然平淡，不强作旷达之风，反而形成真旷达之美，可见钟惺对旷达之美的本质有深刻的体悟。以上诸家诗论运用旷达或阐释诗境，或推断诗人个性，或对诗人风格进行比较分析，皆彰显出旷达的作用与生命力。而旷达在词论中也是大抵如此。

张綖好以旷达评苏轼词，如其《草堂诗余后集别录》云：“东坡《南乡子》

① 《四溟诗话》卷四，《历代诗话续编》，第 1216 页。

② 柳宗元撰，尹占华、韩文奇校注：《柳宗元集校注》卷三十《书 · 寄许京兆孟容书》，中华书局 2013 年版，第 1969 页。

③ 北京大学、北京师范大学中文系编：《陶渊明资料汇编》四《明代》钟惺、谭元春《古诗归十则》，中华书局 1962 年版，第 170 页。

‘霜降水痕收’和《西江月》‘点点楼前细雨’：《南乡子》尾句‘休休，明日黄花蝶也愁’，翻案郑谷诗句，而意殊衰飒。《西江月》尾句‘酒阑不必看茱萸，俯仰人间今古’，翻案老杜诗句，则意度旷达，超越千古矣。”① 此条通过对比指出，东坡词《南乡子》尾句承袭郑谷诗句，是以“意殊衰飒”，而《西江月》尾句源于杜甫诗句，是以意度旷达，可见张綖对杜诗旷达之风极为推崇。《别录》又云：“东坡《念奴娇》‘大江东去’：赤壁周、曹之战，千古英雄遗迹也。坡翁既作赋以吊曹公，复作此词以吊周瑜。《赋》后云‘自其变者而观之，则天地曾不能一瞬；自其不变者而观之，则物与我皆无尽也’，及此词结句‘人生如梦，一樽还酹江月’，其旷达之怀，直吞赤壁于胸中，不知区区周、曹为何物，不如是，何以为雄视千古乎？”② 此条兼评苏轼《念奴娇·赤壁怀古》与《赤壁赋》，指出苏词及赋具有旷达之襟怀，是以雄视千古，揭示了苏文的境界之高与美学价值之大。汤显祖评《花间集》卷一云：“一起一结，直写旷达之思。与郭璞《游仙》、阮籍《咏怀》，将无同调。”③ 卓人月《古今词统》云：“朱希真《浪淘沙》‘风约雨横江’：真伤心人，作假旷达语。”④ 可见明人在词论中对旷达之运用也是得心应手，借助阐释旷达的美学蕴涵而将词论与诗论结合起来，形成诗词互证之特色，这是明代超越宋代文论的一个方面。

要之，明代文论中的“旷达”，与前代一样，都是用来对诗歌美学蕴涵的探赜，当然宋明两代也各有特色。大抵宋人偏重论诗，明人诗词兼重。明代七子派、唐宋派、竟陵派等主要的诗文流派皆运用旷达以评诗，可见，旷达的美学蕴涵符合各派的审美理念，具有强大的生命力。清人也继承了前人的优秀传统，在文论中更为广泛地运用旷达，赋予了旷达更加强大的文艺生命力。

叶燮《南游集序》云：“余历观古今数千百年来所传之诗与文，与其人未有不同出于一者，得其一，即可以知其二矣。即以诗论，观李青莲之诗，而其人之胸怀旷达、出尘之概，不爽如是也；观杜少陵之诗，而其人之忠爱悲悯、一饭不忘，不爽如是也；其他巨者，如韩退之、欧阳永叔、苏子瞻诸人，无不文如其

① 邓子勉：《明词话全编·张綖词话》，凤凰出版社 2012 年版，第 1106 页。

② 《明词话全编·张綖词话》，第 1107 页。

③ 赵崇祚编，杨景龙校注：《花间集校注》卷二《韦庄》，中华书局 2014 年版，第 342 页。

④ 《明词话全编·古今词统》，第 4334 页。

诗，诗如其文，诗与文如其人。盖是其人，斯能为其言；为其言，斯能有其品。人品之差等不同，而诗文之差等即在可握券取也。”①（《已畦集》卷八）作为大诗论家，叶燮善于从诗之本原出发来探讨诗歌之美学蕴涵，在这篇序中他通过列举李白诗歌旷达之风与其人格精神相一致来证明诗文如其人，诗与人合一，人品决定诗品，这种观念显然是儒家正统的思想理念在文艺理论中的反映。格调派沈德潜《古诗源》云：“晋人诗旷达者征引老、庄，繁缛者征引班、扬，而陶公专用《论语》。”②沈氏点明了晋诗旷达之风形成的原因是征引老庄玄学所致。纪昀《玉溪生诗说》卷上评李商隐《览古》诗云：“首二句浅率，中四句庸下。且既以警戒意入，又以旷达语收。首尾衡决，全无诗法。”③纪昀在此虽用旷达评李诗，但却用意在贬，可见旷达也不尽是优点，关键在于如何运用。阮元在《定香亭笔谈》中评黄宗羲《不寐》诗云：“语极旷达，盖无意求工，而诗愈工也。”④此处即指出旷达的风发展到极致而使诗歌自然工整。经学家郝懿行在《颜氏家训斠记》中指出：“陶渊明自作《挽歌》，乃愈见其旷达，然故是变格尔。”⑤此处指出陶渊明《挽歌》虽有旷达之风，但属于变格，可见陶诗不拘一格，灵活善变的特色。方东树在《昭昧詹言》中评价韩愈诗歌云：“韩公诗，文体多，而造境造言，精神兀傲，气韵沉酣，笔势驰骤，波澜老成，意象旷达，句字奇警，独步千古，与元气侔。”⑥作为桐城派文人，方东树极为推崇杜、韩诗歌，此处称赞韩愈诗歌“意象旷达”，也彰显出桐城派诗学主张。魏源《诗比兴笺》评李贺《相劝酒》诗云：“忧时之语，托之旷达，殆亦元和末年所作。时天下虽治，君臣渐侈，故隐然忧之。”⑦此处阐明了李诗旷达背后的隐忧心态。方玉润《诗经原始》评《国风・蟋蟀》云：“此真唐风也。其人素本勤俭，强作旷达，而又不敢过放其怀，恐耽逸乐，致荒本业。”⑧评《小雅・无将大车》云：“此诗人感时伤乱，搔首茫茫，百忧并集，既又知其徒忧无益，祇以自病，故作此旷

---

① 洪本健：《欧阳修资料汇编》四《清代・叶燮》，中华书局 1995 年版，第 693 页。

② 沈德潜选：《古诗源》卷九《晋诗・陶潜・饮酒》，中华书局 1963 年版，第 204 页。

③ 刘学锴、余恕诚、黄世中：《李商隐资料汇编》五《清代》，中华书局 2001 年版，第 650 页。

④ 钱仲联主编：《清诗纪事・明遗民卷》，凤凰出版社 2004 年版，第 72 页。

⑤ 颜之推撰，郝懿行斠记：《颜氏家训斠记》卷四《文章第九》，齐鲁书社 2010 年版，第 5165 页。

⑥ 方东树著，汪绍楹点校：《昭昧詹言》卷九《韩公》，人民文学出版社 1961 年版，第 219 页。

⑦ 魏源：《诗比兴笺》卷四《李贺诗笺・长吉七言古诗》，岳麓书社 2004 年版，第 608 页。

⑧ 方玉润：《诗经原始》卷六《国风六・唐》，第 252 页。

达，聊以自遣之词。亦极无聊时也。”① 方玉润以旷达解《诗经》中之名篇，可谓经学与文学、心理学之合璧，道毛诗郑笺、孔颖达、马瑞辰、陈奂所不能道。刘熙载《艺概 · 诗概》云：“《古诗十九首》，与苏、李同一悲慨。然古诗兼有豪放旷达之意，与苏、李之一于委曲含蓄，有阳舒、阴惨之不同。知人论世者自能得诸言外，固不必如钟嵘诗品谓‘古诗出于国风，李陵出于楚辞’也。”② 刘氏认为《古诗十九首》有旷达之风，与苏、李诗不同，并进而指出钟嵘《诗品》所谓的古诗、苏诗、李诗之渊源论不足为据，可见《艺概》颇具创见。刘熙载又在《赋概》中说：“赋有以所纪之事实重者，如王无功《游北山赋》，似不过写其闲适旷达之意，然叙文中子一段抽出之，足为文献之征，乃赋中有关系处也。”③ 此处点明王无功《游北山赋》既要以旷达看待，又不能囿于旷达，具有辩证思想。常州词派后劲陈廷焯《骚坛精选录》评南朝文宗沈约诗云：“《长歌行二首》《长歌》二首，择言高雅，的的名作。于前人中颇近陆士衡。……末作旷达语亦佳。”④ 又评吴均《边城将三首》其三云：“双（脱一“关”字）起，妙在不乏风骨。句奇语重。结亦作旷达语。”⑤ 在《白雨斋词话》中评元人刘因《木兰花 · 未开常探花开未》一词云：“疏狂风雅之至。真旷达之语，即‘人生行乐耳’之意，而语却婉委。”⑥ 由以上三例可见，提倡沈郁之美的陈廷焯亦对旷达之美有着深刻的体认。

要之，旷达主要运用于清代诗评中，用于阐释诗歌风格，鉴赏诗歌意境之美，但其于词评与文评仅仅是偶尔涉及。是以，旷达在清代与宋代中的运用情形较为相近，而与明代差别较大，这也反映出词在古代文坛中地位的低下，而文章的旷达之风不太为学者所重。值得注意的是乾嘉学派中的学者亦运用旷达评诗，使得旷达在清代诗论中的运用也呈现出一定的朴学特色，而清代的格调派、桐城派、常州词派等诗文流派皆用旷达评诗，亦可看出旷达的美学蕴涵具有主观普遍性的意义与价值。

---

① 方玉润：《诗经原始》卷十一《小雅三 · 北山之什》，第 426 页。

② 刘熙载撰，袁津琥校注：《艺概》卷二《诗概》，中华书局 2009 年版，第 240 页。

③ 《艺概》卷三《赋概》，第 476 页。

④ 陈廷焯：《白雨斋诗话》上编《骚坛精选录》批语辑录，凤凰出版社 2014 年版，第 24 页。

⑤ 《白雨斋诗话》上编《骚坛精选录》批语辑录，第 31 页。

⑥ 陈廷焯撰，孙克强主编：《白雨斋词话全编 · 云韶集辑评》卷一一《元词》，中华书局2013年版，第 259 页。

结　语

黑格尔说美是绝对理念的感性显现，是以旷达之美即中古名士内心思想理念的感性显现、外化彰显，是中古名士返璞归真、追求内在之我，与天地万物融为一体从而获得心灵的安顿畅快的诗性之美。魏晋时期的玄学清谈催生了“旷达”这一美学范畴与品人术语，嵇康、阮籍用自己的实际行动践行了旷达的处世态度与精神人格。旷达在唐代进入文艺领域，经过皎然《诗式》、司空图《二十四诗品》的演绎，获得了深厚的文艺美学蕴涵，正式由品人术语演变为文论范畴，并具备了体式化的意义。品人与衡文在本质上都是对旷达美学蕴涵的运用，都是在传统文化场域中进行的话语阐释行为，二者具有天然的共通性，因此作为中国古典美学及文学批评中的一个重要范畴、概念，旷达在宋、明、清三代的文论，尤其是诗论中得到广泛运用，一方面拓展深化了自身的美学蕴涵与文艺价值，另一方面反映出各个时代的学术文化风貌与文学发展态势。因而旷达的美学蕴涵不仅仅局限于本身，更在于将其置于各种文化领域内而进行的阐释，其在史学、哲学、美学、文学、文学批评之中皆具有深厚的美学蕴涵，而其之诗学价值更值得学界去关注。

审美文化

儒学修身之艺术特色

白宗让*

摘　要：与世界各大文明相比，中国儒学对艺术的重视可谓独树一帜。艺术诉诸情感，儒学核心价值“仁”扎根于情感，并从情感出发建构了道德伦理。《论语·泰伯》之“兴于诗，立于礼，成于乐”通过艺术描述了一个完整的修身过程，诗礼乐三重和弦奏鸣着艺术化修身的交响乐。原始儒学“道艺互生、美善合一”的优越性体现于本体认知、寓教于乐、整全特性。儒学最早建立了艺术本体论。“艺化”能够防止“异化”，对当代人类之幸福生活有重要意义。

关键词：儒学　修身　艺术

世界各大文明传统无不注重人的全面修养，并且发展出了多种多样的修身方法，比如古希腊哲学的反思、基督教的忏悔与神启、佛教的戒律，等等。相比之下，中国儒学提供的修身路径富有艺术性，是独树一帜的。《周礼·天官冢宰·太宰》“以九两系邦国之民”其四曰“儒以道得民”，此“道”就是教育民众之道。《周礼·地官司徒·保氏》曰：“保氏掌谏王恶，而养国子以道。乃教之六艺，一曰五礼，二曰六乐，三曰五射，四曰五驭，五曰六书，六曰九数。”保氏为教育国子之官，所教之“道”即“六艺”，其中即有礼乐。孔子将儒学的“小六艺”发展为“大六艺”，即《易》《书》《诗》《礼》《乐》《春秋》，其中《诗》《礼》《乐》三者皆是艺术性科目。

* 作者简介：白宗让（1973—　），男，汉族，北京大学高等人文研究院博士，研究方向为中国哲学、比较哲学。

一、道始于情

儒学通过艺术来修身，艺术又诉诸情感。《礼记·中庸》开篇曰“天命之谓性，率性之谓道，修道之谓教”，指明了儒学修身之路径为顺从人的天性，随后又将此“性”落实于“喜怒哀乐”之“未发”与“已发”之“情”来讲，不仅完全没有西方哲学中理性与情感之二元对立，而且充分肯定了情感在哲学教育中的核心地位。柏拉图在《理想国》中描绘了诗人与哲学家之争，诗人被逐出理想国后，哲学理性就与感性分途。当然，西方哲学家也有少数重视情感的说法，比如黑格尔曾说：“普遍的和理性的东西必须和一种具体的感性现象融为一体才行。”①舍勒也说，情感生命不是喑哑盲目的，“个体的情感生命，其实是自然的启示和征兆的一个非常微妙的体系，个体正是在其中呈露自身”，“情感能够拥有某种寓于情感体验本身之中的意义”。②

儒学之核心价值“仁”是一种扎根于情感的德性。《论语·阳货》宰我质疑三年之丧太久，子曰：“予之不仁也！子生三年，然后免于父母之怀。夫三年之丧，天下之通丧也，予也有三年之爱于其父母乎！”孔子通过“将心比心”来理解“仁”，儒学其他一些重要价值如“礼”“忠恕”“直”等也是通过这种方式来阐明的，而不是枯燥的教条。儒学不压制人性的欲望，而是要将这种欲望转化到正道上来。《论语·子罕》与《论语·卫灵公》都记录了孔子的一句话：“吾未见好德如好色者也。”“好色”是天性，两性之间的互相吸引是人类最为强烈的情感，用“好色”来要求对“好德”的渴慕，才是真正的“孔颜之乐”，此与孟子“可欲之谓善”(《孟子·尽心下》)、“理义之悦我心”(《孟子·告子上》)的说法一样都体现了儒学“寓教于乐”的本质。《礼记·大学》以“如好好色”来说明“诚意”，《毛诗序》解读《关雎》为“发乎情，止乎礼义”，上博简《孔子诗论》评《关雎》为“好，反纳于礼”。历来的解读都强调了合礼的一面，但对作为前提的“发乎情”与“好”理解得不够，以至于将儒学阐释成了枯燥的教条。郭店楚简《性自命出》“道始于情”的说法更加证明了儒学立基于情感之特质。

① 黑格尔著，朱光潜译：《美学》第一卷，商务印书馆 1976 年版，第 14 页。

② 舍勒：《受苦的意义》，舍勒著，朱雁冰等译《同情感与他者》，北京师范大学出版社2017年版，第151—152 页。

孔子本人情感非常丰富,《论语·述而》曰“子食于有丧者之侧,未尝饱也”,又曰“子于是日哭,则不歌”。孔子每次听闻贤人之死,都要为之哭泣。《礼记·檀弓上》记载:“孔子哭子路于中庭。有人吊者,而夫子拜之。既哭,进使者而问故。使者曰:‘醢之矣。’遂命覆醢。”魏晋玄学家何晏以为圣人无喜怒哀乐,而王弼持不同看法:“弼与不同,以为圣人茂于人者神明也,同于人者五情也”(何劭《王弼传》)。《论语·宪问》子问公叔文子于公明贾曰:“信乎,夫子不言,不笑,不取乎?”公明贾对曰:“以告者过也。夫子时然后言,人不厌其言;乐然后笑,人不厌其笑;义然后取,人不厌其取。”从史书记载来看,孔子与其他宗教创立者有不同之处,孔子是一个活生生的、有血有肉的、情感丰富的,也会犯错误的人,所以他的个人经历就是通过修身而不断提升自我的记录。

二、兴于诗,立于礼,成于乐

《论语·泰伯》子曰“兴于诗,立于礼,成于乐”,通过艺术描述了一个完整的修身过程。“兴”是儒学诗教最古老、最重要的观念。《说文解字》曰:“兴,起也。从舁,从同。同力也。”朱子《论语集注》曰:“兴,起也。诗本性情,有邪有正,其为言既易知,而吟咏之间,抑扬反复,其感人又易入。故学者之初,所以兴起其好善恶恶之心而不能自已者,必于此而得之。”诗兴激发出来的本真情感是道德力量之源头活水,如舜之“若决江河,沛然莫之能御也”(《孟子·尽心上》)。

《周礼·春官·大司乐》记载大司乐以乐语教国子,即“兴、道、讽、诵、言、语”,又记载大师教六诗,即“风、赋、比、兴、雅、颂”(《毛诗序》之“六义”同此)。“六诗”之“兴”乃是作诗之法,类似《毛诗》标识兴体,被认为是一种用隐曲而巧妙的方式来传达信息的修辞手段。“乐语”之“兴”郑注为“以善物喻善事”,将艺术与道德挂钩,但真正的儒家诗教起源于孔子的“兴于诗”(《论语·泰伯》)与“诗可以兴”(《论语·阳货》)。诗教与诗法是不同层次的观念,但二者内在是相通的。从“兴”而言,儒家诗教有诗志、诗性、诗言、诗政四重维度。

其一,诗志。《礼记·孔子闲居》子曰:“志之所至,诗亦至焉”;《毛诗序》

曰："诗者，志之所之也，在心为志，发言为诗"；上博简《孔子诗论》曰："诗无隐志"。"志"是求学的初心、动机、本体。"诗"是"志"最直接、最自然的载体。孔子对"志"极为重视，有"吾十有五而志于学"（《论语·为政》）、"志于道"（《论语·述而》）、"三军可夺帅也，匹夫不可夺志也"（《论语·子罕》）等说法。

君子立志之后，通过《诗》中对外物的描述将本体之志感发出来，就是"兴于诗"。孔颖达疏《毛诗正义》曰："兴者，起也，取譬引类，起发己心。"朱熹《诗集传》曰："比者，以彼物比此物；兴者，先言他物，以引起所咏之词也。"马一浮认为"兴"即"感"："《诗》以感为体，令人感发兴起，必假言说，故一切言语之足以感人者，皆诗也。此心之所以能感者，便是仁，故诗教主仁。"又曰："兴便有仁的意思，是天理发动处，其机不容已，诗教从此流出，即仁心从此显现。"[①] 本体之志与外物感发互动，理性与情感交融。如此看来，儒学诗教本是情志一体，《诗》学史上"诗缘情"与"诗言志"之争可以休矣。

其二，诗性。《论语·为政》子曰："《诗》三百，一言以蔽之，曰思无邪。""思无邪"来自《诗·鲁颂·駉》，其中"思"可能是发语词，但孔子的引用必然与道德修养有关系。郭店楚简《语丛三》曰："思无疆，思无期，思无怠，思无不由义者。"儒家利用《诗》之原文来转喻修身的例子数不胜数[②]，《左传》襄公二十八年曰："赋诗断章，余取所求焉。""思无邪"指诗歌流露出了人之本真情感，人性中潜藏的至善也能通过诗之激发而显现于外。

《礼记·经解》曰"其为人也，温柔敦厚，《诗》教也"，诗教的主要意义并不在于赋予某种美好品质，而是直达人之本性，"温柔敦厚"乃根本气质之变化。孔子与子夏论《诗》，从"绘事后素"（《论语·八佾》）到"礼后"说明了人性本质的重要性，因为"甘受和，白受采；忠信之人，可以学礼"（《礼记·礼器》）。孔子亦以《诗》判断弟子的人品，《论语·先进》记载"南容三复白圭，孔子以其兄之子妻之"。"白圭"来自《诗·大雅·抑》之"白圭之玷，尚可磨也；斯言之玷，不可为也"，南容反复朗诵此句，说明已经达到心性本体之触动。

① 马一浮：《复性书院讲录》，江苏教育出版社 2005 年版，第 14 页。

② 例如《礼记·大学》就将《诗·大雅·文王》"于缉熙敬止"之"止"看作了实词。孔颖达《疏》曰："止，辞也。《诗》之本意，云文王见此光明之人，则恭敬之。此《记》之意，'于缉熙'，言呜呼文王之德缉熙光明，又能敬其所止以自居处也。"

“兴”还有“兴发”之含义。《毛诗序》曰“发乎情，止乎礼义”，艺术陶冶性情，只有“发乎情”之“情”是纯真的情感，才可能将此纯正而饱满的情感转化为“止乎礼义”的原动力。《礼记·学记》曰“大学之法，禁于未发之谓豫”，“发然后禁，则捍格而不胜”，“禁于未发”只能从本体层面来修养。“发乎情”于不闻不睹之处从根本上防止了恶的产生，这种本体修养是很难达到的，因为算计之心或者“恶”是一种人性的局限，总在修养的破绽处伺机而入。孟子认识到“行有不慊于心，则馁矣”“自反而不缩”（《孟子·公孙丑上》）的本体之“畏”。如果真正做到了“发乎情”之纯正饱满，自然就是“止乎礼义”，二者之间没有逻辑跳跃，亦无须外在的道德规约，人性本如此。

其三，诗言。《论语·季氏》中孔子告诉儿子伯鱼“不学《诗》，无以言”。春秋时期诸侯之间外交礼仪均用赋诗的形式来表达愿望和态度，《左传》中记载赋诗 70 余次，人与人之间的交往也多用赋诗来委婉地传达想法。《左传》隐公元年“郑伯克段于鄢”中郑庄公与其母因争夺王位而断绝关系，在颍考叔的建议下，母子重逢于地下隧道之中，初次见面即用赋诗来化解尴尬。《论语·阳货》子谓伯鱼曰：“女为《周南》《召南》矣乎？人而不为《周南》《召南》，其犹正墙面而立也与！”朱熹《集注》曰：“正墙面而立，言即其至近之地，而一物无所见，一步不可行。”《论语》中记载孔子与弟子之间的对话，很多都是启发性的，不同于日常直白式的对话。孔子能够因时因事施教，有时也能从弟子的言语中得到启发。这些就是“诗言”的运用。孟子用“知言”（《孟子·公孙丑上》）来描述一种很高的修身境界。《礼记》《孟子》《荀子》中都大量引《诗》，借诗喻理是儒学的特色。

“诗言”不是故弄玄虚，而是为了更好地传递那些无法形诸陈述语言的含义，如同《易传》之“立象以尽意”。孔子之后，“诗言”的传统逐渐式微，荀子即认为语言应当完全等同于其含义：“心合于道，说合于心，辞合于说。”（《荀子·正名》）轴心突破之后，随着理性思维的壮大，艺术思维不可避免地衰落。孟子曰：“王者之迹熄，而诗亡，诗亡然后春秋作。”（《孟子·离娄下》）孔子作《春秋》正是因为通过《诗》来实现社会治理已经不可行了。但是，《春秋》依然继承了“诗言”的传统，用笔削来传达“微言大义”；《春秋》之“正名”艺术不同于《荀子》“知通统类”式的“正名”。

其四，诗政。“兴”在培育情感、提高修养、美化言语的基础上，还可以实现政治教化的功能。《论语·阳货》子曰《诗》可以“兴、观、群、怨、事父、事君”;《毛诗序》曰:“上以风化下，下以风刺上。”社会风气重在引导，在典范事例或榜样带动的作用下，儒家的礼乐文明以“兴”的方式普及，从而使“仁道”行于天下:“君子笃于亲，则民兴于仁”(《论语·泰伯》);“一家仁，一国兴仁;一家让，一国兴让”(《礼记·大学》)。

《论语·泰伯》之“立于礼”的含义同《论语·季氏》之“不学礼，无以立”。《说文》曰:“立，住也”，引申为节制。朱熹《集注》云:“礼以恭敬辞逊为本，而有节文度数之详，可以固人肌肤之会，筋骸之束。故学者之中，所以能卓然自立，而不为事物之所摇夺者，必于此而得之。”儒学之“礼”顺从天地与人情之自然:“称情而立文”(《礼记·三年问》),“凡礼之大体，体天地，法四时，则阴阳，顺人情，故谓之礼”(《礼记·丧服四制》)。但从社会实际来看，“礼”起源于人文与自然的疏离，相对于“诗”,“礼”更多地表现为一种约束性社会规范。

孔子早年以知礼而闻名于诸侯,《史记·孔子世家》记载:“孔子为儿嬉戏，常陈俎豆，设礼容。”他在周游列国的车马劳顿期间也不忘记与弟子一起修习《仪礼》,《史记·孔子世家》载:“孔子去曹适宋，与弟子习礼大树下。宋司马桓魋欲杀孔子，拔其树。”《论语·学而》首章“学而时习之”之“习”就是习礼。“礼”在人格塑成中起重要作用，颜渊问“为仁”之“目”，孔子告之以“非礼勿视，非礼勿听，非礼勿言，非礼勿动”(《论语·颜渊》)。“礼”需要长期的持守，郭店楚简《性自命出》曰“待习而后定”，说明修持功夫可以内化为真实可感的性情，使内心的“道德律”更加“深切著明”而“确乎其不可拔”。《荀子》对“礼”之“外入”的塑造作用论述得尤其深刻。

《礼记·乐记》曰“乐统同，礼辨异”,“诗、礼、乐”三者之中，“礼”最容易发生异化，而且一定程度上的等级分立也是“礼”之设计的初衷。从“礼主敬”(《礼记·曲礼上》“毋不敬”)观之，疏离感产生庄严感，庄严感产生超越感，从而使“礼”成为一种宗教式的制度。郭店楚简《五行》篇经十四曰:“不远不敬，不敬不严，不严不尊，不尊不恭，不恭无礼。”一种文明的传承需要虚实结合，“礼”表现于外在的礼制与礼器，让人们通过观赏文物来瞻仰古代礼仪的面貌。“礼”也表现于外在的礼仪与礼容，一个人的内在修为也只能通过“礼”来判断。黑格尔说:“本质和内心只有表现成为现象，才可以证实其为真正的本质和内心。”[①]因此，“礼”作为一种实物艺术与行为艺术，成为文明的载体和修身的见证。孔子仁礼并重，后世的心性儒学颇有忽视“礼”的倾向，以至于使儒学流向了虚理。我们在注重儒学心性之核心价值的同时，也要看到礼制的重要性，不能将儒学完全还原为“理”。

在所有艺术门类中，儒家最推崇音乐。孔子本人有着深厚的音乐修养，典籍记载他曾有过闻《韶》、学琴、语乐等经历，在厄于陈蔡之时，依旧“弦歌不衰”（《史记·孔子世家》）。东汉蔡邕编辑的《琴操》中收录了孔子所作的《将归操》《猗兰操》《龟山操》。儒学修身之最高境界如“成于乐”（《论语·泰伯》）、“游于艺”（《论语·述而》）、“吾与点也！”（《论语·先进》）、“从心所欲不逾矩”（《论语·为政》）、“金声玉振”“圣之时者”（《孟子·万章下》）都与“乐”之境界相类似，乐教精神代表了儒学的最高理想。

“乐”能使情感愉悦：“乐也者，圣人之所乐也”“乐，乐其所自生”（《礼记·乐记》）；在修身上有独特的功效：“乐，礼之深泽也”（《性自命出》）、“夫声乐之入人也深，其化人也速”（《荀子·乐论》）；在政治上也能“移风易俗”（《礼记·乐记》）、“与民同乐”（《孟子·梁惠王下》），是应用最广泛的艺术。除此之外，“成于乐”的含义主要是指一种更高级的、综合融通的修身成就。乐主同和，是消泯了内外与主客界限的大自由、大解放。孔子在齐闻《韶》，三月不知肉味，曰“不图为乐之至于斯也”（《论语·述而》），完全超越了道德礼仪的束缚，达到了不思而中的自然境界。郭店楚简《五行》篇中多处提到“不乐则无德”，其说十一曰：“‘不乐无德’，乐也者流体，机然忘塞，忘塞，德之至也，乐而后有德。”朱熹《集注》解“成于乐”曰：“乐有五声十二律，更唱迭和，以为歌舞八音之节，可以养人之性情，而荡涤其邪秽，消融其查滓。故学者之终，所以至于义精仁熟，而自和顺于道德者，必于此而得之，是学之成也。”

历代对“兴于诗，立于礼，成于乐”的整体阐释主要有三种说法：为学次

---

① 黑格尔说：“譬如，人们常习惯于这样说，人之所以为人，只取决于他的本质，而不取决于他的行为和他的动作。这话诚然不错，如果这话的意思是说，一个人的行为，不可单就其外表的直接性去评论，而必须以他的内心为中介去观察，而且必须把他的行为看成他的内心的表现：但是不可忘记，本质和内心只有表现成为现象，才可以证实其为真正的本质和内心。而那些要想从异于表现在行为上的内容去寻求人的本质的人，其所基以出发的用意，往往不过是想抬高他们单纯的主观性，并想逃避自在自为地有效的东西。”（黑格尔著，贺麟译：《小逻辑》，商务印书馆 2010 年版，第 112 页）

第说、为政次序说和修身立德说。第一种“为学次第”说来自何晏《论语集解》引包咸解曰：“兴，起也。言修身当先学《诗》”，“礼者，所以立身”，“乐，所以成性”。邢疏曰：“此章记人立身成德之法也。兴，起也。言人修身，当先起于诗也。立身必须学礼，成性在于学乐。不学诗，无以言，不学礼，无以立。既学诗礼，然后乐以成之也。”第二种“为政次序”说见皇侃《论语集解义疏》引王弼说：“言有为政之次序也，夫喜惧哀乐，民之自然应感而动，则发乎声歌，所以陈诗采谣以知民志，风既见，其风则损益基焉，故因俗立制以达其礼也，矫俗检刑民心未化，故又感以声乐以和神也，若不采民诗，则无以观风，风乖俗异，则礼无所立，礼若不设，则乐无所乐乐，非礼则功无所济，故三体相扶而用有先后也。”第三种“修身立德”说见于前引朱熹《论语集注》之“诗”本“好善恶恶”，“礼”能“卓然自立”，“乐”使“和顺于道德”。

《礼记·内则》曰：“十有三年学乐，诵《诗》，舞《勺》，成童舞《象》，学射御。二十而冠，始学礼”；《礼记·王制》则曰：“乐正崇四术，立四教，顺先王诗书礼乐以造士。春秋教以礼乐，冬夏教以诗书。”二者皆与第一种“为学次第”说相矛盾。此章虽然没有主语，但第二种“为政次序”说也基本可以排除。儒家虽有“乐与政通”的观念，但从《论语》的编排来看，《泰伯》一篇的主旨并非政事，而是德行。如此看来，“修身立德”说是最恰当的解释。孔子此章所言之诗、礼、乐不在具体的技艺层面上，而是上升到了艺术精神的层面，并且着重强调这三类艺术科目对已有的修身成果之进一步提升的作用。古代儒家之“小学”可能有科目次序的规定，“大学”则注重融通与应用，《礼记·学记》云：“九年知类通达，强立而不反，谓之大成。夫然后足以化民易俗，近者说服，而远者怀之，此大学之道也。”郭店楚简《性自命出》曰：“《诗》《书》《礼》《乐》，其始出皆生于人。《诗》，有为为之也。《书》，有为言之也。《礼》《乐》，有为举之也。圣人比其类而伦会之，观其先后而逆顺之；体其义而节文之，理其情而出入之，然后复以教。”

春秋时期有“诗、乐、舞”合一的传统，诗、礼、乐的内在精神亦相通，《毛诗序》曰：“诗者，志之所之也；在心为志，发言为诗；情动于中而形于言；言之不足，故嗟叹之；嗟叹之不足，故咏歌之；咏歌之不足，不知手之舞之足之蹈之也。”《礼记·孔子闲居》之“五至”也说明乐诗、礼、乐同时并至，一体共进之关系。“诗”兴发志向与本性，结合“礼”之范导，走向“乐”之圆融，三者分别代表修身之本体、功夫、境界。三者从逻辑上可以分开来讲，但本质上是一体的。从辩证法（正反合）的角度来看，诗、礼、乐分别从内、外、合的理路说明了内外交养的方法与最终超越自身局限（分别心）的可能。庞朴先生的“一分为三论”[①]可以很好地说明这一辩证关系，“一”是开始，类似本性；“二”是殊异，类似外在约束；“三”是统一于完成，也叫作“参”。丹麦神学家祁克果提出了生活辩证法的三个阶段，即美感、伦理、宗教，大略相当于儒家的诗、礼、乐，但祁克果的三段论以否定式前进的方式达到最高，而儒学诗、礼、乐三者始终是一体的。理性与感性之间的血肉联系不可切断。

“兴于诗，立于礼，成于乐”一章还可以与《论语·述而》之“志于道，据于德，依于仁，游于艺”互参。“志”即“兴于诗”之立志，“据”即“立于礼”之自立，“依”即不离弃情感与经验，与本心亲密无间，“游”即“成于乐”之融通为一，也是伦理道德与主体无限自由之间和谐之见证。“兴一立一成”之“三重和弦”与“志一据一依一游”之“四重进阶”互相发明，共同奏鸣着儒学艺术化修身之交响乐。

三、道艺合一

原始儒学将生命、艺术、伦理、道德熔于一炉，在世界各大文明传统中独树一帜。现代学科分类中，哲学、文学、艺术分属不同的专业，学者们自觉守着各自的领域，一定程度上造成了哲学不讲趣味，文学难以载道，艺术不能超升的困境。现代学科中的“艺术”多指独立的、纯粹的艺术，谈到中国的艺术精神时，其源头也多半会追溯到老庄，而不会联系到儒学艺术，更难以和哲学之“道”结合起来。原始儒学中，“艺”即“道”的载体，“道”的灵魂也扎根于艺术土壤，形成了以“道艺互生、美善合一”的文化传统。《论语·八佾》孔子谓《韶》，“尽美矣，又尽善也”；谓《武》，“尽美矣，未尽善也”。“尽善尽美”无疑是孔子心目中完美的结合。冯友兰先生说儒学以艺术为道德教育的工具。[②]徐复观先生则说：“由孔子所显出的仁与音乐合一的典型，这是

① 庞朴：《一分为三论》，上海古籍出版社 2003 年版。

② 冯友兰：《中国哲学简史》，中华书局 2015 年版，第 37 页。

道德与艺术在穷极之地的统一。”[①] 徐先生还通过文字考证了“美”与“善”同义，二字俱从“羊”，在经典中，两义也常能互通互涵。[②] 徐先生又说：“由心所发的乐，在其所自发的根源之地，已把道德与情欲融合在一起。情欲因此而得到了安顿，道德也因此而得到了支持；此时情欲与道德圆融不分。于是道德便以情绪的状态而流出……道德成为一种情绪，即成为生命力的自身要求。道德与生理的抗拒性完全消失了，二者合而为一。”[③] 楼宇烈先生在《中国文化的艺术精神》一文中说：“对于中国文化之富于伦理精神，已为世人所广泛了解，且论之者在在皆是，而相比之下，世人对于中国文化之富于艺术精神的了解，则显得很不够，且论之者亦不多。其实，在中国文化传统中，伦理精神与艺术精神如车之两轮、鸟之两翼，是相辅相成、相得益彰的。从某种意义上讲，中国传统道德所追求的最高境界是一种艺术的境界，而传统艺术的重要功能则是在陶冶性情、潜移默化之中以助理想人格的完成。因此，在中国传统文化中，道德修养和艺术修养是人生修养的两个不可或缺的方面，而道德修养和艺术修养的程度如何也就被视作一个人文化素质高下的体现。”[④]

艺术在求道过程中有其独特的价值。首先，艺术化教学的效果更好，孔子善于用诗歌和音乐的譬喻来晓喻学生。《礼记·学记》曰：“君子知至学之难易，而知其美恶，然后能博喻；能博喻然后能为师。”观摩艺术可以兴发学生的本真情感并启发学生的形象思维，使其对“道”的认知更加深切著明。《庄子·养生主》“庖丁解牛”之“莫不中音，合于《桑林》之舞，乃中《经首》之会”使文惠君“得养生焉”。徐复观先生援引了德国哲学家哈特曼的观点，认为艺术作品是“前景层”及“后景层”的两个紧密关联着的构造。前景层是物质的、感性的形态，而后景层则是精神的内容。哈特曼特提出“透视”的观念，所谓透视，是知觉把握着对象可以被知觉的东西，更进而指向不能被知觉的东西。前者是可视的、感性的；后者是不可视的、非感性的，把握这种东西的能力，称为“透视”，

① 徐复观：《中国艺术精神》自叙，商务印书馆2010年版，第3页。

② 徐复观：《中国艺术精神》，第35页。

③ 徐复观：《中国艺术精神》，第39页。

④ 楼宇烈：《中国文化的艺术精神》，《民主与科学》1992年第2期。

此即“洞见”。[①] 因此，儒学更注重体味与涵泳，《礼记·学记》曰：“故君子之于学也，藏焉，修焉，息焉，游焉。”在“藏修息游”中，“道”之丰富的意蕴通过艺术融贯于主体的本真生命之中。

其次，艺术有达致事物本质之优越性。“道”有不可言说的一面，但可以通过超语言的艺术媒介来传达，《易传·系辞上》子曰：“书不尽言，言不尽意。然则圣人之意，其不可见乎？”其随后又指出：“圣人立象以尽意，设卦以尽情伪，系辞焉以尽其言，变而通之以尽利，鼓之舞之以尽神。”这段话综合了各种艺术手法，如意象、诗言、音乐等。《易传·系辞下》赞曰：“其称名也小，其取类也大。其旨远，其辞文，其言曲而中，其事肆而隐。”古代哲学经典也多有用诗歌或诗言的形式来写成的。《论语·子路》“礼乐不兴则刑罚不中”明确了艺术是达致中道的必要途径。

艺术能够传达语言之外的信息，《礼记·仲尼燕居》曰：“是故古之君子不必亲相与言也，以礼乐相示而已”；《荀子·乐论》曰：“君子以钟鼓道志，以琴瑟乐心。”艺术亦有阐微达幽的功能，《礼记·乐记》曰：“明则有礼乐，幽则有鬼神。”闻一多先生在《诗经通义·周南·关雎》中说：“三百篇中以鸟起兴者，不可胜计。其基本观点，疑亦导源于图腾。歌谣中称鸟者，在歌者之心理，最初本只自视为鸟，非假鸟以为喻也。假鸟为喻，但为一种修词术；自视为鸟，则图腾意识之残余。历时愈久，图腾意识愈淡而修词意味愈浓。”[②] 最早的艺术起源于祭祀乐舞，具有“通灵”的功能。舜“以夔为典乐”能使“百兽率舞”（《史记·五帝本纪》）。师旷为晋平公弹奏《清角》，导致“晋国大旱，赤地三年”（《韩非子·十过》）。古希腊俄耳甫斯的歌声能使石块自动砌成祭坛。孔子将艺术的超越性发挥得淋漓尽致，“三月不知肉味”（《论语·述而》），已经完全沉浸在形而上的领域中了，是一种超越了善恶之浑圆境界。《书·尧典》记载夔之典乐使“八音克谐，无相夺伦，神人以和”，由知儒学之“天人合一”也是一种音乐的境界。

最后，艺术赋予了儒学以“寓教于乐”的特色。乐（yuè）与乐（lè）相通，“乐”是古代宗教哲学的共同追求，但各家的路径不同。道家有“至乐”“天乐”，

① 徐复观：《中国艺术精神》，第88—89页。

② 闻一多：《闻一多全集》（第三册），湖北人民出版社1993年版，第293页。

佛家有“极乐”，古希腊哲学有“美好生活”，唯有儒家真正将“乐”立足于艺术中来谈。《礼记·学记》曰：“不兴其艺，不能乐学。”《论语·学而》曰：“学而时习之，不亦说乎！”《论语·述而》子曰：“饭疏食饮水，曲肱而枕之，乐亦在其中矣。”《论语·雍也》孔子赞扬颜渊曰：“贤哉回也！一箪食，一瓢饮，在陋巷，人不堪其忧，回也不改其乐。贤哉，回也！”又曰：“知之者不如好知者，好之者不如乐之者。”“孔颜之乐”也成为历代儒者津津乐道的话题。

小　结

儒学修身的艺术特色不是一种选择的结果，而是儒学之道本质的必然要求，此“道”并非不变的教条，而是立基于修身主体的情感体验，是时间化、艺术化的“道”。儒学在人类文明史上最早确立了艺术的本体论地位。笼统而言，西方思想史从古希腊开始就有诗与哲学之争，其后艺术一直处于从属地位。康德的《判断力批判》从非实用的、趣味的角度赋予了美学和艺术以独立地位。直到后现代哲学，艺术才取得了某种本体的地位，法国现象学家梅洛–庞蒂说：“我们只应该通过间接的方式，通过故事、神话、类比、寓言、绘画、诗歌来朝向我们和原初世界的前反思的联系。就像塞尚一样，我们必须学习从生活世界出发，在生活世界的画布上描绘我们的意义。”①

世界上主要的宗教传统无不重视艺术，仅从音乐艺术来看，古希腊就有酒神合唱队，基督教有赞美诗，佛教有经咒唱颂。中国的艺术精神最早觉醒，可惜也是最早消亡的。《论语·微子》曰：“太师挚适齐，亚饭干适楚，三饭缭适蔡，四饭缺适秦，鼓方叔入于河，播鼗武入于汉，少师阳、击磬襄入于海。”周公之礼乐仅存于春秋末期的鲁国，鲁国乐官四散，华夏礼乐文明也就式微了。儒学经典之《乐》早已佚失，这一艺术精神也就失传了。今天，在诸种艺术门类中，我国和西方在音乐方面的差距是最大的，这也是颇具反讽意味的。

艺术是前反思的、自发的，能将理想人格建立在本真的生命之上，这正是儒学修身之源头活水。“艺化”能够防止“异化”。多一点艺术修养可以给人生

---

① 丹尼斯·托马斯·普里莫兹克著，关群译：《最伟大的思想家：梅洛–庞蒂》，中华书局2014年版，第108页。

增添乐趣，也可以增进社会秩序的和谐。当今时代日新月异的变化让很多人感到了生存的压力，物质上的算计又使人变得愚昧、功利、幸福感缺失，复兴儒学之艺术精神是当下急需的。艺术品位也有助于提升各项事业，带来更大的成功。

茗碗昼看花坠影：宋代茗饮与文人园林

贾瑞鹏

摘　要：茗饮与园林的空前繁盛是宋代社会生活的两大新变。经过文人的雅化，饮茶从生活日用转为文人雅趣，以"琴棋书画诗酒茶"之"茶"的面貌出现在园林雅事的系统中。饮茶影响了园林意境的营造，园林又提升了茗饮体验，园境与茶境在文人那里达到了高度融合。作为文人生活的两个层面，茶与园林都经过了仙隐心态的浸润，融合了丰富的宗教哲学思想，又与政治道德有着撇不清的关系，这些都构成了茶文化与园林文化的内部关联。

关键词：茗饮　园林　文人　关联

长期以来，宋代总以其"积贫积弱"遭到史学家的诟病，但在文化上，宋代却不可否认的是中国文化空前繁荣的大转型时代。如陈寅恪所说："华夏民族之文化，历数千载之演进，造极于赵宋之世。"① 繁荣的社会经济和宽松的政治环境为宋型文化的成熟提供了肥沃土壤。在此背景下，宋代士大夫闲适的生活氛围推动了宋人审美的精致化和日常化。文人一方面借助园林在方寸之间再造乾坤，另一方面又以啜茶、插花、金石、焚香等多种途径作为对园居生活的补充。造园和啜茶作为文人生活中相互关联的两件雅事，共同描绘了宋代士大夫的精神家园。

一、茶风与园居生活

在《铁围山丛谈》中，蔡绦对茗饮之风始于唐而兴于宋的历史脉络做了概

① 陈寅恪：《宋史职官志考正序》，《读书通讯》1943 年第 62 期。

括[①]，这一点也在大量的宋人诗词和小说笔记中得到了充分确证。有宋一代，从王公贵族到文人雅士再到市井百姓，都将茶深深融入了他们的日常生活。从北宋的社会图景来看，开封新封丘门大街两侧“处处拥门，各有茶坊酒店，勾肆饮食”[②]，通宵达旦的夜市之上“至三更，方有提瓶卖茶者”[③]，即便是在城外的乡间小路上，也有零零星星的茶亭茶摊供来往行人休憩。正可谓“茶之为民用，等于米盐，不可一日以无”[④]。与此同时，王公贵族也在茶的品质上下足了功夫。北宋后期，朝廷不计成本的制茶方式，加上漫长而细致的研制过程大大提高了北苑贡茶的质量。负责团茶制造的丁谓、蔡襄先后执掌三司，也可见当时朝廷对贡茶的重视程度。欧阳修曾感叹：“茶之品，莫贵于龙凤……（小团茶）凡二十饼重一斤，其价直金二两。然金可有而茶不可得。”[⑤] 工艺精湛、品质绝佳的贡茶给了宋人极大的自信。相比之下，就连盛唐之茶也显得逊色不少，黄儒在《品茶要录》中甚至说道：“借使陆羽复起，阅其金饼，味其云腴，当爽然自失矣。”

与茗饮之风同时兴起的是宋代士人对造园活动的热衷，宋代东京、洛阳、临安、吴兴等地已经形成了饶有规模的园林群。宋人园林大多推崇白居易式的“中隐”，并将“壶中天地”的原则发挥到极致，从而具备极高的典范价值。作为文人生活最基本的物质空间，园林吸纳了文人日常生活的方方面面，而茶又是宋人等于米盐的生活必需品，那么在园中啜茶就变成再寻常不过的日常休闲。宋诗中描绘文人在松间竹下等园林环境中饮茶的诗句也俯拾皆是。

但是我们应该注意到，融入园林环境中的茶，已经发生了从“柴米油盐酱醋茶”之“茶”到“琴棋书画诗酒茶”之“茶”的转变。茶之于园林，并不只是普通的休闲活动，园林之于茶，更不只是简单的物质空间。在园林中饮茶，并非只是对物质空间的选择，而是茶境与园境的相互映照、相互成全。园林之趣向来是文人的一种风雅，茶与园林相结合，实际上就是与文人的生活雅趣相结合。这种结合之下，啜茶得以和插花、焚香、书画等形式一样深深融入文人的

---

① “茶之尚，盖自唐人始，至本朝为盛。”蔡绦：《铁围山丛谈》卷六，中华书局1991年版，第85页。

② 孟元老撰，李士彪注：《东京梦华录》，山东友谊出版社 2001 年版，第 63 页。

③ 孟元老撰，李士彪注：《东京梦华录》，第 63 页。

④ 王安石：《临川先生文集》卷七十，第 743 页。

⑤ 欧阳修撰；林青校注：《归田录》，三秦出版社 2003 年版，第 53 页。

园居生活，成为文人雅尚的重要组成。但是要将茶纳入园林雅趣的体系当中，有一个必要的前提，就是对“茶事”进行雅化。如果说市井百姓推动了茗饮之风的普及化，王公贵族促进了制茶技术的精致化，那么茗饮方式的典雅化只能由文人来完成。

入宋以来，一种嗜茶的风气在文人中间蔓延开来，越来越多的文人痴迷于茶，诸如欧阳修、蔡襄、苏轼、司马光等人都在其诗文中表现出对茶的推崇。而以艺术化的方式审视日常生活，正好是这些文人最擅长的事，为了完成茶的雅化，他们做了两方面的努力。

其一，“茶之为饮”到“茶之为品”。宋人将“茶”与“品”联用，最突出的要数黄儒的《品茶要录》，但与同时期的其他茶书一样，宋人所谓的“品”并未达到一种由茶味到茶道的审美进阶，而是更接近于魏晋时期的人物品藻，有由“品级”进而延伸到“品评”之意。色泽、香味、口感是判断茶汤优劣的三大指标。据宋人茶书来看，茶汤的好坏是由茶叶产地、采摘时间、制茶工艺，水的品类、产地、轻重，以及烹茶技巧等因素共同决定的。这一方面说明宋人对茶汤的品质要求更高了，另一方面也说明宋人热衷于建立一套茶事品评的标准。当文人携三五好友茶炉对坐之时，有关茶的品评就成为其清谈的内容。这样一来，对茶的品鉴成为文人生活的一部分，茶本身则可以一种品玩对象的身份融入文人的日常生活体系。此外，文人对茶品极致要求促使了茗饮方式的烦琐化，为了使茶汤达到更高的品质，不仅要对茶叶、茶具、水源进行严格挑选，还要对烹茶过程中的每一个细节进行严格把控，而茶品的分辨往往见于精微之处，这就要求文人在一种闲适的状态下细心静品。故而这样烦琐精细的程序并没有使人感觉厌烦，反倒衬托出一种悠闲自得的境界，而“闲”正是宋代文人园居生活的基本情调。在这种宁静的状态下，茶灶与园中奇松怪石相伴，茶香与园中松香花香相融，又有松风阵阵伴随茶汤鼎沸，人的视觉、听觉、嗅觉、味觉都在宁静闲懒中得到充分满足。

其二，“茶之为饮”到“茶之为玩”。在宋代文人看来，唐代茶的粗糙不仅体现在制茶工艺上，更体现在茗饮方式上。宋人在煎茶的基础上发明出一种更具玩赏性的烹茶方式——点茶。与“点茶”相伴随的是“斗茶”活动的盛行，如果说点茶只是一种烹茶方式，斗茶就是一种烹茶竞技活动了，斗茶对注水和竹筅击拂的技术要求更高，且要通过茶汤的色泽和沫饽来区分茶叶的品质和点茶人的技艺。而《清异录》卷四所记录的“茶百戏”和“漏影春”更是一种彻底视觉化了的“茶戏”，在视觉享受和娱乐体验被充分满足的同时，人们对茶香、茶味的关注被大大冲淡了。由此，一种由“茶之为饮”到“茶之为玩”的转换在文人那里被完成了。徽宗在《大观茶论》中准确地道出了这种“玩”的趣味：“天下之士，厉志清白，竞为闲暇修索之玩”①；这个“玩”字也是把握宋代士人审美心态的关键，这种玩：“不是一般的玩，而是以一种胸襟为凭借，以一种修养为基础的玩。”②

正是在以茶为“品玩”的心态之下，饮茶一事被雅化了，进而进入以园林为物质载体的文人生活。“茶”与“园林”的这种结合反过来又促进了茗饮空间的雅化，无论王公贵族还是市井百姓，都对饮茶的环境进行刻意选择。对市井百姓来说，茶肆是最主要的饮茶场所，茶肆老板通过对饮茶环境的刻意经营来招揽茶客：“汴京熟食店，张挂名画，所以勾引观者，留连食客。今杭城茶肆亦如之，插四时花，挂名人画，装点店面……今之茶肆，列花架，安顿奇松异桧等物于其上，装饰店面。”③从宋人的记录来看，这些转折主要发生在室内，并且以奇花异草、名人字画为主。很明显，茶肆对饮茶环境的改造是基于对文人趣味的模仿，但事实上，真正懂得茶趣的文人士大夫却并不常出现在茶楼酒肆，园林才是他们青睐的茗饮空间。

二、园林与茶境营造

宋代文人在园林中专设茶室、茶寮的情况还不多见，但文人对茶境的追求很早就有了。陆羽在《茶经》第九章中就有意无意地揭示了文人与王公在茶事上的差别：

若松间石上可坐，则列具废……若瞰泉临涧，则水方、涤方、漉水囊废。若五人以下，茶可末而精者，则罗废。若援藟跻岩，引絙入河，于山口炙而末之，或纸包、合贮，则碾、拂末等废……王公之门，二十四器阙一，

① 赵佶：《大观茶论》，中华书局2013年版，第7页。
② 张法：《中国美学史》，四川人民出版社2006年版，第224页。
③ 吴自牧：《梦粱录》卷十六，中华书局1985年版，第141页。

则茶废矣。[①]

王公之家最看重烹茶时的仪式感，故而茶叶精良、茶器具备、茶艺高超三者缺一不可。相较之下，文人饮茶明显降低了对茶器的要求，《癸辛杂识前集》记载司马光与范祖禹各携茶往游嵩山："温公以纸为贴，蜀公盛以小黑盒，温公见之曰：'景仁乃有茶具耶？'蜀公闻之，因留盒与寺僧而归。"[②]显然，文人深谙陆羽"松间石上""瞰泉临涧""援藟跻岩"的茶饮之趣，尽管这些绝佳山水的饮茶条件相对简陋，但文人却宁愿在茶器和茶色上做出相应牺牲，甚至认为没有了茶具反而更得啜茶清韵。

自然山川中的松林、怪石、泉涧、岩洞最宜烹茶。但对士大来说，毕竟丘樊冷落不宜久居，又且山川险远不能常至，面对这种困境，游冶于"城市山林"成为文人的普遍选择。"城市山林"是宋代园林营造的最高标准，尚自然也是园林空间布局中始终要遵循的准则。这样的园林就是另一种山林，且如名山大川一般可行、可望、可游、可居。以造化为蓝本的宋代园林在很大程度上满足了文人的山川之欲，同时满足了文人对茶境的追求。园林与茶境的关系大致有以下三个层面。

其一，茗饮对园林意境的营造。茗饮之风兴起后，茶树也常被作为园林景观植物在园内栽种，宋人方回在诗中写道："芙蓉万红萼，锦绣纷交加。掉头不肯顾，特往观茗葩。嗅芳摘苦叶，咀嚼香齿牙。"在花团锦簇的园林里，诗人竟不不顾芙蓉的艳丽，转而被茶花所吸引，在闻茶香、嚼茶叶的过程中体会到无尽的乐趣。此外，一些专事种茶的茶园则倾向于以文人园林的方式经营茶园意境，茶园中不仅可以就地烹石鼎、煮幽茗，又有绝巘精庐以幽居、松林飞瀑以寓目、野僧童子以为伴。这种从"庄园"到"园林"的转变也表明对茶花茶树的赏玩和对园林的游冶在宋人那里已经走向融合。同时，茗饮活动也有助于园林意境的营造。宋人最擅长以艺术化的方式审视日常生活，在这种审视之下，烹茶也会呈现出不一样的情趣。如"茶烟日月静，石壁轩扉古"一句，缭绕的茶烟烘托出一种静若太古的园林意境，给人以似梦非梦、如仙如幻的审美感受。

① 陆羽：《茶经》（外三种），上海古籍出版社 2009 年版，第 78 页。

② 周密：《癸辛杂识前集》卷三，浙江古籍出版社 2015 年版，第 40 页。

再如“洗砚鱼吞墨，烹茶鹤避烟”，诗人在笔床茶灶之间，与鱼相游，与鹤相戏，池水和茶烟也都成为营造园林意境的重要环节。

其二，园林对茗饮趣味的提升。“好茶试好水，好水煎好茶”是宋代文人的普遍认识，正因如此，文人远赴深山试茶成一时风尚。山中清泉对文人的吸引力不容小觑：“闻听东山有圣泉，杖藜侵晓到山前……我来一酌磁瓯去，终日余甘齿颊边。”一般来说，煮茶之水以惠山泉为上，山泉之清洁者次之，井水再次之，江河水则不可用。园林中水虽不及惠山清洁甘美，但通常也有深井水和活水，足以尽烹茶和清洗茶具之需。园中草木的枯枝败叶又可以用作煮水的薪柴，如此活水、活火具备，就在很大程度上保证了茶汤的品质。园中的亭台水阁又为茶客提供了清爽的品饮环境，酷暑时节亦可“傥客携茗具，来此避炎威”，若遇微风细雨，也不须躲避，反而更添一番雅致。

唐宋文人的品茗空间从未只局限于室内。相反，他们似乎更喜欢将品茗活动安排到松下、泉边、花间、岩洞、小舟、竹畔等室外空间。不止文人如此，即便是禁中御苑的赐茶处，其前、后殿都有流杯曲水及亭榭[①]，将茗饮空间掩映在流水亭榭之间绝非偶然，而是缘于宋人对茶境的刻意营造。园林在本质上是“城市山林”，园林茶境也是由山林茶境而来，若要明确文人为何置茶灶于山水，先要明确山水对文人究竟意味着什么。就较低的一个层面来说，文人可借茶来消除内心的烦躁，所谓“熏炉驱俗氛，茗碗破尘虑”，借山水化心中郁结并非魏晋名士的专利，对宋人来说，广阔的室外空间可以充分延伸人的视线，以达到“极目骋怀”的效果，进而纯化饮茶时的审美感受，将凡思俗虑溶解在茶汤中，也溶解在园林山水中。从更加细致的层面来说，宋人园林是一种“居”与“游”之间的错综游戏，可居处皆可以游，可游处皆可以居。宋人将室外的鲜花、盆景、怪石搬入室内以供游冶，却又将室外的树木、岩石当作符合身体尺度的家具，正如白居易在《冷泉亭记》里所说“山树为盖，岩石为屏”，几个字将“树石可居”的秘密一语道破。不可“游”的屋宇和不可“居”的自然都只是设在人与山水之间的屏障，也是将现实空间和审美空间相区隔的屏障。如此我们就不难理解，为什么在宋人饮茶的场景中，列茶具于树下是一个十分普遍的场景，宋人正是掌握了这种“错综”的秘密，又以园林居游之趣提升了茗饮

① 曾布：《曾公遗录》卷九，中华书局 2016 年版，第 220 页。

之趣。难怪宋人胡寅在送茶给友人时，情不自禁地想到友人在园林水榭中品此茶的场景："要须临水榭，满啜一瓯玉"，这种想象又像是对友人的嘱咐，嘱咐友人必待水榭再饮此茶，可见园林在提升啜茶体验上的重要作用。

其三，园境与茶境相融合。宋人乐雷发曾道："壶中何所有？笔床茶灶葫芦酒。""壶中"几乎可看作宋代园林的代称，笔床、茶灶、葫芦、酒则都是壶中天地里必不可少的生活内容。诗人把园林雅趣的几个层面集中到一起，有意达到一种"尽人间之乐"的圆满。文人要追求良辰、美景、赏心、乐事四并，而且要通过融"四并"为一体而达到一种高度和谐的综合审美体验。所谓"把似啜茶看孟子，何如痛饮读离骚"，在文人看来，读书是快意事，啜茶饮酒也是快意事。读书时更有茶酒相伴，则是极快意事。而笔床和茶灶在宋诗中的成对出现，则体现出文人集茶趣与诗文挥洒之趣为一的倾向。不仅如此，文人园林中的古玩、茶器、字画、插花与园林本身的情趣在相互映照、相互融合的过程中形成一种综合的美感。如刘松年《博古图》所绘：一片郁郁葱葱的松林中，文人雅士面对着一堆古玩表现得神态各异，或思或论，或揣摩，或品鉴，画面后方则是一个正在催火烹茶的侍者，啜茶之趣与博古之趣融汇于园林之趣；又如其《撵茶图》所绘：一僧二儒在园林中焚香、品茶、作书、赏画，占尽世间风雅；再如徽宗的《文会图》《听琴图》，无不有此集万千雅趣于一身的意味。

王禹偁被贬黄州后描述其在小竹楼里的生活体验："手执《周易》一卷，焚香默坐，消遣世虑。江山之外，第见风帆沙鸟，烟云竹树而已。待其酒力醒，茶烟歇，送夕阳，迎素月，亦谪居之胜概也。"[①] 在这种闲居生活中，茶不离书、书不离香、香不离竹、竹不离酒，所有的文人雅趣交汇于园林之趣，须臾不可分离。这种园林与茶境的融合产生了深远的影响，并在明清发展得更加成熟，熔美景、佳客、幽茗、好书于一炉。清代陈元辅在《枕山楼茶略》中也强调了真正懂得茶趣的人对饮茶环境的特殊要求："山窗凉雨，对客清谈时知之；蹑屐登山，扣舷泛舟时知之；竹楼待月，草榻迎风时知之；梅花树下，读《离骚》时知之；杨柳池边，听黄鹂时知之。"显然，如果说宋人还只是把茶、酒、香等雅趣与良辰美景简单地糅在一起，那明清文人则沿"四美具并"的道路走得更远，

① 王禹偁：《新建黄州小竹楼记》，《全宋文》第8册，第79页；王禹偁于宋真宗咸平二年（999）中秋作此文，于咸平四年逝世。

他们更善于把握园林情境中稍纵即逝的时刻，如竹楼待月，必待草榻迎风时才尽得其妙，此时的园境与茶境也相融于最佳状态。通过这种对情境的用心经营和细致描绘，茶趣与园趣、茶境与园境融合得天衣无缝。

三、园林与茶的文化关联

啜茶是园居生活的重要组成，园林又是茗饮环境的绝佳之处，但茶境与园林在物质层面的融合显然不足以说明茶与园林的深层关联。宋代士大夫既是官员、又是文人学者，这使得他们精于将细微的感官体会与外在的生活经历相融合，并将他们的闲适心境和禅悟哲思渗入其中。在文人士大夫的努力之下，茶与园林被纳入同一个雅文化系统，隐逸寻仙的恬淡心态、禅悟求理的哲学思想，以及与政治道德撇不清的关系，都构成了园林与茶的文化关联。

（一）隐逸与寻仙

事实上，仙人大多隐而不见，隐士不乏羽化登仙；“隐逸”与“寻仙”之间一直都存在深刻的联系，其共同之处在于一种亲近自然、清静无为的态度。然而，在宋型文化中，“隐逸”和“寻仙”的文化内涵都发生了显著变化。中唐以后，以白居易的“中隐”为代表，“隐”已经不再出于对政治现实的激烈对抗，而是多出于对官场生活的厌倦情绪。虽然白居易的“中隐”仍然包含了中国文人在进与退、仕与隐问题上的矛盾和纠结，但以苏轼为首的宋代文人则更进一步，从“身隐”转向“心隐”，以一种“万事不关心”的态度，把这种厌倦情绪溶解在身心俱闲的生活日常中，文人不再隐于仕与不仕之间，而是隐于诗酒风流之中。与此同时，“仙”在文人那里也不主要以祸福主宰的形象出现，相比之下，其逍遥与养生方面的意义则得到强化，使“寻仙”转变为某种对悠闲自得生活的追求。如此一来，宋人的“隐逸”与“寻仙”就都转化为对世俗享受和休闲生活模式的向往。

对宋代士大夫而言，造园和啜茶都表现出文人对俗务的逃避态度。从园林来说，其本质可以被看作某种区隔，即在有限的现实空间中开辟出另外一个可供居游的审美空间。正是通过这种私人空间的构筑，文人将自然山水引入庭园以满足自身的林泉之志。而对文人来说，啜茶也可以起到与俗务暂隔的作用，所谓“有茶不作蜗牛战，天梦可为蝴蝶身”，沉醉在园趣和茶趣中的文人可以暂时远离蝇头蜗角之斗，以闲心一片转作梦蝶之人。又如“市远尘嚣隔，神闲幽事并。扫花怜竹影，煮茗讶松声”，在远离尘世的园林中，“扫花”“煮茗”成了文人生活中最要紧的事，园林和茶分别构造出有形和无形的屏障，使文人抛开烦琐的杂务，转入悠闲，甚至慵懒的生活审美中来。

茶在诞生之初就与“仙”有着千丝万缕的联系。道家的三十六洞天、七十二福地大都藏于名山大川，这些地方又多有茶树生长。道家最重养生，内气外丹的修炼方式下，茶很早就被看作疏导身体的仙草，而饮茶所带来的仙化体验早在卢仝那里就已经提到。宋人饮茶更是常常伴随着对仙人的想象，如“未问仙家九节蒲，且持茗碗对熏炉”，九节蒲是道家仙草，但在茗碗熏炉的雅趣前却已显得微不足道。在宋人看来，懂茶之人必定深得仙趣，所以陆羽也因最得茶趣而被仙化，从而引得文人“闲品茶经拜羽仙”。

如果说卢仝《七碗茶歌》描绘的只啜茶带来的个人仙化体验，宋人啜茶时则将现实空间中的茶侣和茶境通通仙化了。诸如“仙馆幽深竹覆墙，风传石鼎煮香”“满室天香仙子家，一琴一剑一杯茶”。不仅茶客化为“仙客”，作为饮茶空间的园林也变成了“紫园仙馆”，这就契合了传统园林本身的寻仙追求。古典园林无论布局还是匾额楹联的题点，都大量体现了蓬莱仙岛、瑶池胜境等仙居场所的营造。在此，不仅茶人与仙人融为一体，茶境与仙境也融为一体了。

“隐逸”与“寻仙”在宋型文化中最终表达为对休闲生活的追求，宋人王柏诗曰：“茶一盏，酒一尊，熙熙天地一闲人……希夷仙境本不远，何用抱朴终其身”，可见得酒、得茶、得闲的过程就是得隐、得仙的过程，文人热衷的“身心俱闲”亦是隐士和仙人共同的生活状态。

（二）参禅与穷理

在宋代三教合流的背景之下，儒家名士交游于名僧高道成一时风尚；他们相聚于山水园林、禅房茶寮，以焚香啜茶、吟诗对弈为趣，又以参禅悟道、格物穷理为乐。在禅宗和理学的影响下，文人自然而然地将茗饮情趣、园林景观和人生感悟融合起来，游园和啜茶通过“禅”与“理”构建了坚实的文化关联。

宋人王洋曾道“怪得道人长不睡，一瓯唤醒梦魂清”，最初的茶只被僧人看作坐禅时用于提神的饮料，唐代皎然将啜茶体验分出层级，并且给出了茶道的提法：“一饮涤昏寐……再饮清我神……三饮便得道。”正如有的学者所：“茶对禅宗是从去睡、养生，过渡到入静除烦，从而再进入到‘自悟’的超越境界的。”[①] 可见禅茶的关键在于“静”与“悟”，这恰恰也是理学在观照事物时所采取的态度，所谓“万物静观皆自得，四时佳兴与人同”，理学通过“静观”以明物理，在凝神观照中体察宇宙运行的节律。宋人许及之有一首《煮茗》：“止酒身多病，添书日正长。睡魔推不去，茗碗熟难忘。鹊过飞樵堕，蜂喧落粉香。静中观物理，此乐未渠央。”伴随饮茶带来的清醒宁静，一个鹊飞蜂喧的活泼泼世界在诗人眼前展开，并最终由静观上升到最高的理趣。在这个过程中，茶主要作为诗人由烦入静的引导，园林山水则无一不是“理”的呈现，经过茶由静到悟的引导，诗人对园林景观的感知力得到提升，从园林的一草一木中体察到和谐而永恒的宇宙律动。

五代克勤禅师提出“茶禅一味”，使得“啜茶”与“坐禅”实现了高度融合。对于“茶禅一味”，需要从体用一源的角度来理解。茗之本体就是禅之本体，品茗的过程就是参禅的过程，参禅所悟之道就是参禅本身，品茗所悟之道也是品茗本身。禅宗所提倡的就是穿过葛藤露布，回向平淡天真的日常生活本身，赵州禅师“啜茶去”也是此意。啜茶与参禅、求理本为一体，茶理茶趣并非只在茶汤里，而在烹茶、啜茶的全部过程里，故而真正懂茶的人总要亲手烹茶，“身闲不耐闲双手，洗甑炊香夜作茶”。反观宋诗中文人呼童子烹茶的情形：“饭罢令人唤小童，敢烦捉耳为开蒙。芎茶不用焦汤点，纸被还将艳火供”，“归来倦卧呼童子，旋煮山泉瀹建茶”，此类文人尽管看起来对茶的要求很高，但显然是不得茶趣的，少了亲身操作，就缺了禅茶本意。

茶如此，园林亦如此，无论园趣茶趣，还是禅思物理，都是文人一种微妙的私人感受。月到天心、风来水面的园林理趣并非人人都有体悟，故而邵雍感慨：“一般清意味，料得少人知。”而在很多情况下，啜茶恰恰可以渲染文人细腻而丰富的个人感受，从而助其进入静观的理感世界中去。宋人方一夔在溪上饮茶时：“自惭未得亢桑乐，痴坐寒窗似冻蝇。”啜茶引发诗人对“亢桑之乐”的遐想，并且在遐想与沉思中进入“呆若冻蝇”的静观体验。

（三）政治与道德

尽管在很多时候，园林与茶在文人世界都以一种远离政治的面孔出现，但事实上，两者从来就不曾脱离政治和道德而独立存在。宋人以“天理”将宇宙

---

① 赖功欧：《茶哲睿智》，光明日报出版社 1999 年版，第 108 页。

论、价值论、道德论打通，在宇宙论中找到了道德的依据，并完成了唐末五代以来的道德重建。在政治和道德层面，园林和茶至少共同发挥了以下三个方面的作用。

其一，政治反映作用。徽宗在《大观茶论》中把茶风盛行看作社会繁荣、政治清明的体现："延及于今，百废俱举，海内晏然，垂拱密勿，俱致无为。荐绅之士，韦布之流，沐浴膏泽，熏托德化，咸以雅尚相推从事茗饮。"① 李格非在《洛阳名园记》以"洛阳可以为天下治乱之候"②将园林兴废看作社会治乱的晴雨表，并借此提醒洛阳名士不要重蹈唐末国破园败的覆辙。不仅如此，宋代官修的园林在园记中必定先提到当时社会经济的繁荣，如《岳阳楼记》："政通人和、百废俱兴，乃重修岳阳楼。"可见，茗饮和造园活动的广泛兴起要以社会的稳定繁荣为基础，反过来说，全面繁荣的社会又要以茗饮和造园的兴盛为标志。在这种社会反映论的框架之下，园林与茶都带上了政治印记。

其二，道德重建作用。对比唐末五代的道德崩溃和宋代名士的光风霁月，我们不难发现宋代文人在道德重建上所做的努力。园林与茶都曾作为宋人道德重建的工具而存在，不同之处在于园林侧重对士人人格潜移默化的"陶冶"，茶则是通过建立与士人人格的"比德"关系来促进宋人人格完善。对文人来说，游园不只是一项休闲娱乐活动，更可以调节心理状态、提升道德体验，柳宗元就把游园和政事关联起来："邑之有观游，或者以为非政，是大不然。夫气烦则虑乱，视壅则志滞。君子必有游息之物，高明之具，使之清宁平夷，恒若有余，然后理达而事成。"③ 在文人看来，游园不仅可以使人导滞去烦、志气清宁，更主要的是在理学的背景下，游园察理可以使文人思路清晰，事理通达，将天地间的理感充斥心中，从而达到道德陶冶的目的。

与此同时，宋人还通过对"比德"关系的运用将茶与士大夫人格联系起来。陆羽就曾提到茶之为用，最宜精行俭德之人④；苏轼则以茶比君子："建溪所产虽不同，一一天与君子性。森然可爱不可慢，骨清肉腻和且正。"他将人物品藻的方法嫁接到茶，在茶的外在形态和内在精神之间建立起直接联系，从建茶清

① 赵佶：《大观茶论》，中华书局 2013 年版，第 7 页。

② 李格非：《洛阳名园记·序》，《全宋笔记》第三编第一卷，大象出版社 2008 年版，第 162 页。

③ 柳宗元：《零陵三亭记》，《柳宗元集校注》卷二十七，中华书局 2013 年版，第 1821 页。

④ 陆羽著，宋一明译注：《茶经》（外三种），上海古籍出版社 2009 年版，第 7 页。

秀的外形、丰润的叶片、纯正的茶汤中见出君子风骨。茶是南方嘉木、汲取了天地精华的瑞草。对茶的喜爱与对梅兰竹菊的喜爱一样，都是对君子人格的推崇。在某种程度上，重新以“比德”的方式在茶与人的道德气质之间建立联系，正应了宋代士大夫道德重建的客观需要。

其三，政治诉求表达。以隐晦的方式，对现实事件进行比附、影射是中国古代政治活动中最常见的现象。茶与园林作为士大夫生活的两个突出层面，也经常被文人用作表达政治立场和政治诉求的工具。苏轼《叶嘉传》和司马光的“独乐园”就很有代表性。

苏轼作《叶嘉传》为茶立传，为茶立传其实是为理想人格立传。苏轼将叶嘉的形象定位为一个少有才名、性格恬淡、能经国济世、能无视权贵、能舍生取义的士大夫，借此表达了自己对完美人格的看法。但文中最有意味的还是这一段：

> 后因侍宴苑中，上饮逾度，嘉辄苦谏。上不悦……故唾之，命左右仆于地。嘉正色曰：“陛下必欲甘辞利口，然后爱耶……”嘉既不得志，退去闽中……上已不见嘉月余，劳于万机，神思困，颇思嘉。因命召至，喜甚，以手抚嘉曰：“吾渴见卿久也。”遂恩遇如初。①

叶嘉因直言进谏触怒龙颜，宁获罪被贬也要据理力争，这既是对士大夫人格的赞扬，又像是在提醒皇帝要亲贤臣、远小人、虚心纳谏；文章还给故事加上一个圆满的结尾，被贬的忠臣终于被召回，君王也赢得美名。联系苏轼生平少有才名、性情散淡的特点，再加上其半生颠沛流离的贬居生活，这篇文章是很值得玩味的。

熙宁四年，司马光贬居洛阳，两年后置独乐园。在有关独乐园的诗文中，司马光多次借遥慕古人来表自己的高风亮节，以占领道德高地。② 尽管所追慕者不乏严光、韩康、陶潜这些真的隐士，但司马光其实从未放松对时局的关切。苏轼对司马光借园林以韬光养晦的做法看得十分清楚：“先生卧不出，冠盖倾

---

① 苏轼：《叶嘉传》，《苏诗文集》第二册，中华书局 1986 年版，第 430 页。

② 司马光作《独乐园七咏》分别对应园中七处主要景观，每首都遥慕一位古人，分别为董仲舒、严子陵、韩伯休、陶渊明、杜牧、王子猷、白居易。

洛社……儿童诵君实，走卒知司马……抚掌笑先生，年来效喑哑。”① 可见苏轼也是如此，借园林诗来表达希望司马光出来做官的愿望。与司马光的韬光养晦不同，谪居后的苏舜钦则通过园林来表达对官场生活深深的厌倦和失望：“地一径抱幽山，居然城市间。高轩面曲水，修竹慰愁颜。迹与豺狼远，心随鱼鸟闲。吾甘老此境，无暇事机关。”② 苏舜钦因用卖废纸的官钱宴请宾客而遭弹劾被贬，实际上是遭到庆历新政反对派的政治打击，因此才以“迹与豺狼远”一语双关，表达自己的愤恨。

事实上，只有与政治和道德关联起来，宋人看似悠闲自得的生活才显示出更多的深长意味，至少对士人来说，茶与园林从来就不完全独立于政治影响之外。

① 苏轼：《司马君实独乐园》，《苏轼诗集》，中华书局 1982 年版，第 732 页。
② 苏舜钦：《沧浪亭》，《苏舜钦集》，上海古籍出版社 2011 年版，第 83 页。

现代美学

卢卡奇美学与《资本论》*

陆晓光**

摘　要：《审美特性》是卢卡奇美学对《资本论》美学思路的发挥。《审美特性》聚焦于“劳动”范畴，并以此为方法论，贯穿于对各种艺术形式起源的追溯和分析。卢卡奇立足于“人和自然的物质交换过程”，讨论了审美的起源和本质、艺术形式的来源、艺术的特殊对象与功能、审美活动的条件、自然美与社会的关系，以及艺术发展与社会的关系等内容。卢卡奇以“同质媒介”这一概念，深入研讨各种艺术门类如何“掌握世界”，触及艺术门类的特殊形式与“完整的人”感知世界之方式的关系，以及艺术何以具有超越日常生活的功能等问题。卢卡奇美学与《资本论》“劳动”美学思想的内在联系得以揭示。

关键词：卢卡奇美学　《审美特性》《资本论》　劳动　同质媒介

卢卡奇（1883—1971）被誉为20世纪西方马克思主义美学的创始人。①《审美特性》是他晚年作成的一部系统性论著。②“这本书是我的美学和伦理学第

---

*　基金项目：本文为国家社科项目（批准号 11BZW018）成果《〈资本论〉美学研究》的绪论之一。

**　作者简介：陆晓光，华东师范大学中文系教授。

①　卢卡奇之所以被公认为“西方马克思主义”的创始人，主要是他的《历史与阶级意识》（1923年以德文出版）。“……异化问题是自马克思以来第一次被他当作对资本主义的革命批判的核心来加以论述。”（徐崇温：《西方马克思主义》，天津人民出版社 1982 年版，第 71 页）“卢卡奇是在人们还不知道马克思有关异化问题的著作（《德意志意识形态》和《1844 年经济学哲学手稿》于 1932 年才付印出版，《政治经济学批判大纲》于 1939—1941 年出版）的时候发表的。卢卡奇的作品是从当时能了解到的马克思和恩格斯的著作出发而得出的天才的推论，证明了作者非凡的理论洞察力，我们不能否认卢卡奇在为理论界揭示和引进马克思思想体系时所做出的，至今尚未被人们很好了解的那些功绩。”（徐崇温：《西方马克思主义》，第 72 页）

②　据《乔治·卢卡奇生平年表（1885—1971）》（约翰娜·罗森堡编），1908年卢卡奇通读了《资本论》第一卷；1914—1915 年，第二次开始细致地钻研马克思的著作，特别是青年马克思的哲学著作和《政治经济学批判导言》；1930—1931 年，卢卡奇在莫斯科的马克思恩格斯列宁研究院里参加编订《马克思恩格斯全集》的工作，期间他有机会读到马克思《1844 年经济学哲学手稿》；（转下页）

一次独立成篇的著作，它概括了我的研究的最重要成果。”作者立意是“以完全不同的世界观和方法实现我青年之梦，并且是以完全不同的内容和以前完全对立的方法完成它”①。前此二十多年卢卡奇在关于马克思文艺思想体系问题的论文中说过：“谁若能以真正用心的态度通读并读懂马克思的《资本论》和其他著作，他会发现：从包罗万象的整体观点来看，马克思的一些意见比那些毕生从事美学研究的反资本主义浪漫派的著作更深入地进入了问题的本质。”②在马克思主义文艺批评和美学研究领域，卢卡奇第一次明确强调《资本论》特殊而重大的意义。与此相应，《审美特性》前言写道：“如果认为将马克思主义经典作家的言论加以搜集和系统排列就可以产生一部美学，或者至少是构成美学的一个完整骨骼，只要加入连贯的说明文字就能产生一部马克思主义美学，那就完全是无稽之谈了。”③可以说，整部《审美特性》在在可见《资本论》的影响，确切地说是卢卡奇对《资本论》美学思路的发挥和发展。

一、“劳动的简单事实可以令人信服地说明这一点”

《审美特性》中最突出的是对《资本论》“劳动”思想的发挥。作者在序文中写道：“自黑格尔美学以来，没有一个哲学家认真说明过审美的本质”④；而“劳

（接上页）1934年发表《卡尔·马克思和F.T.维舍尔：马克思的〈维舍尔美学摘要〉》；1957年开始撰写《审美特性》，至1963年完成并出版。（中国社会科学院外国文学研究所编译：《卢卡契文学论文集》，中国社会科学出版社1981年版，第577—597页）

① 卢卡奇著，徐恒醇译：《审美特性》扉页，社会科学文献出版社2015年版，第13页。全书共十六章，其中前十一章曾于1986年和1991年由中国社会科学出版社出版。本文标页码处皆见该书2015年版。“无论从《审美特性》的论域之广、视野之阔、体系之严来看，还是就其与‘人类思想的伟大传统’的现代关联而言，该书亦可谓是马克思主义美学的集大成之作。”（邓军海：《写在卢卡奇〈审美特性〉全译本出版之际》，《光明日报》2015年4月14日）

② 卢卡奇《马克思、恩格斯美学论文集》（1945），选自中国社会科学院外国文学研究所编译：《卢卡契文学论文集》，中国社会科学出版社1981年版，第281页。朱光潜关于马克思美学体系问题有类似之说：“对我们造成困难的是这个完整体系是经过长期发展而且散见于一系列著作中的，例如从《经济学—哲学手稿》《德意志意识形态》《关于费尔巴哈的提纲》《政治经济学批判》直到《剩余价值论》《资本论》和一系列通信。要说体系，马克思主义美学体系比起过去任何美学大师（从柏拉图、亚里士多德到康德、黑格尔和克罗齐）所构成的任何体系都更宏大，更完整，而且有更结实的物质基础和历史发展的线索。我们的困难就在于要掌握这个完整体系，就非亲自钻研上述一系列的完整的经典著作不可。”（朱光潜：《谈美书简》，人民文学出版社2003年版，第28页）

③ 卢卡奇：《审美特性》（前言），第5页。

④ 卢卡奇：《审美特性》（前言），第2页。

动的简单事实可以令人信服地说明这一点”[①]。该书首章“日常生活中的反映问题”直接引用了《资本论》关于“劳动”的一段著名论述：

> 我们要考察的是专属于人的劳动。蜘蛛的活动与织工的活动相似，蜜蜂建筑蜂房的本领使人间的许多建筑师感到惭愧。但是，最蹩脚的建筑师从一开始就比最灵巧的蜜蜂高明的地方，是他在用蜂蜡建筑蜂房以前，已经在自己的头脑中把它建成了。劳动过程结束时得到的结果，在这个过程开始时就已经在劳动者的表象中存在着，即已经观念地存在着。他不仅使自然物发生形式变化，同时他还在自然物中实现自己的目的，这个目的是他所知道的，是作为规律决定着她的活动的方式和方法的，他必须使他的意志服从这个目的。[②]

卢卡奇紧接着写道：“我们就在这个基础上研究劳动的各个环节，它确定了那些作为日常生活、日常思维和日常对客观现实反映的基本因素。”[③]通观《审美特性》全书可以鲜明感触到，作者所谓与旧美学“不同的世界观和方法”，其核心范畴是“劳动”，并且正是马克思《1844年经济学哲学手稿》与《资本论》中作为理论基础的“劳动”。

在马克思主义美学思想问世之前，人类劳动大体是西方美学的盲区。西方美学史上最初研讨“美”概念的是古希腊哲学家。《柏拉图对话录》中提出过“美”的多种可能定义（有用、有益、快感、恰当等），最后得出“美是难的”结论。“美的概念甚至在希腊人那里就偶尔感到了它的多义性”，柏拉图著作相关讨论表征的是希腊哲学家们的“共同难题”。[④]卢卡奇尖锐地指出，这个难题

---

① 卢卡奇：《审美特性》（前言），第6页。

② 马克思：《资本论》第一卷，人民出版社1975年版，第202页。

③ 卢卡奇：《审美特性》，第5页。

④ 卢卡奇：《审美特性》，第1019页。柏拉图在《理想国》的《大希庇阿斯篇》中专门讨论过“美是什么”的问题，其最终得出的却是“美是难的”结论。“美学”（aesthetics）作为一门专门的学科，最初始于德国哲学的沃尔夫学派，他的门徒鲍姆嘉通在1750年出版《美学》，首先使用“Ästhetik”这个名称。黑格尔认为这个名称的精确词义是指研究感觉和情感的科学，这个用词与“美学”应有的研究对象并不相符。黑格尔声称其他的《美学》所讨论对象是“广大的美的领域”，其核心则是“美的艺术”。（参见黑格尔著，朱光潜译：《美学》序论，第3页）“法国人往往把‘美’叫做‘我不知道它是什么’（Je ne sais quoi），可不是吗？柏拉图说的是一套，亚里士多德说的又是一套；康德说的是一套，黑格尔说的又是一套。从马克思主义立场来看，他们都可以一分为二，各有对和不对的两方面。”（朱光潜：《谈美书简》，江苏文艺出版社2007年版，第9页）

的直接原因正是轻视劳动："古代的观点是轻视劳动的，首先是轻视体力劳动。奴隶制经济的矛盾越突出，这点越严重。"① "由于奴隶制经济产生的对劳动的轻视……连几何规律用于机械制造的尝试也引起了柏拉图的激烈反对"；"甚至在阿基米德那里，他也蔑视把力学应用于手工业"；"对生产劳动的轻视只是当时条件下社会意识的阴暗面。"② 马克思对古典政治经济学的考察已经指出了源于古希腊哲学家的偏见："这些人如此拘守于自己的资产阶级固定观念，以致认为，如果把亚里士多德或尤里乌斯·凯撒称为'非生产劳动者'，那就是侮辱他们。其实，单是'劳动者'这个名称，就会使亚里士多德和凯撒感到被侮辱了。"③

西方近代美学最具影响力的是康德，卢卡奇称赞"他把自由美和依存美做了区分"，显示出"对美学问题天才的哲学洞察力"；同时也指出"他的主观唯心主义使这种天才的见解大为逊色"④。康德美学提出著名的"无利害性"说，即审美活动与功利活动无关。由于人类劳动总是有某种功利目标，康德此说显然排除了劳动的审美内涵。卢卡奇针对性地提出"利益搁置"说予以反驳："完全的无利害性绝不会是审美的特性。……从使用之前对劳动工具的检验，到下棋时对复杂情况的分析，到处都需要暂时搁置直接的利益，这正是为了行为能取得成效。在这里重要的是，它所涉及的是对利益的搁置，而不是对利益的排除。"⑤ 康德还把由功利活动引起的"快感"也排除于审美领域，卢卡奇写道："康德的规定提出了极其重要的问题，但它的丰富性却受到了快感与美之间对立的、形而上学僵化的损害。"⑥

康德之后的黑格尔被卢卡奇推重为"资产阶级的进步传统在艺术哲学领域的顶峰"⑦。这个评赞也是基于马克思的劳动观："只有揭示了劳动是人类形成的手段，在这里才使问题根本地转向现实。众所周知，黑格尔在《精神现象学》中第一次提出了这种观点。……马克思认为《精神现象学》伟大之处的理由之

---

① 卢卡奇：《审美特性》，第 85 页。

② 卢卡奇：《审美特性》，第 77 页。

③ 马克思：《剩余价值理论》第 1 册，人民出版社 1975 年版，第 299 页。

④ 卢卡奇：《审美特性》，第 207 页。

⑤ 卢卡奇：《审美特性》，第 969 页。

⑥ 卢卡奇：《审美特性》，第 181 页。

⑦ 《卢卡契文学论集》第1卷，第404页。"马克思和恩格斯整个一生都在深入地研究文学和艺术问题，可是他们没有时间系统地总结他们的观点或写一部全面批判黑格尔美学的书。……尽管如此，马克思和恩格斯就个别具体问题所发表的言论中表现出的唯物主义颠倒的基本原则，还是十分清楚地摆在我们面前。"（《卢卡契文学论集》第 1 卷，第 431 页）

一就是在于这一理论。”① 然而黑格尔的局限性也正在此：“黑格尔只知道并承认一种劳动，即抽象的心灵的劳动。”② 马克思美学思想的划时代性正是始于黑格尔的局限性和终止处，即“抽象的心灵劳动”之外的物质生产劳动的盲区：“每一种劳动，甚至最原始的劳动，其中都包含着一系列的普遍化过程”，“这种思想早在英国古典经济学中就存在，青年黑格尔对其做了一种明晰的哲学表述……只是到了马克思和恩格斯那里，它才在人类活动的系统中获得了正确的地位”。③ 这段话也是作为“政治经济学”著作的《资本论》何以被卢卡奇推重为马克思主义美学理论依据的原因所在：“传统的美学把人的感觉的属人性质或者作为一种既成事实，或者作为人类知性认识的成果，由此使形式感形成的机制被排除在美学研究的视野之外，造成美学理论的一大盲区。”这个“盲区”的中心点正是人类的“劳动”。④《审美特性》中的“完全不同的世界观和方法”，其独特性首先正是聚焦于传统美学的盲区，即“劳动”。⑤

《审美特性》于 20 世纪 80 年代中期译介至我国并产生重要影响。我国美学界对该书的推重和接受主要在于其中的“实践”思想（由此产生了论者众多的“实践美学”）；此外还包括巫术与艺术起源之关系、审美形式感生成的机制、日常生活中的美学意蕴等方面。⑥ 就笔者有限视域所见，对该书作为“审

① 卢卡奇：《审美特性》，第 134 页。

② 马克思：《1844年经济学哲学手稿》，人民出版社1979年版，第117页。有学者指出黑格尔的辩证法运用本身就是一种追寻真理的“卓越劳动”。然而“黑格尔的辩证法劳动概念作为精神的抽象思维活动，……旨在获得对事物本质的概念认识，完全不同于现实的资本主义生产条件下‘作为肉体的主体’所从事的强制性劳动，它不能具体解释为什么‘人们会像逃避瘟疫一样逃避劳动’，以及为什么社会大工业生产越发达，物质越富裕，工人却越贫困、无知和堕落”（罗朝慧：《黑格尔辩证法为什么是“倒立的”——马克思对黑格尔辩证法本质问题的剖析》，《人文杂志》2018 年第 2 期）。

③ 卢卡奇：《审美特性》，第 982 页。

④ 卢卡奇：《审美特性》序，第 7 页。

⑤ 近代资产阶级艺术理论的一个普遍倾向是：“它们害怕承认在对现实的反映中，劳动是根本的环节。”（卢卡奇：《审美特性》，第 179 页）

⑥ 例如该书译者前言所推重的方面包括：“坚持马克思主义的实践论是本书的重要特色。”“传统的美学把人的感觉的属人性质或者作为一种既成事实，或者作为人类知性认识的成果，由此使形式感形成的机制被排除在美学研究的视野之外，造成美学理论的一大盲区。卢卡奇则在书中设专章考察了节奏、比例和对称等形式美要素以及装饰纹样的审美发生过程。”“巫术模仿在审美形成中起了一种中介作用。当巫术观念淡化以后，审美活动便由巫术中分化开来。由此可见，卢卡奇的审美发生学理论与传统的巫术说和劳动说有实质的区别。”“卢卡奇美学还体现了一种生存论的维度。……他把人的日常生活世界作为美学研究的逻辑起点和终点。”又所举德国美学家马克斯·本泽评论为：“继黑格尔美学之后，当今卢卡奇美学可以成为阐释性美学的集大成范例，它表现出于黑格尔体系的一种现代关联。”（《审美特性》译者前言）笔者以为，所有这些特色都是基于《资本论》的“劳动”视域和以马克思“劳动”范畴为方法的研究成果。

美本质”之基础的“劳动”之义，迄今较少专题研讨。[①]因此笔者这里需要再次强调，就卢卡奇美学方法论的创意而言，最鲜明、最集中、最具体发挥的是《资本论》的“劳动”范畴。“劳动”堪称整部《审美特性》的聚焦点和方法论基础。“劳动是现代经济学的起点”[②]，也是马克思政治经济学的最基本范畴。《资本论》对资本起源即“商品细胞”的分析基于对“劳动二重性”的揭示。[③]《审美特性》序言就突出强调了《资本论》“劳动”作为方法的范例之义：

> 每一种范畴结构大都与其起源有着最密切的关系。只有将其起源的阐述与客观的分化过程有机地联系起来，才能充分而适当地揭示出范畴的结构。马克思《资本论》卷首关于价值的论述，就是这种历史体系方法的范例。在本书关于审美基本现象的具体阐述中及其分化出的细节问题中，都对这种结合的方法做了尝试。……**正如劳动、科学和一切人的社会活动一样，艺术也是社会发展的一种产物，是通过他的劳动而形成人的人们的产物。**[④]

由此，“劳动”作为卢卡奇美学的方法贯串于对各种艺术形式起源的追溯和分析。其研讨所及的审美形式包括装饰、对称、比例、纹样，及建筑、音乐、文学乃至现代电影等。

---

① 张伟《论卢卡契美学与马克思美学的关系》（《文艺理论与批评》2000年第1期）注意到：“马克思关于‘人体解剖是猴体解剖的一把钥匙’的思想给卢卡契以方法论的启示。……找到了劳动这把钥匙以后卢卡契得出结论：‘对人的活动的产生、形成和发展，只有在与劳动的发展、与人征服周围环境、与人通过劳动对自身的改造三者的相互关系中才能理解。’”（《审美特性》，第179页）

② 马克思：《〈政治经济学批判〉导言》，《马克思恩格斯选集》第二卷，人民出版社1972年版，第107页。

③ 《资本论》第一卷第一篇的标题之一是“体现在商品中的劳动二重性”。

④ 卢卡奇：《审美特性》，第9页。卢卡奇这一方法论基于他对“劳动”之崇高价值的认知。康德美学由于排斥功利目标的劳动，因而其哲学体系中审美的意义“低于唯一人类尊严的伦理”。卢卡奇指出，劳动是审美“获得一种哲学的尊严”的途径和依据，因为劳动“与人的最高利益相联系”（《审美特性》，第441页）。席勒基于深刻的人道主义而提出过游戏说：“只有当人充分是人的时候，他才游戏，只有当人游戏的时候，他才完全是人。”然而其偏差在于将艺术活动与劳动完全隔离并对立起来，“这就必然导致艺术本身狭隘闭塞、毫无内容”（《审美特性》，第222页）。傅立叶在批判资本主义劳动分工时得出了与席勒类似的结论：“在社会主义社会中劳动将变成游戏。”其偏差也是在于取消了人类社会自我生产与自我享受之间的根本区别：“恰恰是在人类发展中具有中心意义的劳动的那种特殊本质被忽视了。”（《审美特性》，第223页）

二、“人与自然的物质交换”

《资本论》阐明“劳动”之义的首句为：

> 劳动首先是人和自然之间互动的过程，是人以自身的活动来引起、调整和控制人和自然的物质变换的过程。①

其中“人和自然的物质交换过程”一语，在整部《审美特性》中被作为方法论的关键词而做了堪称最为详具的发挥。②因而它也足以鲜明表征卢卡奇方法论的特征。这里首先重要的不是解读或和评断卢卡奇这些发挥所蕴含的见识，因为这些堪称独特的发挥本身对我们认知《资本论》的美学意蕴足以提供启示。下面简述要点。

1. “人与自然界的物质交换始终是社会的物质交换”

> 劳动不仅实现了使人变成人，而且仅以这个过程也创造了人类社会，马克思在这里所说的**与自然界的物质交换始终是社会的物质交换**。一切社会的物质交换，并不关注其特有的构成方式。即使是鲁滨逊单独地在他的岛上所进行的这种物质交换，也是作为一个具体社会的成员，作为社会发展某一阶段的人。这种物质交换，它构成了每一种人与自然关系的基础——它可能是实践的、理论的或情感的，具有双重的客观性结果。③

这里指出了人与自然界的“物质交换”具有“社会性”，且伴随“情感”方式，后者直接是审美反映的特性所在。因而审美反映的基本对象不是单个的、孤立的

① 此段文字首句的英译本为：“Labour is, first of all, a process between man and nature, a processe by which man, through his own actions mediates, regulates and controls the metabolism between himself and nature.”(Karl Marx, *Captal* Volue I, p.283. tr.Ben Fowkes, Penguin Books, First published in Pelican Books 1976, Reprinted in Peguin Classics 1990)

② 《审美特性》以“人与自然的物质交换”为关键词的论述多达三十余处。

③ 卢卡奇：《审美特性》，第 1037 页。

人，而是“处于与自然界进行物质交换中的社会”[①]。

2.“社会与自然界的物质交换包含了人的世界的一切生活现象”

> 审美的客观性绝对不是对现实的替代，……这种物质交换首先是一种物质的过程，是对地球表面相应于人的需要的改造（不言而喻，在其中自然规律只是被自觉或不自觉地利用，而很少像在个别劳动中那样能够被扬弃）。**这种物质交换的范围却远远超出通**过社会的劳动和斗争对具体自然界的物质渗透和转化，因为这个过程不仅创造了人，而且**大大地改造了、丰富了、提高了和深化了人**。……从以前荒地的开垦和林木覆盖的山野的开拓，直至以前与人无关的或甚至有害的自然要素的景观化（从牧歌到悲剧），**这种社会与自然界的物质交换包含了人的世界的一切生活现象**，即人类的环境、人类生存的自然基础及其社会的结果。[②]

这里强调的是劳动影响所及的范围，不仅包括通常理解的具体劳动成果，以及被劳动改变的自然界和社会生活，还包括劳动主体在劳动过程中的进化和提高。其中所谓“丰富了人”，亦包括作为人类审美感官的“五官的感觉”等。[③]

3.“审美反映的统一原理是在社会与自然界物质交换这一基础上形成的”

> 与自然界处于物质交换中的社会，构成了全部反映的基础，只能以经过中介的直接方式来表现这一真实基础。在这里，不论一个自然物体（**如在风景画中**），或一个纯粹人们内部的事件（**如在悲剧中**），都同样表现了这种本质特征。因为这两种情况下，其最终基础是相同的，只是在前景与背景的关系上，或者是明确表达或者是暗示有所变换而已。所有这些表明，**审美反映的统一原理是在社会与自然界物质交换这一基础上形成的**。

---

① 卢卡奇：《审美特性》，第 149 页。

② 卢卡奇：《审美特性》，第 367 页。

③ 青年马克思写道：“只是由于属人的本质的客观地展开的丰富性，主体的、属人的感性的丰富性，即感受音乐的耳朵、感受形式美的眼睛，简言之，那些能感受人的快乐和确证自己是属人的本质力量的感觉，才或者发展起来，或者产生出来。因为人不仅是五官感觉，而且所谓的精神感觉、实践的感（意志、爱等等）——总之，人的感觉、感觉的人类性——都只是由于相应的对象的存在，由于存在着人化的自然界，才产生出来的。”（马克思：《1844 年经济学哲学手稿》，第 79 页）

> 发展了的审美反映已经远远地脱离了日常生活（首先是劳动）中这一基础的现象，首先在劳动中失去了上述基本的统一性和再形成。①

这里明确地以劳动的本质特征即“社会与自然界的物质交换”作为美学以及各种不同艺术门类之间相通的最基本原理。

4. 艺术是“这种物质交换的最高发展阶段的产物”和“终极对象”

> 艺术的特殊反映方式之所以高于日常生活中对现实把握的各种一般形式正是在于，人的存在和活动的物质基础是**社会“与自然界的物质交换”（马克思《资本论》语）**，它最终整体地、直观地反映出与整个人的实际关系。……这种物质交换在深度和广度上越强大，在艺术中对自然界本身的反映也就表现得越鲜明。它不是始原的，相反，**是这种物质交换的最高发展阶段的产物**。另一方面，**对社会与自然界物质交换的反映是审美反映终极的真正最终的对象**。本来，在**这种物质交换中正包含着每一个体与人类以及与人类发展的关系**。这一潜在的内容现在已在艺术中显现出来，往往隐伏着的自在存在表现为一种形象的自为存在。②

这里所谓“最高发展阶段的产物”，是指从始原劳动中分化出来的各种门类的艺术创作；所谓“终极对象”，则也意味着艺术的发展与人类未来前景的关系。与此相关的是，《审美特性》末章标题为“艺术的解放斗争”。

5.“一种比基本的劳动关系本身更复杂的结构”

> 尽管劳动（它的社会形式，通过劳动所中介的、与自然的关系以及与同伴的关系等等）对于人的社会存在是基本的，但是在这一基础上形成了人与人之间的关系、各种需求以及满足各种需求的手段等等。**这是一种比基本的劳动关系本身更复杂的结构，劳动关系为对这种结构的认识提供了基础**，这种基础不再能够从其中直接推导出来或加以说明。……对于我们

① 卢卡奇：《审美特性》，第143页。
② 卢卡奇：《审美特性》，第141页。

的问题说来，这里所出现的意识形态后果格外重要：中项，一方面是人本身的作品，另一方面在其后果中超越了其意图、计划、希望等——无论在积极意义上或消极意义上——它的已被确立的事实逐步构成了一种拟人化世界观的基础。……由劳动的主观方面，由创造中的目标确立以及由某些本质上新的东西的生产中，产生出作为世界和生命创造者的诸神的表象。①

卢卡奇的相关分析表明，所谓“比基本的劳动关系更复杂的结构”，其要素包括：一、工具（“人以他的工具而具有支配外在自然界的威力”②）；二、生产力（“生产力也是人类社会与自然界之间的中介”）；三、生产关系（每个人劳动的直接性“已经不仅通过生产力，而且也通过生产关系客观地规定和进行中介的。”）；四、由此产生的“意识形态后果”；五、在此基础上产生艺术特有的“拟人化世界观”③或“诸神的表象”。由这些要素共同构成的“更复杂的结构”，是相对于从劳动中分离后发展的艺术而言的。后者虽然与直接劳动已经相距甚远，然而就其历时性或共时性而言，都是以这个由“基本的劳动关系”而生成的“更复杂的结构”为中介。换言之，在原始的、基本的、简单的劳动中介（工具）的基础上，发展形成了“更复杂结构”的中介（工具—生产力—生产关系—社会关系—意识形态—拟人化世界观）。这个中介潜在制约着审美领域的各种表象。这个“更复杂结构”又被称为“第二自然”，它“既不依存于自然，也不依存于单个人的意识”，同时却对每个劳动产品及艺术产品发挥作用。“在社会存在中这种客观的不可扬弃的规律性应该成为重要方法论特征的起始点。”④

6. “双重客观性”：“整个审美领域也属于这一整体”

在社会和自然物质交换的基础上形成的生产力的发展创造了与其相适应的生产关系，相应地调节了人们之间的关系，**对于每个人由这种双重的客观性中形成了他的环境**，在这里所呈现的每一个方面对他说来都是一个不可排除的给定的客观现实。……凡是与生活、与人的直接生活表现相

① 卢卡奇：《审美特性》，第 739 页。

② 黑格尔：《逻辑学》（下卷），第 438 页。

③ 卢卡奇把科学与艺术的方式区别为“非拟人化”与“拟人化”。科学对象是“各种客体的性质”；“审美反映的对象是人的世界、人们相互间以及与自然的关系。”（卢卡奇：《审美特性》，第 431 页）

④ 卢卡奇：《审美特性》，第 738 页。

关联的一切，**以不可排除的方式成为自然与社会、自然与人的联系的客观基础**。（对自然不依赖人的社会此在的独立性的认识以及由此产生的情感，在这里作为这一世界图像的重要因素。）**整个审美领域也属于这一整体**。①

这个“双重客观性”不仅意味着自然与社会对于每个人都是预定的客观存在，也不仅意味着所谓自然已经是经过与社会物质交换后的“人化的自然”，更意味着自然客观性与社会客观性之间的联系。卢卡奇发挥了《资本论》中的两个分析范例。其一是关于金银何以成为货币的分析：“自然界并不出产货币，正如自然界并不出产银行家或汇率一样……金银天然不是货币，但是货币天然是金银。”②因此，人对金银的审美感也会随着社会历史的发展而变迁。列宁指出将来的社会中，“金子可以用来为一些大城市修建公共厕所”③。另一个范例是马克思对黑人与黑奴之关系的分析：“黑奴就是黑人，只有在一定关系下，他才成为奴隶。”④卢卡奇由此强调：“这里对我们重要的是，肯定人的一切自然关系都是经社会所中介，在马克思那里即使纯经济现象，也不能抹杀这里所探讨的两个领域之间的区别。”因此，“人与自然的关系作为社会与自然界的物质交换的实践的、理论的和情感的表现，应该在这种历史的总体联系中来考察，而不应该在传统美学的那种随意化的抽象中来考察”⑤。

7. “自然美”也蕴含着“社会与自然的物质交换”

与自然界的物质交换的社会的、人的效果绝不会穷尽。……生产力的发展不断改变着人与人的关系、他们外在的及内在的生活状态，由此也改变了人与自然界的关系。当然在这里不能完全僵化与审美的直接关系。

① 卢卡奇：《审美特性》，第1037—1038页。

② 马克思《政治经济学批判》，《马克思恩格斯全集》第十三卷，第145页。卢卡奇还分析道：“金的自然属性比其他自然现象更多地适应于货币不同职能所限定的那种经济要求。这些特性是：如在每个任意数量级上量保持不变；有极大的可分割和重新结合的可能性；具有大的比重，所以在小的空间里有相当大的重量——由此便于运输和传递；稀有性和柔韧性，从而不适于做生产工具。通过这种客观的、与每种社会性无关的自然特性，金成了货币的特定体现。”（卢卡奇：《审美特性》，第1041页）

③ 列宁：《论社会主义》，人民出版社2009年版，第293页。

④ 马克思：《雇佣劳动和资本》，《马克思恩格斯选集》第一卷，第362页。“黑奴就是黑人，只有在一定关系下，他才成为奴隶。纺纱机是纺棉花的机器，只有在一定的关系下，它才成为资本。脱离了这种关系，它也就不是资本了，就像黄金本身并不是货币，砂糖并不是砂糖的价格一样。”

⑤ 卢卡奇：《审美特性》，第1039页。

猎人与自然界的关系，就与农业耕种者或家畜饲养者与自然界的关系完全不同，在这里完全谈不上直接指向审美的意图。**城市的兴起又产生出彻底不同的与自然界的关系**。”①

猎人、农耕者、家畜饲养者以及城市居民的生活环境与谋生方式各有不同的与自然界的关系，这种不同关系影响着他们的自然对象的审美情感。卢卡奇多处讨论了“人与自然的物质交换”乃是“自然美”的根基：“开花的果树、成熟的庄稼、收获的田野等——对于体验者而言必然由季节的‘永恒’序列来安排的。即使被人遗弃的、极其孤寂的风景只有在与人类发展的联系中才能成为可体验的。”②“同样一个森林，对于农民来说是‘木材’，对林务官来说是‘山林’，对猎人来说是‘狩猎区’或‘禁猎区’，对于游人来说是‘凉爽的林荫’，对于逃亡者来说是‘隐蔽场所’，对于诗人来说是‘林木编织物’‘树脂气氛’等。”③“每一种对‘自然美’的体验都是以在社会化的人的支配下自然界屈从的一定阶段为基础的。”④“车尔尼雪夫斯基说，‘大地上的美的东西总是与人生幸福和欢乐相连的’。”⑤“……但是车尔尼雪夫斯基所说的自然美缺乏那种由社会与自然界物质交换所必然和客观地产生出来的普遍性。”⑥

8. 劳动过程中“时间上的顺序”与“空间上的并存”

日常实践以及与其紧密相连的日常思维都处于运动着的物质和动荡着的事物的世界中，它们的相关性理所当然地、直接明显地可以为人所接受。这可以很容易地用最简单的日常生活的事实加以说明。马克思《资本论》清晰地描述了的这一过程：“如果我们考察一定量的原料（如造纸手工工场的破布或者制针手工工场的针条），就可以看到，这些原料在获得自己的最后形态之前，要在不同的局部工人手中经过时间上顺序进行的各个生产阶段。但如果把工场看作一个总机构，那么原料就同时处在它的所有

① 卢卡奇：《审美特性》，第1042页。
② 卢卡奇：《审美特性》，第1072页。
③ 卢卡奇：《审美特性》，第607页。
④ 卢卡奇：《审美特性》，第1077页。
⑤ 车尔尼雪夫斯基著，周扬译：《艺术与现实的审美关系》，人民文学出版社1979年版，第10页。
⑥ 卢卡奇：《审美特性》，第1044页。

> 的生产阶段上。由局部工人组成的总体工人，用他的许多握有工具的手的一部分把针条拉直、切断、磨尖等等。**不同的阶段过程由时间上的顺序进行变成了空间上的并存。因此在同一时间内可以提供更多的成品。**”①我们看到，这种表述的目的绝不是从哲学上说明空间和时间的辩证的统一，而是阐明在工场中通过分工提高了生产和劳动能力。……这种事实对于这一劳动过程的每一个参与者说来同样自发地成为他的习惯行为的基础，尽管他不可能甚至根本不可能感到——像马克思所做的那样——在概念上加以阐明的需要。②

这里重要的是卢卡奇将哲学上抽象的“时间”和“空间”纳入具体的“人的自然环境”中讨论③，而这个自然环境是《资本论》分析的手工工场的“劳动”环境。在这个环境中，时间上的顺序同时也是空间上的并存。“这种空间和时间的恒常的同时存在……当然会在人的情感生活中留下最深的痕迹。”传统美学（如康德）却是对空间与时间作形而上学的分离，并由此将各种艺术按空间艺术（如雕塑、绘画等）和时间艺术（如音乐、诗歌等）的模式划分。卢卡奇基于上述辩证转化的时空观，提出重塑传统美学的艺术分类方法：“每一种原始的、直接的空间—视觉同质媒介在其世界的整体性中都必须加入一种准时间，正如任何时间媒介没有一种准空间的痕迹就不可能构成它的‘世界’，因此这是一种丰富的辩证矛盾。”④“音乐（文学）中的准空间、造型艺术中的准时间，已经在整个艺术世界展开的前阶段中，在人以其感官与他的环境、与对其内在性的影响的各种关系的审美再生产中，打破了空间与时间的拜物化分离。”⑤由上可见，《资本论》分析“劳动”的“人和自然的物质交换过程”一语，在《审美特性》中作为研究方法的关键词，自觉贯串于卢卡奇美学体系中，其所论包括或涉及审美的起源和本质、艺术形式的来源、艺术的特殊对象与功能、审美活动的条件、自然美与社会的关系，以及艺术发展与社会的关系等。因此我们有理

① 马克思：《资本论》，第382页。
② 卢卡奇：《审美特性》，第478页。
③ 该段所出章节的小标题为：“人的自然环境（空间与时间）。”（卢卡奇：《审美特性》，第474页）
④ 卢卡奇：《审美特性》，第479页。
⑤ 卢卡奇：《审美特性》，第487页。

由说，“劳动”不仅是卢卡奇美学体系中贯串始终的独特方法，而且也是他发挥《资本论》“劳动”美学思想的创意所在。①

三、“艺术掌握世界的方式”与“同质媒介”

马克思《政治经济学批判·导言》中指出艺术是人类掌握世界的方式之一。马克思是在谈论理论思维特殊性时提出这个看法的：理论思维作为一种“专有的掌握世界的方式”，其特质在于“把直观和表象加工成概念；这种方式是不同于对世界的艺术的，宗教的，实践——精神的掌握的”。②我国美学界对“艺术掌握世界的方式”命题多有从“形象思维”或“艺术生产”等论域的研讨。③卢卡奇则基于“劳动”方法而深入研讨了各种艺术门类是如何“掌握世界”这一更为具体的问题，其研讨触及艺术门类的特殊形式与“完整的人”感知世界之方式的关系，以及艺术何以具有超越日常生活的功能等问题。④这一

---

① 除了“劳动”范畴外，《审美特性》中另有诸多借鉴《资本论》研究方法的论述。例如我国学界熟知的“人体解剖是猴体解剖的一般钥匙”（马克思：《政治经济学批判导言》）。它是卢卡奇追溯人类始原劳动与审美意识发生之关系等问题的方法论依据：“马克思明确地描述和确定了历史上早已过去并被遗忘了的时代，有关经济结构和范畴的认识方法。……在我们这个领域也是这样，人体解剖是猴体解剖的一把钥匙。”（卢卡奇：《审美特性》，第4页；另见该书第34、198页）。又如关于《资本论》“从抽象上升到具体”的研究方法（马克思：《1857—1858年经济学手稿》），卢卡奇以此为据说明马克思的辩证方法与黑格尔等“客观主义的伟大思想家们”的不同（卢卡奇：《审美特性》，第794页）。再如该书扉页上标明引自《资本论》的题词：“他们没有意识到这一点，但是他们这样做了。”该语原出《资本论》首章分析“商品”与“劳动产品”之关系时所做论断（《资本论》第一卷，第90页）。卢卡奇不仅将该语作为“格言”而标示于《审美特性》扉页，并且全书多处强调该格言对于美学研究的特殊意义（见卢卡奇：《审美特性》，第12、201、499、525、766、779页）。

② 马克思：《政治经济学批判·导言》，第104页。

③ “艺术地掌握世界的方式即人类进行艺术生产的方式。因此，艺术生产与物质生产一样，都是主体对于客体的对象化改造，也就是主体对客体世界的掌握。”（李益荪：《马克思“艺术生产”理论研究》，巴蜀书社2009年版）。“审美地把握世界的方式要经过主体对世界的认识与感知，通过一些模仿、联想、想象、情感等，用一种艺术的手段或方式技巧对来源于世界的认识和感知到的原材料进行加工整理，从而达到一种艺术的生产与创造，同时也体现了主体对世界的特殊把握，是用艺术的方式。”（冯宪光：《新编马克思主义文论》，中国人民大学出版社2011年版）

④ 卢卡齐认为，日常生活中的人被艺术的魅力拉入艺术世界，全神贯注地投入艺术作品，从作品中获得了特殊感受时，现实中的人便转化为“人的整体”。因此，“每一部艺术作品，每一艺术品种正如我们所知，都指向于人的整体”（《审美特性》，第283页）。“它们既是现实生活中不存在的真正而强烈的统一性和整体性，又是实现‘全面发展的人’的一个途径。艺术品种的丰富性，艺术作品内容的丰富性，丰富了进入作品的‘完整的人’的各个侧面，当他从艺术世界中回到生活中时便成为更加全面完整的人。”（张伟：《论卢卡契美学与马克思美学的关系》，《文艺理论与批评》2000年第1期）

系列崭新研讨开扩了传统美学的论域，其标志性的思想结晶集中体现于他提出的“同质媒介”这一新概念上。“同质媒介”是指各种艺术门类把握世界的特殊方式的综合体，它包括雕塑、绘画、音乐、诗歌、戏剧等。同质媒介“具有极深刻的、始原的审美性质”①。然而对它迄今“甚至还完全没有人研究过”，“在美学史上作为艺术体系所提出的问题，只有按照这种方法才能获得满意的解决。这曾经是，并且始终是美学的一个实际的，甚至是中心的问题”。②由此至少可见卢卡奇本人对此问题的高度重视。

艺术分为各种门类，每一位艺术家实际上大都主要擅长其中某一门类，因而每个卓有成就的艺术家可以分别称为音乐家、画家、文学家、戏剧演员等。相对于艺术家人格整体而言，同质媒介的具体属性包括听觉特性（音乐）、视觉特性（绘画）、语言（文学）、表情（演员）等。这些与人的感官及感性思维相对应的具体属性也是人们日常生活和实践活动中的要素。因此，同质媒介既是艺术与日常生活相联系的中介方式，它“是现实不竭之流的提取物”，也是艺术家自身创作实践的主要途径，“艺术家将自身置于其艺术品种的同质媒介中，它在自身人格的特质中实现开拓了创造作为对现实审美反映自身‘世界’的可能性”。③这个“自身世界”亦即由各种艺术门类共同构成的艺术世界。

另一方面，就人类感官而言，只有视觉（相对于绘画等）和听觉（相对于音乐等）才堪称同质媒介。然而“人以一种全面的方式，作为一个完整的人，占有自己全面的本质”④。人的完整性或“感性的丰富性”并不限于感受音乐的耳朵和感受形式美的眼睛，还包括五官感觉以及“精神感觉、实践的感（意志、爱等等）”等。⑤卢卡奇指出，直接诉诸视觉和听觉的同质媒介作为艺术把握世

① 卢卡奇：《审美特性》，第429页。

② 卢卡奇：《审美特性》，第420页。

③ 卢卡奇：《审美特性》，第430页。

④ 马克思：《1844年经济学哲学手稿》，第85页。“近代美学的真正开山祖是康德……康德的美学分析有一个致命伤。他把审美活动和整个人的其他许多功能都割裂开来，思考力、情感和追求目的的意志在审美活动中都从人这个整体中阉割掉了，留下来的只是想象力和知解力这两种认识功能的自由运用与和谐合作所产生的那一点快感。……他把美分为‘纯粹的’和‘依存的’两种，美的分析只针对‘纯粹美’，到讨论‘依存美’时，康德又把他原先所否定的因素偷梁换柱式地偷运回来，前后矛盾百出。”（朱光潜：《谈美书简》，第21页）

⑤ 马克思：《1844年经济学哲学手稿》，第88页。“不仅五官的感觉，而且连所谓精神感觉、实践感觉（意志、爱等），一句话，人的感觉、感觉的人性，都是由于它的对象性存在，由于人化的自然，才产生出来的。”

界的个别方式，它所反映的“是世界的一个特殊的同时又是整体的侧面”；“如果将可知觉的东西从根本上限制在各种同质媒介所可能的范围内，在对世界审美把握的意义上说不是‘退一步是为了更好地跳跃’，那么就根本谈不上是同质媒介。”①这意味着诉诸听觉的音乐或诉诸视觉的绘画等，它们的来源不仅是听觉和视觉，它们所唤起的审美感受也不限于直接的视听感受。日常生活经验告诉我们，无论艺术家本人或艺术作品欣赏者，都可能全身心地投入这个有限的同质媒介方式（视觉或听觉），并为之受到全身心的感动。用中国古典美学的话语来说，就是艺术语言（“同质媒介”）相对于日常生活语言具有“以少总多，情貌无遗”(《文心雕龙》)、“言有尽而意无穷”(《沧浪诗话》)，以及“听声类形”“以一驭万”“不似之似”等特征。②这些格言都意味着通过有限的艺术形象可能传达无限的意境，其所见所识与卢卡奇的“同质媒介”说堪称互文足义。

康德将时间与空间作机械分割，这种分割与西方传统美学将音乐与绘画分别区隔为“时间的艺术”与“空间的艺术”是一致的。“同质媒介不限于视听感官”说不仅纠正了康德的机械分割，而且对19世纪被称为“艺术学之父”的康拉德·费德勒③理论也有所补充。后者在推重视觉艺术的同时，将“那些非直接可见的东西按照方法论上的纯粹性和彻底性都应该被排除出去”；这不仅导致日常生活中的视觉性贫乏了，更重要的是：

> 感官的分工以及视觉外延的扩大和内涵的精细化等**日常劳动实践的巨大成果**都被独断地抛弃了。④

“视觉艺术”作为把握世界方式的一种特殊同质媒介，它的超越日常视觉

---

①④　卢卡奇：《审美特性》，第433页。

②《文心雕龙·物色》：“诗人感物，联类不穷。流连万象之际，沉吟视听之区。写气图貌，既随物以宛转；属采附声，亦与心而徘徊。故‘灼灼’状桃花之鲜，‘依依’尽杨柳之貌，‘杲杲’为出日之容，‘瀌瀌’拟雨雪之状，‘喈喈’逐黄鸟之声，‘喓喓’学草虫之韵。‘皎日’‘嘒星’，一言穷理；‘参差’‘沃若’，两字穷形：并以少总多，情貌无遗矣。”严羽《沧浪诗话·诗辨》：“如空中之音，相中之色，水中之月，镜中之象，言有尽而意无穷。”

③　康拉德·费德勒（1841—1895），德国哲学家，极力主张将美学和艺术学区别开来，被称为“艺术学之父”。费德勒注意到绘画、雕塑语言的纯可视性（pure visibility）意义，强调视觉语言的独立地位。

的“外延的扩大和内涵的精细化”，正是以劳动实践为基础的日常生活视觉经验的成果。因此：“如果在日常生活中已经形成了感官的一种分工，那么我们完全理所当然地、以自发的视觉方式来知觉原来属于触觉范围的特性，如果科学活动的观察使我们不得不承认，在对现实的非拟人化反映中想象往往也具有重要作用——那么我们在审美中怎么能停留在注意同质媒介的单纯还原作用上呢？”①

问题还在于，视觉艺术与听觉艺术的这种与“完整的人”相联系的属性，可以追根溯源到人类原始劳动。在日常生活中，我们常说“我在全神贯注地看”或“我在全神贯注地听”，这种状态中的“我”将注意力暂时地集中在只能通过一种特殊感官的媒介才能获得的感受。“这种排除一切异质的东西，特别是当它经过系统训练时，有关感官的感受性可能异常敏锐，人们平时会不加注意而忽略的对象和声音可以被看到或被听到。”而这种视觉方式在原始时代的劳动中就已经存在。例如在狩猎中：

> 这种集中是由一定的、具体的、实践的目标所确定。如此被把握的对象，只要它的存在、它的运动等集中由一种感官所确认（例如这样观察到的痕迹，这样听到远处的杂音），那么它对于相关的人来说就不再是这一感官的对象。正如狩猎者把它的耳朵贴近地面，以便感觉到兽群的临近，在察觉这一事实之后，视觉就直接代替了听觉的引导作用。②

卢卡奇由此强调了视觉（或听觉）艺术与原始劳动（全神贯注地观察或聆听）具有同构关系。其同构表现在：首先，两者都是有自觉目标的活动；其次，两者都是为了特定目标而将“完整的人”的感官暂时地集中于视觉（或听觉）；其三，在这种暂时集中的时刻，两者的视觉（或听觉）都因“纯粹和分化了的感受”，而具有超出日常感觉的“精细化”；其四，两者活动过程中“暂时地集中”于某一感官的时刻，也都“暂时悬置”了该活动的设定目标。因此，审美活动具有与劳动同构的“知觉限定”与“目标悬置”两方面特征，“正是由于上述两种态度的并存，才使同质媒介的应用成为可能”③。显然，卢卡奇这一分析思路

①③ 卢卡奇：《审美特性》，第442页。

② 卢卡奇：《审美特性》，第436页。

是基于其以《资本论》“劳动”范畴为方法的思路，后者可以追溯到青年马克思《巴黎手稿》中的命题：“五官感觉的形成是迄今为止全部世界历史的产物。”①

然而作为“艺术把握世界方式”的同质媒介又有区别于劳动实践的特殊性：“同质媒介如果能在美学意义上成立，一方面人的态度的某种相对的永恒性是必不可少的，另一方面又必须暂时地悬置各种直接实践的目标设定。”（第436页）换言之，艺术活动与谋生劳动的区别在于，前者不是把现实功利目标作为对象，“而是把人的世界，即与人相关的客观存在的世界作为对象”（第439页）。卢卡奇由此反对急功近利的艺术观。尽管文艺对日常生活的实践目标也可能产生类似劳动产品的影响，甚至也可能产生类似科学研究与技术应用之关系的影响，然而“这只是例外地形成一种对各种确定的实际任务的直接促进或阻碍”。例如，斯托夫人的小说《汤姆叔叔的小屋》能够使人们实际地参与社会生活，“这当然是一种在理论上和实践上格外重要的极端情况。但是出现这种情况的地方，其艺术效果却远远超出个别事例的范围。《汤姆叔叔的小屋》不是号召读者去帮助书中所描写的那些奴隶，书中描写的存在也许根本就没有，至少也是被作品所感动的那些读者实际上根本无法接触到的，而是唤起了人们为解放一切奴隶（一切被压迫阶级）而斗争的感情和热情。……这里也可以看出在审美中直接实际功利的悬置而形成的目标设定的普遍化，不是把现实本身作为对象，而是把人的世界，即与人相关的客观存在的世界作为对象。”② 这种对实际功利目标的“悬置”态度在人们欣赏自然美的身心状态中尤其明显：“摆脱掉对围绕着人的自然界的那种根深蒂固的理所当然性质，关闭与它只是实践的、往往深深陷入习惯和传统的关系，以便把它始终作为与人相对应的外部世界与人的相对变换来体验到新的东西。这种态度与我们在日常生活中作为对各种实际的实践目标设定的悬置所熟知的态度刚好区别开来。”③

① 马克思：《1844年经济学哲学手稿》，第88页。“五官感觉的形成是迄今为止全部世界历史的产物。囿于粗陋的实际需要的感觉，也只有有限的意义。对于一个挨饿的人来说并不存在人的食物形式，而只有作为食物的抽象存在；食物同样也可能具有最粗糙的形式，而且不能说，这种进食活动与动物的进食活动有什么不同。忧心忡忡的、贫穷的人对最美丽的景色都没有什么感觉；经营矿物的商人只看到矿物的商业价值，而看不到矿物的美的独特性；他没有矿物学的感觉。”

② 卢卡奇：《审美特性》，第439页。

③ 卢卡奇：《审美特性》，第1057页。

审美事件论的构想及可能性*

卫垒垒**

摘　要：经过物理科学的发现、哲学范式的转变，实在论已经式微，然而其阴影依然笼罩着美学的思维，在这种思维支配下，美学面对当代审美现实中的许多美学问题，犹如隔靴搔痒，不得要害。如果我们转换角度，把过程论、存在论和事件论的思想贯彻到美学中，将审美还原到事件的现场，以审美事件统一审美主体、审美客体、审美场景和审美体验，不仅有利于破除实在论的魔咒，而且对于解读当下技术领域、消费领域、生态领域中的审美问题具有重要的意义。审美事件论也许会成为美学的最新范式。

关键词：审美事件论　审美维度　审美体验　实在论美学　认识论美学

我们处在一个生活泛审美化和艺术反审美化并行的时代，生活与艺术的界限已荡然无存。在现代美学的建构中，艺术负责审美，生活无关审美，但是消费社会和传媒技术以及艺术自身的发展，使得现代美学的建构从来没有真正落到现实中，而仅变成艺术对于自身的追求目标。新的审美现实是审美领域的肆意扩张和审美价值的失落，现代美学的范式被解构了，与此同时，它也在呼唤美学的重建，当然这一重建绝不是回到康德和黑格尔的现代美学，而是能够应对和解释当下审美现实的美学，不仅如此，它还必须回应哲学和科学的发展对人和世界的重新发现和定位。康德和黑格尔的美学当然仍有借鉴的意义，但是他们的先验论和理念论已经不再具有说服力，美学必须建立在新的哲学范式中，重新审视美学内部和外部的各种问题。相对论和量子力学的提出，以

* 基金项目：福建省社会科学规划项目“消费美学的建构及其批判”（项目编号：FJ2017C100）。

** 作者简介：卫垒垒，福建师范大学文学院教师，研究方向为美学、文艺学、写作学。

及怀特海的过程论、海德格尔的存在论、伽达默尔的诠释学、巴迪欧的事件论等，已经改变了我们对人与世界的认识。美学只有从此出发，才能开创出新的天地。如果美学仍然固守原来的理论，只能让自身不断地边缘化，直至被完全弃置。何况如果我们还在他们的哲学框架中解决他们的问题，也必然会遭遇到失败，问题不在于他们没有寻找到合适的解决方案，而是他们的哲学范式本身就内含了那些问题；换言之，这是体系本身的问题，只有打破范式，才能解决问题。

一、实在论美学的困境

现代美学的范式是认识论，不过预设或者潜藏的前提是实在论，这并不意味着现代美学的诸多理论必然是认识论的，而是说无论这些美学理论是否以认识为旨归，都在借用认识论的模式，或者以认识论模式为基础。依据海德格尔的分析，西方哲学史是一个遗忘存在的历史，一直关注的是存在者，而不是存在本身，“按照流行的见解，‘在的问题’就是对在者本身的追问（形而上学）。但是，从《存在与时间》的想法来说，‘在的问题’就是对在本身的追问”[①]。换言之，实在论笼罩着整个西方哲学史。在实在论中，现象与本质是一对基本的范畴，本质是静态的、不变的、永恒的、实在的；现象是动态的、变化的、易逝的、虚幻的，所有的思考以这一对范畴为基础，实在论的意义在于通过现象把握本质，无论对于现象或者对于本质的描述有何不同，这一结构始终是不变的，因而实在论也是认知论的，不过如何认知的问题被忽略了。近代，哲学的中心转移，物质的实在被悬置，如何认识实在成为主要问题。对于认识论而言，其基本范畴是意识与物质，认知是作为主体的意识对于作为客体的物质的认知，在物质领域仍是现象与本质的二分，在认知领域则是感官与意识的区分。

康德是现代美学建构者，也是近代第一个将实在论和认识论结合起来的美学家。他所要面对并试图解决的问题是认识如何可能，换言之，即认识的先天条件是什么。康德不再试图描述实在是什么或者他认为实在不可描述，他更关

① 海德格尔著，熊伟、王庆节译：《形而上学导论》，商务印书馆 1996 年版，第 20 页。

心的是人们如何能够认识实在。在康德的哲学框架里，实在不是知性或者概念能够抵达的，只有实践理性才能接近，认知只能把握现象。审美被设定在认知和实践之间，感性和理性之间，没有认知价值也没有实践价值，不属于感性也不属于理性，但却具有认知的属性，审美可以传达表象的状态；也具有实践的属性，美是表象的合目的性形式，因而形成了一系列的悖论。康德的美学是一个在认识论框架中构造却没有认知功能的美学，但也正是这一悖论释放出美学发展的另一种范式。康德的特殊性正在于他以严格的认识论框架构建哲学，并在这一哲学基座中思考美学，然而他的美学却不以认知为追求，"鉴赏是通过不带利害的愉悦或不悦而对一个对象或一个表象方式做评判的能力。一个这样的愉悦的对象就叫做美"①。换言之，审美是一种体验。

黑格尔的思路与此不同。康德的哲学是先验论，关注的是认知的先天条件，黑格尔的哲学是辩证法，关注的是认知的辩证过程；康德认为本质是不可描述、不可实现的，黑格尔则直截了当地描述了本质，即绝对理念；康德认为认知的主体是人，客体是物质，因而是二元论的，黑格尔认为认知的主体是理念，所谓认知的过程就是理念自我实现和自我认知的过程，人不过是其中的一个环节，因而是一元论的。在黑格尔的哲学中，认知不是作为主体的人类对于作为客体的物质的认知，而是作为理念的主体对于自身的认知，在这一过程中，人类对于理念的认知，不过是理念自我认知的具体表现，艺术、宗教、哲学隶属于理念自我认知的不同阶段。在黑格尔的哲学中，认知论与实在论其实是同一的，美学属于认知论，也属于实在论，所以"美是理念的感性显现"②，而审美自然就是对于美的理念的认知。黑格尔的美学虽然保存着认知论的结构，在某种意义上，却取消了作为主体的人的独立意义，因为理念统一了主体和客体，成为唯一的实在。在康德的美学中，实在论从属于认知论；在黑格尔的美学中，认知论从属于实在论。

康德的美学暗示了走出实在论的可能性，但是康德本人并未质疑过实在论，康德的体验论开启了审美之路，然而审美只是人体固有能力的愉悦，即知性与想象力的自由游戏，后天的现实不过是催化剂而已，审美的发生没有创生

① 康德著，邓晓芒译，杨祖陶校：《判断力批判》，人民出版社 2002 年版，第 45 页。

② 黑格尔著，朱光潜译：《美学》第一卷，商务印书馆 1997 年版，第 142 页。

出任何新事物。黑格尔在实在一元论中构建包罗万象的哲学大厦，但是大厦的根基已经决定了大厦的一砖一瓦，作为实在的绝对理念推演出了整个大千世界，当然构筑这一切的是黑格尔本人。实在论美学的困境之一在于，实在的本质是给定的，后天经验的一切或者是先验条件的现实化，如康德；或者是本质实在的外在表现，如黑格尔。换言之，后天经验经历的一切都以先验的或者超验的实在为根基，在某种意义上，是没有价值的。与认知论结合之后，实在论的问题和思路被接受下来，不过思考的角度不再直接追寻实在，而是从认知接近实在。但是只要从认知出发，就要把认知的条件和认知的目的纳入认知论的范围，甚至作为主要问题来思考，无论认知的先天条件是什么，认知的最终目的是什么，物质的本质都成为认知无法回避的问题，因而美或审美的本质表现或许多种多样，美和审美总有一个本质，而且这个本质总是认知的终极意义，审美的目的就是为了捕捉美的本质，只要把握到美，审美就完成了。

实在论美学的困境之二，是主客对立。常识实在论的第一个特征，是“很大程度上，世界独立于有限的心灵而存在，独立于我们假定可生成的对世界的表象。即使不存在任何如人类这般的生物，大致说来世界仍以本来面目存在”[①]。实在论无论产生多少变体，这一模式一直没有动摇。在美学中的表现就是静观论，即主体与客体只有保持一定的心理距离，才能审美，事实上，心理距离建立在一定的物理距离之上，博物馆、美术馆、展览厅的修建和设置，正是为了隔开主体与客体的直接关联，营造心理距离，消除两者的利害关系。[②]如果主体与客体融合在一起，不是主体征服了客体，就是客体消融了主体。虽然实在论美学也试图破除这一困境，似乎都没有成功，康德高举了主体性的旗帜，一定程度上使客体附属于主体，所谓人为自然立法；黑格尔克服了主客对立，不过是以牺牲了主体性为代价的。

实在论美学的困境之三，是感性感官处于被排挤的位置。正如德里达批判逻各斯中心主义时所分析的，西方形而上学的二元论总是潜藏着一个等级结构，一元位于中心，另外一元处于边缘。实在论中，在客体方面，作为本质的实在位于中心；在主体方面，作为心灵的意识位于中心，两者相互对应，因而

① 罗杰·布伊维著，何红梅译：《美学实在论》，中国社会科学出版社 2017 年版，第 9 页。

② 爱德华·布洛：《作为艺术因素与审美原则的“心理距离说”》，《美学译文（2）》，中国社会科学出版社 1982 年版，第 92—107 页。

身体与感官处于边缘地位，负责提供材料，而意识和心灵负责认知。因而美的本质也是永恒的，变化的一切只是永恒本质的无常表现，而易变的感性身体只能接触具体易变的审美物体，不但不能把握本质，还会阻碍本质的显现，因为一旦感官与实在发生关联，就会产生利害关系，变成一种私人性的关系，但审美是普遍性和必然性的，因而只有公正无私的意识才能接近美的本质。美学对变化的捕捉和审视，要等到波德莱尔对现代性的分析，在波德莱尔看来，正是在瞬间的变化中，美才显现。

二、审美事件论的构想

实在论的困境在实在论的范式中是无法解决的，认识论虽然开启了另一种范式，却并没有质疑或者推翻实在论，而是仍以实在论为前提。然而，如果把实在论的问题置于过程论、存在论、事件论的视域，其问题就不存在了。这不是说实在论的困境被全部解除了，而是说那些问题本身已经没有意义了。在过程论看来，“现实世界是一个过程，过程就是现实实有的生成。因此，现实实有是创造物；它们也叫作‘现实机缘’”①。因而需要追问的就不是世界的静态本质，而是这一过程，“一个现实实有如何生成便构成该现实实有本身。……它的生成构成它的存在，这就是过程原则”②。在存在论的建构中，追问存在者的本质即实在的本质，不过是误入歧途，哲学真正的问题是存在的本质，西方哲学的失误就在于误把存在者作为存在来思考。而从事件论的角度而言，世界上形形色色的物体是作为事件的条件而存在的，事件是根本的，而不是相反的，诸多事件的发生不过是为了物体本质的显现，实在是根本的。当然三者的哲学建构存在一定的差异，不过就其把世界看成一个动态的过程而言，三者是一致的，三者都把对于实在的关心转为对于过程的关心，把对存在者的关心转为对于存在本身的关心，把事物的关心转为对于事件的关心。

如果我们能够摆脱实在论美学的羁绊，从审美的角度思考，而又不被康德的体验论局限，将重心放在审美事件的发生之上，或许能够看到美学的另一种

① 怀特海著，李步楼译：《过程与实在》，商务印书馆 2011 年版，第 38 页。
② 怀特海著，李步楼译：《过程与实在》，第 39 页。

可能。换言之，如果新的美学立足于过程论、存在论、事件论，将完整的审美过程纳入视野，不仅是一种综合，更是一种创新。传统哲学不把事件作为思考的核心，一则因为事件作为动态易变的过程难以把握，二则因为传统哲学中，事件被认为现象的一部分，不会影响本质和追索本质的结果。不过自从怀特海提出过程论、海德格尔思考存在论、巴迪欧倡议事件论之后，传统的实在论思想已经被遗弃了，新的思想渗透到各个领域，但是在美学界似乎还没有引起应有的关注。

所谓审美事件，即审美主体与审美客体在某一具体场景相遇交会并产生审美体验的事件。在事件发生之前，并不存在一个审美主体和一个审美客体，等待某一具体机缘的相遇。一个具备康德所言的审美先天条件的普通个体，并不意味着就是审美主体；一个具备康德所言的合目的性形式的普通物体，并不意味着就是审美客体。只有在审美事件发生时，审美主体和审美客体才得以诞生。在此之前，人仍然是普通的人，客体只是普通的客体，在此之后，人依然普通的人，客体仍是普遍的客体。不存在永恒的审美主体，也不存在永恒的审美客体。在审美事件论中，最重要的不是审美主体，也不是审美客体，而是审美事件的发生。过去的美学集中于审美主体，就忽略了客体，如康德为代表的美学；集中审美客体，就忽略了主体，如黑格尔为代表的美学；或者无论关注主体还是客体，两者都无视审美本身乃是一个过程，一个事件。如果从审美事件出发，审美主体和审美客体自然被统一，因为所谓事件就是审美主体和审美客体的相遇和交会，只要审美事件发生了，主体和客体就一定存在，且相互作用。

问题在于，什么样的事件才是一个审美事件？如何判断一个审美事件的发生？也许我们可以从描述一些审美事件开始思考这一问题。我们知道，购买艺术不是审美事件，创造艺术和欣赏艺术才是审美事件；征服自然不是审美事件，欣赏自然则是审美事件；一件物品作为一个有用的物品被使用时不是审美事件，作为一个物品的形象被欣赏时则是审美事件。在原则上，任何对象都可以成为审美客体，但不是任何对象都是审美客体；任何个体都可以是审美主体，但不是任何个体都是审美主体；任何时候、任何地方都可能发生审美事件，但不是任何时候、任何地方都会发生审美事件。关键在于，在某时某地，当主体遭遇客体时，客体可以激发主体产生审美体验，审美体验和其他体验的不同之处，就是它的无功利性。换言之，审美体验是一种无功利的体验，只要一个事件产生了审美体验，这一事件就是审美事件。然而不是所有无功利的体验都是审美体验，哲学思考和科学发现也是无功利的，审美体验的特殊性在于，除了体验之外，再也没有其他意义，换言之，它以自身而自足。

审美是短暂的，即使可以持续一段时间，也不会一直持续下去，因而当审美事件中断后，便被其他事件所替代。在审美事件之前与之后，可能都是其他事件，换言之，审美事件可能被包围在其他事件中。即便如此，当审美事件发生时，其他事件不会发生，当其他事件发生时，审美事件也不会发生。如在购买艺术品时，审美事件可以发生于购买之前或者之后，并影响购买事件，但是购买事件并不是审美事件。然而，由于事件的连续性，许多学者经常将审美事件与其他事件混合在一起，似乎审美事件同时也是其他事件，许多美学问题由此而发生，现代美学的解构很大一部分正是围绕这一问题展开的，康德的定位被质疑，审美被认为是功利性的、他律的，或者介入的，其实审美一直是无功利性的，只是学者混淆了审美事件与其他事件。康德已经说过，“用来宣布某物为美的判断必须不把任何兴趣作为规定根据……但从中却并不推论出，在这判断被作为纯粹审美判断给出之后，也不能有任何兴趣与它结合在一起”①。

那么什么样的主体和客体，在什么样的场景，才会产生审美事件？既然审美是一件在现实发生的事件，就一定有偶然性，不是一个主体预想审美，也不是一个客体具有美的属性，审美事件就一定发生，审美也存在机缘性，因而这个问题严格来说应该是，什么样的主体和客体，在什么样的场景，有利于产生审美事件？在主体方面，具有更多和不同审美经验的主体更容易产生审美体验。审美事件的发生可以培养和积累审美经验，反过来，审美经验的增加，也更容易促使审美事件发生。高雅的审美经验是由高雅的事物培养出来的；低俗的审美经验是由低俗的事物培养出来的。审美具有普遍性，因为任何人都需要并且可能审美，但审美经验具有地方性、累积性、文化性，不同种族、不同时代、不同阶层的人，因为不同的背景、修养、际遇，对于不同的事物具有不同的敏感性，因此形成不同的审美经验。一个人可能产生审美体验的对象，与另一个人相遇则未必；一个人的身体和精神情况也会影响审美的发生，在此时遇到

---

① 康德著，邓晓芒译，杨祖陶校：《判断力批判》，第138—139页。

某物会发生审美事件,彼时则可能发生的只是其他事件。

在客体方面,艺术占据优势,但艺术不是唯一的也不是必然的,不过自从文艺复兴之后,艺术在现代性文化中几乎独占了审美客体的位置。然而自然景观和社会景观,尤其是技术时代的人为景观,在现在的美学中,也被视为审美对象,如环境美学、生活美学、技术美学,但是这也不意味着所有的客体都可以无差别地成为审美客体,并且具有同等机会。有两个原因,一个是文化原因,与主体一样,哪些客体被作为审美客体,也受到文化、时代、种族以及个体背景的影响。作为分析美学家的古德曼认为,"真正的问题不是什么对象是(永恒的)艺术作品,而是一个对象何时才是艺术作品"①,正是这个意义。另一个是物体本身的因素,与审美相关的自然是处于具体场景中的具体物体,但却不是物体的全部,物体以自身的全部与主体交会,但是审美发生时,主体关注的只是物体的形象或形式,物体的实体、质料和背景视域,扮演着场景的角色,当物体被剥离了实用之后,人类就会采用另一种视角看待这一物体,但不是每样物体都可以相同程度地远离实用的目的。

在场景方面,博物馆、美术馆、公园、风景名胜以及其他被划定出来的特定领域,被认为是审美事件最易发生的场景,这些场景与现实的实用场地分离开来,作为审美的专用领地,它们存在的目的就是展览和欣赏。这是康德美学发展的必然结果。康德美学划定专属领地的目的是为了隔绝物体的背景,让物体的形象或形式孤立在因为进入这一场景而同样消除了背景的主体面前,接受鉴赏,所以这是一种"审美区分论"②。这一点我们与康德美学不同,我们认为,主体和客体所在的处境对于刺激审美事件的发生具有一定的辅助或者阻碍作用,专属领地的圈定不是为了隔绝背景,让形象或形式更容易显现,而是为了营造一种整体的审美氛围,在这一氛围中,主体与客体不再以功利性的相互对立、相互征服的方式相遇并碰撞,而是以无功利性的相互愉悦、相互融合的方式相遇并交会,因而主体暂时从功利性的实务中解脱出来,客体暂时放弃了功利性的目的。因而在康德美学中被排挤的场景,在审美事件论,具有重要的作用,任何事件都是具体场景中的事件。

① 纳尔逊·古德曼著,姬志闯译,伯泉校:《构造世界的多种方式》,上海译文出版社2008年版,第70页。

② 汉斯-格奥尔格·伽达默尔著,洪汉鼎译:《真理与方法》,商务印书馆2010年版,第126页。

然而，无论什么样的主体、客体、场景，都不能保证审美事件的发生，一定的审美干预甚至会引起反效果，过多审美经验的积累，容易引起审美麻木；艺术的不断重复或者过于猎奇会扼杀审美体验的发生；同时审美场景的大量修建，审美氛围的刻意营造，可能会让审美事件变成一种类似审美行为的表演。康德美学的问题就在于预设了审美主体的特定领域和审美客体的特定形式，审美不过两个预先存在条件的交会，如完成任务，具有必然性和普遍性。当然，康德美学的思考仍是具有意义的，只要我们思考审美事件的发生，就必然要思考审美的可能性，即审美事件如何可能发生；只是我们思考的思路已经不同于康德，康德的思路是先验论，我们的思路是事件论，这不是说康德美学必须被抛弃，而是意味着康德设定的审美条件已经内含于审美事件论之中；不过我们不再关注康德美学的问题，我们要关注的是康德放弃或者认为没有思考价值的部分，即审美主体和审美客体在现实领域相遇之后的事件。在这个泛审美化的时代，生活中的时时处处布满了可以审美的物品，充斥了各种各样的有利于审美的氛围，主体被也形形色色的审美指南所装备，然而我们并没有因此获得更多的审美体验，也许恰恰相反，我们的审美体验在如此这般的包围和轰炸中，反而被消耗殆尽了。生活的过度审美化不过是在消灭审美的欲望，我们试图逃避审美，于是在艺术的反审美化中寻求安慰，因此无论泛审美化，还是反审美化，并没有让我们接近审美，反而让我们远离审美。

但是我们需要审美体验，需要促使审美事件的发生。从事件哲学来说，“事实与事件的区分建立在自然性或中性情势（它们的标准是整全的）和历史性情势（其位的实存的标准是具现的）的区分之上”①。在自然界中，只有事实，没有事件，唯有历史社会中，才有事件；事实是常态的，自然而然的，事件发生于事件场所，具有偶然性，不确定性。审美事件是一个真正的事件，一种创生，一种新奇，一种震撼。并不是发生于现实中的所有事情都能称为一个事件，一个独特的事件才是，一个无数次重复的事情只是一个事件，我们经常说的十年如一日，就是对非事件的最好说明。任何一个审美事件都是真正的事件，在这一事件中，我们得到与其他事件不同的体验，与其他审美事件不同的体验。以往的美学为了提升美学的地位，总是为美学设定各种先验的或者超验的价值。

① 阿兰·巴迪欧著，蓝江译：《存在与事件》，南京大学出版社 2018 年版，第 222—223 页。

也许可以反过来思考，不是审美具有价值，我们才需要审美，而是我们需要审美，审美才有价值。需要是人的本能，而审美本身是生存的一个维度。换言之，我们需要无功利性的生存体验，不过并不是在叔本华意义上所说的逃避欲望的折磨以获得暂时的平静，也不是人类学意义上所说的通过审美获得更好的生存条件，而是康德意义上的，实践领域内的事件摆脱不了功利性和目的性，认知领域内的事件摆脱不了规律性和必然性；只有审美领域的事件可以是无功利性、无目的性、无规律性、无必然性的，这就是我们所谓的自由，当然这一自由不是实践领域的为所欲为，而是一种自由的体验，如同庄子的逍遥游。无功利的生存不一定具有多大价值，因为无功利性本身可以多重解读，既可以是现代美学的救赎价值，也可以是后现代美学的娱乐价值。重要的只是我们需要这一体验，如同审美事件被混淆进其他事件之中，其他价值也往往被混入审美体验的价值之中，其实审美事件的发生就是审美体验的价值，或者说审美事件的价值就是审美体验的发生。

至于此时审美体验的内容是什么，审美主体的先天条件或心理能力是什么，审美客体或者美的本质是什么，并不是审美事件论需要关注的问题。一则这些问题在审美事件论处于次要的位置，二则在之前的美学中，这些问题已经被讨论了很多，这些讨论可以被包容在审美事件论中，无须重新阐释。在这个意义上，过去的美学不是被审美事件论抛弃了，而是自然进入了审美事件论的视域，因为之前的美学关注的只是审美事件论的一个横截面，无论事件的起源，如审美先验论和审美实在论，还是结果，如审美目的论和审美价值论。问题是它们把这一横截面作为审美或美的本质，陷入形而上学的泥潭中，或者在机械论或决定论的困境中挣扎。事件论试图返回审美的发生现场，关注这一过程，在吸收过去美学的成果时，需要阐释的是其他问题，是审美体验论和审美本质论无法包容的新的问题，比如审美的维度论，这也是审美事件论的意义之一。

任何事件都发生于一定的领域，这些领域可以分为三个部分，与康德的三个领域名称相同，不过与康德不同的是，我们认为实践领域、认知领域、审美领域不是人的三种心灵能力的单独表现，也不是人性的某一区域，而是人类生存的三个维度，无论任何一个领域都需要作为身心合一、各种能力合一的完整的人的完整的投入。康德将三个领域划归于三种不同的先天能力，我们将三个领域归属于生存的三个维度，前者是先验论，后者是存在论。从存在论而言，我们存在于世界中，并在与世界的接触中，发生各种事件，产生各种体验。需要说明的是，人以具身化的精神或者说精神化的肉身面对世界、接触世界，并与世界交往，而不是单凭哪一能力区域来与世界的某一个局部相对应。三个维度皆然。其区别在于，人类从事的领域不同，所要采取的思想、情感和行为方式不同。审美维度要求将要或者正在审美的主体与处于特定场景中的客体在相互无所需求无所目的的情景中相遇。审美不是某个区域的审美，不是孤绝的某个能力的愉悦，无论身体，还是心灵，抑或内感官，或者超感官，而是以身体首先与客体直接相遇，当然这一身体内含有心灵和精神，但是心灵和精神通过身体才能接触世界，不过仅仅是此时此地的身心合一仍然不够，身心合一还涵括了主体所在的世界，当然客体也不是孤立的客体自身，而是携带着客体所在的世界，因而审美事件乃是主体与客体之间两个场域的融合，类似于伽达默尔的视域融合。不过诠释学关注是融合的结果，即新的视域，而审美事件论关注的是这一事件的发生，即一个新的事件，一个新的体验。

三、审美事件论的可能性

审美事件论的建构具有必然性，量子力学和相对论等物理科学的发现，人体生物学的最新研究，场域理论在各个学科的渗透，是建构审美事件论的前提；怀特海的过程论、海德格尔的存在论、巴迪欧的事件论是我们构建审美事件论的基石，而 20 世纪中期之后的各种美学思潮也在各个方面暗示或者采纳了审美事件论的一些方法，只是没有明确点明审美事件论而已。当然本文不足以展示审美事件论的各个部分，但作为一个理论，必须先考虑其是否具有可行性，因此我们需要从三个方面考察。一是理论能否自洽，换言之，能否言之成理，具有逻辑上的合理性；二是理论是否具有解释效力，即理论能否应对当下审美现实的问题，重新解读过去美学的问题，如果只有第一个方面，只是一个无用的理论；三是理论对于现实问题的解释能否获得新的知识，如果理论能够自洽，也具有解释效力，但得出的解释不过重复之前的观点，仍是没有价值的。在第二部分审美事件论的构想中，我们系统讨论了审美事件论的逻辑自洽性，审美事件论能够自成一个体系，在这一体系中，审美主体、审美客体、审美场景、审美体验统一于审美事件中，前三者是审美事件的发生条件，后者是审美事件的标准。因此，在这一部分，我们主要从后面两个方面检验审美事件论的可行性。

解释效力方面。在这个泛审美化的时代，审美已经遍布各个领域乃至各个角落，仍然把审美封闭在艺术领域已不可能，如今艺术已经边缘化，被移出审美领域的中心，审美的主要领域恰恰在艺术之外，在技术和消费支配的生活空间，在科学发现拓展的生态空间，而生活领域和生态领域的审美，却是现代美学的理论所无能为力的。后现代美学的理论虽然具有一定的解释力，却消解了审美应有的价值，我们需要美学具有解释力，同样需要美学具有规范性。同时，后现代美学认可利奥塔的微观叙事，一般只关注某一领域的审美问题，无法解释其他领域的审美问题，如技术美学关注技术领域的审美问题，生活美学反思生活领域中的审美问题，环境美学思考环境领域中的审美问题，身体美学解读身体领域中的审美问题，消费美学是考察消费领域中的审美问题。换言之，它们的出发点不同，无法挖掘出这些审美问题的共性。然而，如果从事件出发，那么以上这些美学问题其实不过是发生在各自领域中的审美事件，领域不同，但是作为事件却是相同的，即使现代美学，也可以被视为发生在艺术领域中的审美事件。当我们把审美作为一个事件时，我们就形成了一个共同的视角，许多互不相通，甚至互相矛盾的美学问题似乎就迎刃而解了。然而，与此同时，也会激发一些新的问题，但是这些问题才是现在的美学必须而且应该面对的。

技术美学、消费美学、生态美学、生活美学等扩展了审美领域，不是增加了更多的审美事件，而是更多的审美事件被我们发现了，这些审美事件原本也一直存在，但是却被过去的美学视而不见，或者美学并不认为在这些领域也可以发生审美事件，这是审美事件论的解释力之一。其二在于，当我们从事件论角度思考审美时，或许会发现一些被之前美学忽略或遮蔽的问题，美学关注的问题已不再是好像万古不变的各种本质问题，而应该是新的审美现实提出的新的问题，如在技术领域里，审美事件的发生条件是什么，主体需要装备什么，客体需要具备哪些属性，技术在哪些方面诱发了新的审美事件，又在哪些方面扼制了审美事件的发生，与艺术领域中的审美事件有何不同，审美事件的发生对于技术领域的其他事件有何影响？消费领域、生态领域、生活领域的审美同样如此。其三，审美事件论可以与原有的技术美学、消费美学、生态美学、生活美学并行不悖，后面几种美学流派是以审美领域定位的，而审美事件论则是以方法论定位的，两者互不矛盾，前面的美学可以借助审美事件论的方法，审美事件论也可以在借鉴前面美学的成果，思考这些领域中的审美事件。

再次是新的解释。审美事件论比起认知论或者实在论美学，自然是一种新的解释，但是与审美活动论相比呢？国内教材中经常单设一章讨论审美活动，两者把审美作为一个动态的过程，都把艺术之外的领域作为审美领域，都提倡身心合一的审美，那么审美事件论是否具有区别于审美活动论的新解释？抑或审美事件论不过是审美活动论的翻版？两者的根本不同在于哲学基础或范式不同，由此形成了三方面的不同。

（一）审美活动论的基础是实践美学。实践美学认为，美是人的本质力量的对象化，因而在美学范式上，仍属于基础论的区域。在基础论的哲学中，从基础上展示或者表现出来的一切，都已内含于基础之中，对于审美来说，审美活动只是审美本质的自然表现，如在康德美学中，审美是先天条件的现实化，在黑格尔美学中，审美是理念自我理解的辩证过程。审美事件论的基础是事件论，已经跳出本质主义的范畴，在哲学范式上，属于生成论，生成论并不预设，也不证成主体、客体或者审美的基础，它要反思的问题是生成的条件和生成的结果，条件具有必要性，却不具有充分性，结果是不可预料的，不可重复的，是由各种条件在机缘和合之下生成的；审美事件不是任何本质或者基础的呈现，其要义就在于审美事件的发生，这一事件以及这一事件中的体验是独特的，仅仅属于这一审美事件的，因而也是空前绝后的，在此之前，没有，在此之后，也没有。

（二）审美活动论是一种主体论美学。主体是意义的根源，因而在根本上说，审美活动论仍是一种实在论美学，这是从人的本质开始构思的美学；美附属于审美，美的本质附属于审美的本质，而审美活动只是本质现实化的一个可有可无的过程，审美实现了人的本质，如同黑格尔哲学中理念的自我实现；在这一过程中，所有主体的审美都只趋于一个本质，在某种意义上，主体论虽然张扬了人的创造性，却忽略了作为个体的人的特殊性。而在审美事件论中，主体与客体只是事件发生的条件，事件才是根本的，无论人的本质是什么，审美或美有无本质，或者本质是什么，最终并不能决定审美事件的发生，也不能决定审美事件的结果。审美事件论充分地兼顾了个体的人、特定的客体以及两者所处的偶然的场景，并在三者不可预期的化合中，开辟出审美主体的新的可能性。

（三）在审美活动论中，审美活动是一种社会活动，一种特殊的创造性的社会活动。在不同的论述中，它或者可以超越意识形态，表现出人的超越性的本质，或者本身就是一种意识形态活动，因而只是意识形态的一种表现，无论前者还是后者，审美的独立性都失去了。其实质仍然是以本质和本质的表现为基础的实在论。在审美事件论中，活动组成事件，但并不是所有的活动都是一个单独的事件或者独特的事件，简言之，一个真正的事件。一个审美事件与一个意识形态事件也许会交叉，乃至重合，但却属于不同的维度。当它是一个真正的审美事件时，它以获得某种审美体验为标准；当它是一个意识形态事件时，它以传达意识形态为旨归。总之，审美活动论虽然将审美视为一个过程，却没有赋予其独立的意义，这个过程如同黑格尔的辩证逻辑过程，从属于审美的基础论或者本质论。在这个意义上，审美事件论不同于审美活动论，而且试图扭转这一局面，审美无论有无基础或者本质，都是审美事件的条件，而审美事件论才是真正的过程论。

在此勾勒的审美事件论并不完善，也不系统，或许只是一些粗浅之见，漏洞百出，我们也不认为审美事件论能够解释一切美学问题，或者就是最好的美学方案，我们希望并试图抛砖引玉，换一种角度来解读并应对当下的审美现实，同时也希望学界对于审美事件论的解释力和包容性具有更清醒的认识。审美事件论不是凭空虚造的，只要稍微了解当下科学发展的现况，就会发现，实在论已经被过程论代替，但是在人文学科中，也许我们已经接受了过程论，不过实在论的思维并没有根除，总是在不经意间就暴露出来，于是过程论和实在论的思想混合在一起。另外，在中国传统美学中，也蕴含着丰富的事件论资源，无论道家之道，还是儒家之道，都不是静止的实体，而是生生不息的变化之道。中国传统思想从不把事物作为一个实体思考，而是更关注事物的变化过程，表现在美学中，就是感兴论、体道论、文气论，不过这并不意味着，传统思想就已是现在的事件论，两者的前提不同，面对的问题也不同。我们需要挖掘各方面的资源建构出更成熟、更完备、更有解释力的审美事件论，也不能忽视甄别辨析不同的思想资源，同时，也需要通过审美事件论，解读虚拟电子、传媒技术、消费、生态带来的各种美学问题。

论朱立元的“实践存在论”美学

刘　超

摘　要：朱立元是当代著名美学家。在与后实践美学家的论争中，朱立元深入反思了美学研究中的主客二分思维，重新界定阐释了实践概念，以此为基础提出了“实践存在论”美学理论。实践存在论美学将“此在”看为海德格尔哲学的核心概念，“此在在世”被融入马克思对“社会存在”的讨论，实践论与存在论被纳入一个整体。同时，朱立元吸收了蒋孔阳“美在创造中”的审美生成论思想。围绕“美是生成”，实践存在论美学强调应重新调整美学的提问方式，由此衍生了一系列的新美学观点，推动了实践美学的发展。

关键词：朱立元　实践　存在　美学　生成

朱立元是当代著名的美学家，在西方美学史和美学基本理论方面，著述甚多，影响很大。他建立了“实践存在论”美学体系，从而创造性地发展了“新实践美学”，并且成为其主要代表。

一、实践存在论美学思想的提出

20 世纪 90 年代初，后实践美学与实践美学展开了论争。朱立元是最早回应后实践美学的挑战、为实践美学辩护的美学家之一。朱立元的美学思想属于实践美学，但与李泽厚的实践美学有差异。他立足于蒋孔阳的实践美学，主张“美在创造中”，并且强调蒋孔阳的美学思想有别于李泽厚的实践美学。这个时期，朱立元的实践存在论美学还没有形成，但可以看出，他已经与李泽厚代表的主流实践美学有了距离。

朱立元虽然属于实践美学阵营，但并不固守既有的观念，而是有所反思和突破。实践美学与后实践美学的论争深展开之后，朱立元对实践美学的一些观点进行了审视，他找出了李泽厚实践美学的五点问题，又进一步指出主客二分思维与实践概念的内涵乃是所有问题的核心与关键。对于新实践美学而言，这两个问题都是基础性的。于是他在反思李泽厚所代表的主流实践美学的基础上，创立了实践存在论美学。

朱立元抓住了实践美学的一个致命缺陷，那就是对实践的规定过于狭窄，导致其不能成为美学的本体论范畴。哲学的基本概念首先是存在，但对存在有多种定义，从古代哲学的实体到存在主义的“存在者的根据”，都是总体性的，从中可以推导出万事万物的本质。而李泽厚代表的实践美学抛开了存在，直接从实践概念出发来阐释美的本质。实践美学的论证方式是以历史发生论代替本质论，论述实践创造了美，而缺乏逻辑的论证。李泽厚代表的实践美学认为，实践是美学的本体论范畴，而实践是物质生产劳动，从而得出“劳动创造了美”以及“美是人的本质的对象化”的结论。这个推演存在着逻辑上的不对称，就是实践作为物质生产不能等同于存在，存在是更广泛的人类生存活动，因此就不能成为本体论范畴。这导致实践美学缺失了本体论，从而不能从物质性的实践范畴推导出精神性的美的本质。有鉴于此，朱立元认为，美学必须建立可靠的本体论，其途径就是打通实践论和存在论，把实践的内涵扩展，使其与存在概念相通。

朱立元对存在的阐释是基于马克思主义的，马克思主义认为存在是“社会存在”，它是包括物质生活和精神生活在内的一切“现实生活过程”。同时，社会存在又以社会实践为基础，从而就可以沟通实践与存在。回到这个原理，就可以理清实践与存在的关系，从而解决实践美学的基本问题。他认为，由此出发，既坚持了实践观点，又克服了实践美学的局限性。

朱立元的实践存在论建基于马克思主义的社会存在论，也有存在主义哲学的思想资源，他力图以马克思主义涵括和重新阐释存在范畴。存在主义哲学重新阐释了存在范畴，把它从实体论转向生存论，从个体生存的角度探寻存在的意义。后实践美学借鉴了存在主义哲学，从个体生存及其超越性的角度，阐释了自由和审美的意义，从而与实践美学相对立。朱立元敏锐地意识到存在范畴的本体论意义，认为现代美学不能离开这个本体论范畴来阐释审美的意义。因此，他尝试将马克思主义的存在论与现代西方哲学的存在论打通，借此重新反思审美的本质。实际上，打通马克思主义与存在主义哲学这项工作在法国哲学家萨特手中已经开始。朱立元借鉴并发展了萨特的思想，不仅肯定了实践与存在概念的内在融通，更指出：“实践的根本内涵就是指人的最基本的存在方式。”① 在朱立元看来，海德格尔哲学被称为存在主义，“此在”却才是真正的核心，通过对“此在”的生存论进行讨论，海德格尔才得以建立自己的存在论哲学体系。“此在在世”是人的存在，也是人赋予世界以意义，人与世界原初即为一体，而非主客二分。“此在在世”思想是在马克思主义的存在论基本理路之中的。朱立元吸取了存在哲学对于个体生存及其超越性的重视，以此补充社会存在论对集体性和现实性的过度强调，认为如此才能更完满阐释审美活动。但是从总的倾向来说，朱立元还是坚持马克思主义的社会存在论，打通社会存在论与西方存在论，主要还是以前者包容、改造后者，而不是以后者取代、改造前者。

朱立元主张以实践存在论克服实践美学的主客二分的弊端。它考察海德格尔的“此在在世”，认为这种生存论已经克服了主客二分，把主体与世界融合为一。既然马克思主义的存在论与存在主义的存在论内在是融通的，从马克思主义的实践存在论出发，也就克服了传统美学包括实践美学的主客二分模式，存在已经是主体与世界的统一。实践存在论的理论基础是马克思主义的实践论和存在论，重要的辅助资源是西方实践哲学与存在哲学，理论目标则是“在本体论层面上把实践概念与存在概念在马克思主义唯物史观的基础上结合起来”②。基于这一框架就可以对各种审美现象做出新的解释。朱立元还特别强调，实践存在论美学是“吸收和继承蒋孔阳先生以实践论为基础、以创造论为核心的审美关系理论”③。从这个角度看，实践存在论并非对西方美学思想的直接引用与阐发，而是具有本土特色与理论渊源，同时回应本土语境的原创理论。

二、打通实践论与存在论

为了打通实践论和存在论，朱立元的第一个工作就是扩展实践概念的内

① 朱立元主编：《美学》（修订版），高等教育出版社 2006 年版，第 59 页。

②③ 朱立元：《简论实践存在论美学》，《人文杂志》2006 年第 3 期。

涵，使之成为生存活动。李泽厚代表的实践美学，认为实践是物质生产劳动，而后实践美学家对李泽厚的一个重要批评就是“实践美学强调实践的物质性，因此，由物质实践出发来考察审美，就不可避免地忽略了审美的纯精神性”①。审美具有精神性，这是毋庸置疑的。朱立元作为实践美学家也不同意李泽厚的观点，一方面从对经典文献的梳理看，“马克思从来没有讲过实践就是物质生产活动”②。另一方面实践不只是物质生产，还包括其他生存活动。作为人的感性活动，物质生产活动是实践的基础，却不能等同于实践的全部。实践的内涵非常广阔，理应也包括艺术、审美等精神性的活动。从这个观点出发，朱立元提出了打通实践论与存在论的问题。

朱立元对实践概念做了比较全面的分析，认为实践活动包括物质生产和精神活动，具有总体性，从而就与社会存在同一，也就打通了实践论和存在论。他分析了德国古典哲学对实践的理解，又分析了马克思对德国古典哲学的超越。他引用了马克思关于实践的论述：“人们的存在就是他们的现实生活过程”，“社会生活在本质上是实践的”。所以实践就是人的存在方式，人在实践中展开的自我，寻求存在的意义，世界也是在实践中生成为人的世界。由此可以得出结论：“实践是马克思哲学的真正内核。正是在这个意义上，我们可以把马克思的哲学称为实践唯物主义。”③继之，朱立元肯定了实践作为美学逻辑起点的地位不可动摇，认为马克思把实践理解为了广义的感性活动，这种感性活动当然包括物质生产活动，但是更重要的，人是实践的中心，实践“是人的历史性社会性存在方式”④。社会性体现的是人与世界的关系性，历史性体现的是建构与生成的过程，人在历史与社会中确证与显示自身的意义，同时具有无数的可能性。朱立元第三点要肯定的是：马克思主义理论乃是“以人为本”的人学思想。朱立元对实践概念的三个肯定，目的是很明确的，第一个肯定回应了后实践美学对李泽厚实践美学的批评，第二个肯定强调了新实践美学与实践美学的延续性，第三个肯定则为新的理论创新做铺垫。

朱立元肯定实践是美学研究的逻辑起点又与美学体系建构本身相关，因此

---

① 杨春时：《走向后实践美学》，安徽教育出版社 2008 年版，第 6 页。

② 朱立元：《走向实践存在论美学》，苏州大学出版社 2008 年版，第 11 页。

③ 朱立元：《走向实践存在论美学》，第 118 页。

④ 朱立元：《走向实践存在论美学》，第 122 页。

又从本体论角度进一步展开了论述。实践作为美学研究逻辑起点，后实践美学家一直有所批评，认为实践美学的不能从实践概念推导出审美。他们认为，实践是一种人类改造自然、社会的基本活动，是一个形而下的概念。但作为形而下概念的实践只能成为现实的历史的起点，而不能成为逻辑的起点。美学是一个思辨的形而上学体系，应该以形而上的存在范畴为逻辑起点展开，从柏拉图到黑格尔的美学体系都是如此。面对这个困难，朱立元认为应该将实践本体论与实践认识论统一起来。这里的难点就是论证实践是本体论范畴。朱立元是从分析海德格尔的存在论哲学入手解决这一问题的。朱立元认为存在论哲学有一中心任务，有一理论线索，中心任务是存在的意义，理论线索则是“此在在世”的生存论分析。对人的存在也就是“此在”的研究是海德格尔哲学中最为重要的部分。在这个基础上，朱立元强调：“人生在世并不是海德格尔的发明，实际上马克思早已发现并做过明确表述。”①朱立元引用的马克思原文来自《“黑格尔法哲学批判”导言》：“人不是抽象地蛰居于世界之外的存在物。人就是人的世界。”②而且马克思超越海德格尔的一点正是使用了实践范畴来揭示“此在在世”的方式。实践是人的基本存在方式，实践也是人生在世的本体论（存在论）陈述。后实践美学批评实践美学缺乏本体论的基础，认为实践概念不具有哲学本体论的性质。朱立元则将实践论与存在论结合起来，以解决实践的本体论问题。

实践存在论美学将存在论转换为生存论，以“此在”为中心解读海德格尔哲学；同时把现代哲学的“存在”概念等同于马克思的“社会存在”概念。对此，一些美学家提出了异议。在他们看来，朱立元把马克思海德格尔化，从而误读了海德格尔的哲学，认为不是此在而是“存在”才是海德格尔哲学的核心。虽然“存在”只能借助“此在”显示自身，却仍然不能将“存在”与“此在”等同；“本真的生活”与“此在在世”不是一个事情。何况后期海德格尔还发生了哲学转向，以“本有”来规定“存在”，进而走向“诗意地安居”。同时，存在主义的存在与马克思主义的社会存在也不能等同，前者是形而上的概念，是存在者的根据，而后者是形而下的概念，是人类的现实生存活动。针对这些

① 朱立元：《走向实践存在论美学》，第9页。

② 马克思、恩格斯：《马克思恩格斯选集》第一卷，人民出版社1995年版，第1页。

批评，朱立元强调实践存在论不是将马克思海德格尔化，而是马克思的理论本身就有存在论这一维度。马克思的《〈政治经济学批判〉序言》《1844年经济学哲学手稿》《德意志意识形态》《关于费尔巴哈的提纲》等一系列文献，都体现出了马克思的存在论根基，其中又以《1844年经济学哲学手稿》表述得最为清楚。朱立元特别分析了邓晓芒重新翻译的一段《1844年经济学哲学手稿》的文字，指出马克思在海德格尔之前已经使用“此在”概念——在与海德格尔不同意义上使用，已经在现代存在论的视域展开对存在问题的阐述。而且马克思将存在论看得高于人类学，将之看为真正的本体论。另一方面，朱立元认为马克思主义的存在论是实践的存在论，从而区别于存在主义。他特别强调，马克思才是现代存在论思想的源头，甚至不仅时间早于海德格尔，从理论层次上也要高于海德格尔的存在论思想。因为“马克思的现代存在论思想是建立在‘实践’的基础上”[①]。由“实践”概念奠定的唯物史观，比海德格尔“此在在世”的生存论的分析更具理论深度。从朱立元的论证过程可以看出，他的实践存在论从侧重于强调马克思与海德格尔的“同”，转向侧重于分析两者的“异”。

三、关系生成论的美学观

朱立元的实践存在论的思想资源，除了马克思主义的实践论和海德格尔的存在论之外，还有蒋孔阳的“美在创造中”的审美生成论思想，因之区别于李泽厚代表的实践美学。朱立元是蒋孔阳美学思想的重要阐释者，他指出蒋孔阳晚年的审美关系理论已经开始走向实践论与存在论的结合。按照蒋孔阳的思路，劳动实践创造了人的本质，劳动无止境，因此人的本质也无止境。人的无限生成性使其与世界建立了多层累性的关系，美就诞生于这种多层累性的关系之中，人是为实现自己的本质力量而创造了美的。在这套体系中，关系是出发点，实践是本源与方法，人是目标与归宿。

“关系生成论”是朱立元实践存在论美学的一个核心理论，它直接关系到美的本质问题的解答。朱立元认为：“实践存在论美学对美和审美的一个基本

① 朱立元：《略论实践存在论美学的哲学基础》，《湖北大学学报（哲学社会科学版）》2014年第5期。

主张，是用生成论取代现成论。”[①]生成论是作为现成论的反面被提出来的。现成论是传统美学的本质，即把美看作一个实体对象，进而把审美活动看作指向审美客体，以发现美为目标的认识活动。绕过“美是否存在”以及“美怎样存在”直接问“美是什么”，甚至总结出了美的定义，这在逻辑上说不通。李泽厚代表的实践美学也有现成论倾向。20 世纪 60 年代，李泽厚就提出，美是客观的社会属性，对个体而言，美是不以其意志为转移的客观对象，美感的存在则需要依赖美的存在。这样，它就割裂了审美对象和美感，陷入主客对立的二元论，将美解读为现成有待认识的客观对象。而朱立元以关系生成论克服了审美现成论。

朱立元在谈“美是生成”时，一方面认为审美主客体是在人类生产生活的长期实践中历史地形成的，一方面又认为美在审美活动的当下生成。这就明确区分了美之生成的两个向度——历时与即时。历时的审美生成研究可以称为审美发生论，即时的审美生成研究才是审美生成论。审美发生论关注审美活动与审美思维在人类历史中的发端，以考古学、人类学、社会学、历史学为理论支撑，形成了游戏说、巫术说、劳动说等各种观点。审美生成论则关注美在审美活动中即时性的生成以及背后的逻辑规律，以心理学与哲学，特别是形而上的哲学本体论为理论支撑。朱立元强调“从时间上说，美、审美主体、审美活动三者是同时进行和产生的，没法严格地区分。而从逻辑上说，审美关系、审美活动先于美而存在”[②]。这就明确区分了即时审美生成的时间性与逻辑性，使审美生成论得以同时在现实维度与形而上维度展开。他指出，人们无法找到一个永恒不变、普遍适用的美的定义，即一个现成的美的本质。实际这种思维方式就存在问题，被框定在了主客二分的认识论和本质主义的思考方式之中。从蒋孔阳延续到朱立元的美学思路的宝贵之处正在于启发人们换一个提问方式。实际上，这不仅是提问方式以及美学研究对象的转换，更是美学学科形态与美学研究方法的转换，静态的本质主义美学被转换成了动态的“关系生成论”美学。

从存在论和关系生成论出发，如何推导出美的本质，朱立元提出以自由作为中介，自由成了人通向审美的桥梁。在这里，朱立元克服了传统实践美学

① 朱立元：《走向实践存在论美学》，第 10 页。
② 朱立元：《走向实践存在论美学》，第 311 页。

所依据的“劳动创造了美”的简单化弊端，而把握住了审美的自由本质。他指出马克思主义的自由表现为三种形态，第一种是对必然性的认识与支配，第二种是“人作为社会存在所获得的解放”①，第三种是“感性个体获得的自我超越”②。分别对应人与自然的关系，人与社会的关系，以及人与他人的关系。三种自由中，第一种不具有本体论意义。人是生活在社会关系中的社会性存在，实践，特别是革命实践才能对人的自由做出本体论承诺。在革命实践中，现实的社会关系和社会制度才可能发生根本性的变化，进而实现“人生在世”的最高目标。从“人生在世”出发，朱立元论证了审美的本质，即审美是一种最具本真性或者说“与人生本体最切近”③的人生实践。

当明确了审美的生成性之后，美学的人学特色就逐渐显示了出来，这也是从蒋孔阳到朱立元这一脉美学的特色——将美学看为一种人学，认为马克思主义的实践论“为现代美学确立了人本主义的基本尺度”④。朱立元看到了审美活动的三种特征：第一是超越性，第二是自由性，第三是应然性。如果说寻找意义，是人之生存的本来之意，那么审美活动就成为基本的人生实践。同时与其他的实践活动相比，审美活动又有着层次上的区别。用中国美学中的概念，层次可以替换为境界。因此，审美活动不同于一般实践活动，它是一种高级的人生境界，“审美活动把人的生存边界和界限大大扩展了”⑤。这里，朱立元美学体系找到了最终落脚点：审美是一种高级的人生境界。这个结论事实上突破了实践美学划定的现实性界限，具有了某种超越性；但似乎又没有脱离现实人生，从而区别于后实践美学强调的审美超越现实的观念。但这种模糊性，也留下了进一步阐释的空间。

四、实践存在论美学的意义

朱立元把马克思主义的实践论与存在论结合，力图拓展美学的哲学基础，

①② 朱立元主编：《美学》（修订版），第61页。

③ 朱立元主编：《美学》（修订版），第74页。

④ 朱立元：《马克思与现代美学革命——兼论实践存在论美学的哲学基础》，上海交通大学出版社2016年版，第181页。

⑤ 朱立元：《走向实践存在论美学》，第319页。

克服实践美学以物质实践解释美的本质的困难，从而更切近的阐释审美的本质。这种努力无疑是有意义的和应该肯定的。朱立元较之其他实践美学家更深刻地意识到了实践美学的本体论问题，他重建了实践美学的存在论基础，从而也重建了实践美学，这是新实践美学中最具有创造性、革新性的理论。其他新实践美学也意识到了传统实践美学对实践概念的规定难以解决美的本质问题，而力图扩展实践概念，主张实践不仅包括物质生产，也包括精神活动，从而才能用以阐释美的本质。但他们只是局部地扩展实践概念，而没有从本体论的角度阐释实践概念，而更多地从社会历史的角度来考察实践活动如何创造了美，以审美活动的发生代替了本体论的逻辑论证，从而导致本体论的缺失。朱立元把实践与存在沟通，从而为实践美学找到了本体论的基础，这是其最大的功绩。他对实践美学的改造、完善，推进了实践美学的发展，具有重要的学术意义。

其次，朱立元的实践存在论美学力图实现实践美学的现代化，特别是把马克思主义的社会存在论与西方现代主义的存在论沟通起来，这一努力也具有合理性。后实践美学批判实践美学的一个焦点问题就是，实践美学因其集体理性而成为前现代性的美学体系。朱立元则力图引进现代主义的存在论，使之融合于马克思主义的社会存在论之中，如此审美活动的个体性、超越性和自由性就有了根据，从而使实践美学获得了现代性。

此外，朱立元的实践存在论美学提出了“关系生成论”，认为美不是现成的，而是生成的。这一思想突破了李泽厚代表的实践美学把美定义为“客观社会性”的观点，更切近审美活动的实际，揭示了审美的创造性。

实践存在论美学对马克思主义美学进行了新的解读，与传统的实践美学形成了很大的差异，也因此遭到了批评，展开了论争。这种论争推进了马克思主义美学的发展。同时，这种论争也表明，“实践存在论美学”建构还没有完成，还有一些需要深入探讨和解决的问题。一个是打通实践概念、实践论与存在概念、存在论如何可能的问题，而这方面就涉及对实践和存在概念的规定。作为历史唯物论的基本概念的实践，是物质性的活动还是包含精神活动？实践概念等同于社会存在还是仅仅作为其物质基础？另外一个问题是，马克思主义的社会存在论与西方现代主义的存在论是否有本质的区别？二者的差异如何消除、融通？这些问题还没有得到更完满的解答，仍然有待于更深入的研究。

实践存在论美学是朱立元提出的，也很快蔚为大观，在实践美学内部形成了一个新兴的美学流派。2008 年出版了“实践存在论美学丛书”，包含朱立元的《走向实践存在论美学》、朱志荣的《从实践美学到实践存在论美学》、寇鹏程的《马克思主义存在根基与实践美学》、刘泽民的《实践存在论的美学思考方式》、刘旭光的《实践存在论的艺术哲学》共五部专著。朱立元也于 2016 年出版了另一本专著《马克思与现代美学革命——兼论实践存在论美学的哲学基础》。可以说，实践存在论美学尚在崛起、建设之中，还有很大的发展空间。

美学译文

导论：遂行与戏剧*

［美］诺埃尔·卡罗尔 著 唐 瑞 译 倪 胜 校

译按：美国著名哲学家、前美国美学学会会长卡罗尔教授是20世纪60年代开始的西方戏剧的遂行转向的亲历者、见证者，也是记录者和研究者。他对遂行艺术与戏剧的观察和研究值得我们注意。本文选自卡罗尔教授的文集*Living in An Artworld*论戏剧部分第一章，我们将陆续译出其余章节。

本部分选自笔者有关遂行与戏剧方面的文章。70年代初，笔者开始写作舞蹈方面的文章，亦开始在《艺术论坛》（*Artforum*）发表有关遂行与戏剧方面的文章。当时，遂行正逐渐成为艺术界日益活跃的领域。自50年代末、60年代初以来，诸如克拉斯·奥登伯格、罗伯特·莫里斯等艺术家，选择遂行作为探究和演示他们将绘画和雕塑与扩大了的操作领域相关联的舞台。此外，在70年代，跟概念艺术一样，遂行看来也为艺术家提供了一个抵抗艺术界日益商业化的据点，因为大多数概念艺术和所有的遂行艺术①都一发不可收，而我以为，这个逐渐被认识到的事实，对笔者在《艺术论坛》撰写评论性文章的工作起了加速的作用。

遂行是在60年代的各种实验所导致的开放或解放的空间里兴盛起来的。包括劳申伯格和沃霍尔在内的艺术家以及像“激浪派”这样的运动确信，任何事物都可以有艺术。置疑不再必须通过画布而得呈现。这种见解的结果带来艺术新类型的激增，包括概念艺术、装置艺术、大地艺术、视频艺术和遂行。按照这种方式，60年代的自由成了当今艺术界大多数最值得铭记珍藏的实践

* 基金项目：国家社科基金艺术学重大项目“当代欧美戏剧研究”（19ZD10）。

① 本文将performance译为“遂行”，因此遂行艺术就是performance art，这个词组一般译为“行为艺术”。——校者注

的基础。确实，一个人可以做一个绝对的艺术家，而不仅仅是使用这种或者那种媒介的艺术家，即画家或者雕塑家。沃霍尔及其先驱杜尚，为这个观点做了戏剧化的体现。艺术家可以在不同的艺术形式之间切换并成为所有媒介的基底，而不受任何限制。这一点对于那些既没有戏剧背景，也从不主动绘画的遂行艺术家的演变非常重要。艺术家可以用任何想要的素材来表现自己的观念——幻灯片、视频投影、身体、声音、沉默、手稿、服装、影片、灯光，等等，联合或者单独使用。遂行似乎没有任何限制，可以任意发挥。

毫无疑问，正是这种开放性，吸引笔者成为遂行领域的一位年轻的批评家。人是无法预料未来的。有时，每部遂行作品仿佛自身就是一种类型。与经典芭蕾舞这类艺术形式不同，因为遂行几乎没有传统可以依靠，你不得不描绘出当你有所感悟时所见的东西。人依靠智慧生存，依靠经验而愉悦。当然，想要对这些神奇的景象做出合乎理性的解释的企图，会令人持续地焦虑。但是，在逐步理解或掌握几乎难以辨认的字谜的过程中，会有一种巨大的满足。

无论如何，笔者邂逅遂行，一见钟情。在失去了《艺术论坛》的工作之后，笔者足够幸运地找到了用武之地。本书中大多数短篇评论最早发表在著名的《索霍周刊》（*The Soho Weekly News*）上，大多数长篇论文首先发表在《戏剧评论》（*The Drama Review*）上。

本部分的开篇即一篇名叫《遂行》的重要实质性文章。它试图将遂行定位为一种艺术形式。对此，笔者宁愿采取叙述，而不是下定义的方式，原因在前文中论述过。文章写于 1985 年，笔者追踪叙述遂行的演变的时段至 80 年代早期。就此而言，该文提供了一种综述，应该帮助读者评价或至少能跟随不断出现的诸评论和文章。当然，当笔者审读该文时，它给我的印象却是一种近乎自传的东西，因为它记录了笔者最大渴望投入遂行写作的那段时光。

虽然该篇文章写于约 30 年前，并没有追踪最近几十年来遂行方面的许多重要的发展。但是，它做了一个值得注意的工作就是划定了遂行最初的研究范围。它将遂行划分了两条主线——艺术遂行（画廊美学导向的遂行）和遂行艺术（戏剧美学导向的遂行）。[①] 遂行是上述两来源的持续性的集合或交叉。

---

① 在那篇文章里卡罗尔教授区分了 Performance Art（遂行艺术）和 Art Performance（艺术遂行）两个概念。——校者注

后见之明，我得承认，该篇文章没有预见到，在接下来的几十年里，身份政治和女权主义对这种艺术形式的演变的重要影响。但笔者认为，他在 1985 年提出的模型，仍然可以反映该篇文章写成后出现的许多发展。与身份政治和女权主义相关从而支配了遂行的发展的，也可以分为两种来源：一方面，像艺术界这些人的作品，比如阿德里安·派普、奥伦、艾利诺·安亭、道格拉斯·罗森博格；另一方面，这些艺术家的戏剧作品，比如提姆·米勒、蕾切尔·罗森塔尔、吉利尔莫·戈麦斯-佩纳、罗比·麦考利、波莫·阿弗罗·霍莫斯、布伦达·王青木、丹·邝，等等。于是，尽管笔者在《遂行》中讲述的故事还不够完整，但在遂行仍保持着活力和良好发展的领域（这个范围大小可以讨论）里，我最基本观念仍然普遍有效。

《遂行》之后的文章，很多都是短小的演出评论和重要遂行艺术家的毕生之作的较长的回顾性文章。虽然一些论述与极简主义舞蹈类似趋势的作品在本书的第一部分已经叙述过，但是，笔者评论过的大多数显而易见的视觉导向的遂行剧目，似乎与一种意象主义戏剧结盟，后者与梅瑞迪斯·蒙克、罗伯特·惠特曼和罗伯特·威尔逊的作品相关。诚然，笔者论述过的许多艺术家都与威尔逊的伯德霍夫曼学校有关。

重读这些文章，印象最深的主题是遂行艺术家对流行文化的关注。这种全神贯注，不仅体现在七八十年代的遂行剧目中一贯性地出现对流行文化的经常性的暗示、戏仿、交叉质询，而且体现在遂行艺术家尝试使用流行艺术形式实现自己的目的，比如脱口秀喜剧表演。

当整理选集时，笔者惊讶于关于喜剧的评论文章数量。或许，笔者不应该惊讶。毕竟，这些评论写作的时期，恰逢《周六夜生活》（*Saturday Night Live*）创刊，喜剧俱乐部在美国各地遍地开花、繁荣发展。甚至在艺术界这么稀薄的领域，人们也应该期待这一现象的反响。但笔者认为这并不是故事的全部。也不能说 70 年代末，艺术界变得更接近于填字游戏中唯一缺失的部分。而应该说，笔者认为，遂行艺术家被喜剧吸引，部分是因为对流行文化的逐渐关注，这一关注在笔者那个时期非常具有压倒性，以至于一些评论员已经怀疑遂行是否正在融入流行文化。

本部分以两篇短文结尾。《即时性诉求：彼得·布鲁克的戏剧哲学》并不完全与纽约遂行活动相关。然而，我还是想把它收入进来，因为彼得·布鲁克的许多重要主题和关注点与遂行的意识形态类似。

最后一篇文章，《有机分析》在方法论上有所尝试。它是对《戏剧评论》提出的一个问题的回答，这本杂志致力于戏剧分析。主要观点是一些评论应该应用分析框架，并用司格特的作品《安迪·沃霍尔的最后的爱》对它们进行检测。在这种情况下，笔者对自己提出的方法论有几个方面不满意。然而，笔者坚信，这篇文章对一部重要却被忽视的戏剧作品提供了有用的记录，所以决定将该篇文章收入。

笔者对《有机分析》最主要的保留之一就是将其与本书先前部分的情境性的批评相比较。特别是，笔者认为《有机分析》并没有明确说批评的情境性或语境应该引导批评的程度。当然，这篇文章确实对某种历史主义有所让步，但这会留下一些误导的印象，即我认为分析只与目标的内部元素有关。

这篇文章留下的另一个误导的印象就是笔者预测艺术作品是完全成系统的。但是，尽管笔者认为批评应该追寻具有功能性的相互关系，但是笔者不会设想艺术作品从任何方面看都是特别统一的，即绝不存在任何松散的线索。那种思路是浪漫的疯狂，或者说，至少是神话。同样，笔者开始对《有机分析》中戏剧对戏剧的修辞感到不信任。就此而言，我发现这篇文章引发了本体论的承诺，注意到笔者害怕自己无法回答。另一方面，笔者现在认为，我关注着我的解释是否为真，从而采取了过度调和的态度。在《有机分析》中笔者回避过这一问题，而笔者现在认为，存在一些解释是真的这一观点是完全可辩护的。确实，笔者希望本部分的一些解释是真的。

遂　行*

［美］诺埃尔·卡罗尔　著
唐　瑞　译　倪　胜　校

就在过去的25年间，出现了一种叫作“遂行”（performence）的新型舞台艺术，它在先锋派中拥有一种显著的特权——也就是说，它通常被看作前沿中的前沿，即先锋派中的先锋。当然，目前的遂行活动有着一些很重要的先行者和征兆，尤其是那些一方面明显与未来主义、达达主义、超现实主义以及包豪斯主义相关联，另一方面又与反线性的、意象性的象征主义、表现主义、建构主义戏剧相关联的拟戏剧情景。考虑到，它并没有一个连续的传统，它只是断断续续的一系列实验，由志同道合者一起做的短期活跃的实验。我会将自己的注意力主要集中到当下遂行情景的合并和巩固，而尤其关注它在美国的进化过程。

人们在尝试描绘遂行这种新艺术的特征之前，值得听听它自己给自己的命名，所引起的符号学方面的回响。因为，其中可能存在着遂行为什么会在当代流行的线索。首先，作为行动或事迹的遂行，其活跃的内涵会使人震惊。遂行主张活生生的（生动的）事物，反对那些被认为是静态的事物，比如一幅绘画。就此而言，遂行引发出自发性和当下时刻的关联。由此，又至少能引出与最低明确性的真实性概念的关联。这些内涵又有助于引起对20世纪60年代出现在美国的遂行的兴趣，想想这些就觉得很有意思。正有着这些活生生、现时、真实性和生命等内涵，遂行形式就显得非常适合用来设计以纵情和激进主义而自豪的文化的自我形象。遂行寻求“存在在他处”的直接性，并且预先接受了存在主义、现象学和毒品，接受毒品就意味着与当下保持着联系。生活剧团的

*　基金项目：国家社科基金艺术学重大项目“当代欧美戏剧研究”（19ZD10）。

经典作品，其标题《即时行乐（1968）》（*Paradise Now*）不仅把握到了20世纪60年代遂行的思想，也抓住了那个时代的精神。

虽然许多遂行作品，特别是60年代和70年代早期的作品，的确都曾尝试阐明这种文化价值，但我并不想暗示所有的遂行都有这种目的。我的观点是，遂行具有这样一种潜能，以某种使它能够抓住我们新时代想象力的方式，来实现我们当代文化自我形象的表现感情的特定品质，这体现在它的名字中。

当然，遂行一旦除离活动就显得死气沉沉。我们通常也把一种典礼的举行或者一出百老汇剧目的呈现称为遂行。从这种意义来说，“遂行”（to perform）并不是自发地行动，而是去扮演一个角色。于是，遂行变得与生活的隐喻（比如戏剧）有了联系，我们当代自我形象的另一个主要元素。照这样说，遂行可能会引出一些与自发性和当下性的概念完全相反的内涵。取而代之的是，它主张展现一种没有被预先构制的或者预先决定了的角色。正如其名称所主张的，遂行试图将人类生活的形象表现成具有一堆角色、一系列面具，（这些角色和面具的）不可避免地被采纳，证明了人类身份本质上的空虚；还有这样一种观点，外部力量依据我们先前已有的角色塑造我们，从而决定了我们是谁。纵观遂行的历史，特别是20世纪70年代末期到80年代早期，遂行艺术家挖掘出了这种隐喻性的联系，目的是为了设计人类生活的形象，进行角色构建。由于部分遂行艺术家受到了结构主义、符号学及其演变的影响，遂行变成了一种手段，用来明确表达自我死亡的主题，用来将个体重新定义为具有多重的不同身份的角色扮演者。当然，这种视角也反映了我们文化中占主导地位的自我概念：从那种可以按照“戏剧”和“角色”对自我进行构建的概念，到可以依据杂志和脱口秀中的多元风格来安排我们的生活的概念——（这些多元风格）是根据广告和后结构主义流行学说来进行推销的——（在后结构主义学说中）个体是被“他者”形塑出来的、去中心化的不统一体。作为透露同时代的人类生活本质的引人注目的媒介，遂行在目前的艺术舞台上占据了一个醒目的位置。

但是，难道我们没有遇到矛盾吗？要想探究遂行的内涵，那些其实由遂行艺术家自己发展出来的内涵，我们将它们看作自发的、生动的、自由的和本真的事物的象征，同时也当作预先注定的、冻结的、固定的和人造的事物的符号。从某种意义上讲，遂行隐含着开放的视野和涌现创造性能量的意思。从扮演角色的意义上讲，遂行主张封闭的选择、限制和外部指导。但是，这里出现的矛盾，并非源自遂行，而是源自被称作我们文化中流行的形而上学。在过去的25年间，我们从过分主张自我的极端，即拥护那种理想主义的信念，坚信个体应该有自由的、自发的、真实的、唯一的和自我创造的力量——转变成可预见的相反方向——这种观点认为，自我是完全被构建的、操控的，是一种密码或角色，是预先设定好程序的均匀的产物。毫无疑问，这种自我意象上的根本性转变，是单一的逻辑辩证法的一部分。这种辩证法开始于60年代的乌托邦式的乐观主义，由于社会性的和理论性的双重原因，造就了20世纪70年代和80年代的极端的悲观主义、犬儒主义和受限感。我的理论就是，遂行在过去25年中所达到的高度，植根于这样一个事实，它部分通过遂行概念中与生俱来的复杂的隐喻式的启示，提供了一个现成的、便利的、有效的工具，用以表达流行的形而上学的预先假定，用以展示或者至少引出了我们文化中自我意象的矛盾、紧张和冲突。

但是，遂行究竟是什么呢？虽然对遂行的出现及其后续的活力做出解释很有帮助，但说“遂行是一种陈述我们自我形象中的矛盾的艺术形式”，显而易见是不准确的。其他艺术形式能够并且已经从事了这一主题。这里缺失的，是对什么东西将遂行与其他艺术形式区分开来的解说，比如音乐或者文学。这种解说应该尝试阐明该艺术形式使用的公认媒介作为其特殊性特征。例如，音乐可以被定义为使用声音作为媒介的艺术形式，同样，文学可以被定义为使用语言作为媒介的艺术形式。那么可以确定出一种遂行所使用的，哪怕是暂时性的媒介吗？

人们可能会认为，一部遂行作品最起码需要一个遂行者的在场。但是，即便这个概括如此宽容，也要算老顽固，因为一出遂行剧目可以由木偶或者自动机器组成，物体的移动可以由舞台机械完成，或者由一系列幻灯片形象完成。我们从这些反例中得出建议，可以将遂行的抽象属概念定义为运动，或者更广阔些，(定义为)变化。尽管如此，我们的努力还是受阻的，因为有些遂行剧目是无论如何也没有运动的，或者说可以简单识别的变化，例如道格拉斯·邓恩的《101》。或者根据所有，甚至是大多数遂行剧目所普遍使用的特定材料或者装备来定义遂行的媒介，也没法做得更好。事实上，对遂行艺术家来说，每种材料和其他的每种艺术形式都是可得到的，包括电影、音乐、绘画、雕塑、戏剧、建筑、摄影，等等。此外，许多遂行剧目都曾使用过一种以上的媒介。

这是否暗示一出遂行剧目是多媒体的？并不必然。例如，埃里克·勃格森（Eric Bogosian）专注于在剧目中转换扮演不同的当代模式化的男性形象。从严格意义上来讲，他的剧目并没有多媒体导向，而是戏剧。当然，从另一种意义上讲，勃格森的剧目的确反映出其他媒介，反映出流行音乐、庸俗小说和电影中的男性形象。但是，如果从这种意义上讲的多媒体，像杰克·史密斯（Jack Smith）的电影《热血造物》（*Flaming Creatures*），则必定被认为是遂行剧目。

描述遂行的一种可能的尝试，是非专业人员的使用。但是，从专业演员概念的任何操作性的定义来讲，勃格森以及马布矿场（Mabou Mines）遂行剧团的成员，都是专业的演员。我们可以说，遂行剧目是对情节和事件的非叙事性的组织吗？不。因为这会将庄平（Ping Chong）和麦克尔·史密斯（Michael Smith）的许多剧目排除出遂行领域。遂行不是观景必不可少的子集，因为遂行包含身体艺术实验，像维托·阿肯锡（Vito Acconci）和克里斯·伯顿（Chris Burden）等艺术家的身体艺术实验中，遂行者是绝不可见的。

虽然无法从本质上给遂行下一个定义，但还是有其他的方法，我们可以把遂行描述成由互相联系的部分组成的活动。我的策略是从历史的角度或者谱系的角度，来描述遂行领域的统一。那就是，对遂行产生兴趣的因素以及这些因素相互吻合的方式，促使当代遂行成为一种相互关联的、生动的传统，成为一种活动的平台，这些活动是由历史逐渐形成的共享的、对重复出现的主题和问题的关切以及全身心投入所组织而成的。目前遂行活动的一致，主要是承继的关系。这并不是说遂行活动仅仅重复特定的主题并且全身心投入，而是说，遂行的本质是不断在进化着的交谈或对话，它的统一在很大程度上归因于对话的开放性的步骤的结构和预设。

更确切地说，我认为目前遂行有两个最重要的来源。一方面，遂行是对20世纪60年代特定画家和雕塑家所认为的画廊美学最基本的、理论性问题的反动，把这种维度的遂行称作“艺术遂行”（art Performance）。另一方面，大体同一时期，戏剧从业者发起了对最重要的、盛行的戏剧文学形式的反抗。戏剧，以杰出的文学为导向，用场景来展示。传统上观众与演员之间、演员与人物之间的分离受到攻击，（戏剧从业者）试图瓦解这种分离，而这种维度的遂行就被称作“遂行艺术”（Performance art）。然而，尽管艺术遂行和遂行艺术明显起源于对不同的艺术形式的反动，但这两种运动有时会由于某些重要的影响作用而产生交叉。它们相互间取长补短，无意或者独立地发展了相似的关注点、修辞和策略，等等。概括地讲，它们开始在重要方面聚集、合并。演化出相互重叠的领域，构成了现在被认为是遂行的核心部分。这并不是说，遂行从业者之间没有可察觉的不同，这些不同在于，艺术遂行主要涉及与画廊相关的争论，而遂行艺术更多地涉及与先锋戏剧辩论的领域。但是，将这些分离的点合并成一个谱系传统，呈现相似的主题和策略的做法，变得越来越显著。例如，戏剧导向的遂行艺术剧团，比如斯科特（Squat），将大众文化的图像学作为主要研究点；而与此同时，画廊导向的后现代主义者，比如派瑞·赫伯曼（Perry Hoberman），将对诸如《看不见的人》（*The Invisible Man*）等流行故事的重述作为艺术遂行的主题。

接下来，我将分别详细叙述艺术遂行和遂行艺术的发展，以及它们之间的聚集和重叠，我认为，这样能呈现出这种艺术形式的中心，它如今被称作遂行。

艺术遂行

我使用艺术遂行来称呼那些源自美术的遂行活动。20 世纪上半叶的许多先锋艺术运动都包含着拟戏剧的辅助活动。第二次世界大战后的二十年间，伴随着美国先锋绘画和雕塑的明确，美国出现了一种类似的现象。或许是要引入修辞来解释抽象表现主义，舞台开始为此而进行设计。哈罗德·劳森博格（Harold Rosenberg）——以称呼抽象表现主义为行动绘画（action painting）而出名——将杰克逊·波洛克（Jackson Pollock）巨大的画布看成艺术家对绘画进行遂行行动的窗花格（tracery）。[①] 线条传递了生存状态的决定，并且绘画作为一个整体，是一系列动作的叠加，一种临时形成的合成物。绘画逐渐被视为行动术语，而不是客体术语。尽管绘画是静态的，但被重新构思归入遂行范畴。毫无疑问，这种看待美术的静态作品的方式，如果没有激发，那么至少促进了许多追随抽象表现主义的艺术家的事业。因为，非常明显，人们可以说艺

① 基督教有在教堂窗格上绘画的传统。——译者注

术遂行的支持者按其字面意思来解释这个概念,即绘画的目标是一项活动或遂行。

但是,人们可以用另外一种方式描绘艺术遂行的形成。这种方式可以理解为对艺术世界(artworld)争论的延续,也可以看作某种艺术世界修辞的中断。我已经提到过对主要与姿势和行动相关的抽象表现主义的解释。但是,克莱门特·格林伯格(Clement Greenberg)拥护另一种解释,他将抽象表现主义注解为一种自我意识的过程,一种自返的还原论(reflexive reductionism)的操练,以揭露出绘画最本质的状况。按照这种方法,波洛克的一大幅画布就代表了一种理论上的评说,即绘画的基本特征最终是由线条构成的:绘画,从本质上来讲,是一个平面的客体。在他对这个公认事实的坚持下,抽象表现主义者发展出立体派方式的投射,即承认图画的表面是平面的。对平面的崇拜,立刻就成了艺术世界争论的最吸引人眼球的特征。但是,关于艺术遂行的形成,更重要的是这种方法,也可以说这种信念(所代表)的本质主义,即每种艺术形式都具有被自身的媒介划定界限或者限制的基本特征。艺术遂行通过拒绝艺术世界的本质主义这样一种重要的方式而诞生。

在20世纪五六十年代,前沿美术本质主义的范式站稳脚跟的同时,一场反本质主义的运动也在积聚力量,它通常利用艺术遂行来反对本质主义的偏见。这些60年代的艺术遂行中,最让人记忆犹新的策略是偶发艺术(Happening)。这些即兴艺术表演的一个先驱,就是1952年约翰·凯奇(John Cage)在黑山学院(Black Mountain College)筹划的一场多媒体活动。活动中,展映了一部电影,编舞梅西·康宁汉(Merce Cuningham)即兴创作,查尔斯·奥尔森(Charles Olson)和M.C.理查兹(M.C. Richards)朗诵诗歌,大卫·都铎(David Tudor)演奏钢琴,画家罗伯特·劳森伯格(Robert Rauschenberg)展示作品并用老式唱片机播放了他精选的音乐。50年代,这些遂行的原则在凯奇开设于新校的社会研究项目(New School for Social Research)的作曲艺术课程中得以传播,诸如艾伦·卡普洛(Allan Kaprow)、迪克·希金斯(Dick Higgins)、拉里·彭斯(Larry Poons)、乔治·布莱希特(George Brecht)、艾尔·汉森(Al Hansen)、乔治·西格尔(George Segal)、杰克逊·迈克洛(Jackson MacLow)、吉姆·戴恩(Jim Dine)等人上过这些课程。反本质主义的信条是任何事物都可以成为艺术。这对那些美术从业者特别重要,他们已经熟悉艺术史上的先驱，如达达主义和对已知事物的发现，以及超现实主义者对于机遇和人造环境的喜爱。受到凯奇的启发，美术家们反对本质主义理论的辩护，将他们的关注点从画布中转移出来，试图在遂行中加以体现。

在吉姆·戴恩的偶发艺术中，物体成了遂行者，而罗伯特·惠特曼（Robert Whitman）则利用一组混合媒介和自制技术，来设计制造不可思议的质变和隐喻，比如喷出碎布挂毯的巨大鲜花。克拉斯·奥尔登堡（Claes Oldenbury）设计了戏仿物体，诸如运动着的超大号的冰激凌螺旋锥，产生出对有关联的结构的超时间的阻断。遂行变成了对拼贴法的扩充和成为超现实主义式的并置的地带。美术家们关心被本质主义对平面的偏见所压制了的东西，它现在得到了发展的空间，开始主导艺术世界的思考。反本质主义相信任何事物都可以成为艺术，这种信念体现在艾尔·汉森的偶发艺术中，这种反本质意图彻底清除掉了任何有趣的东西。

卡普洛明确地将偶发艺术当作绘画所处理的对象相关的艺术方式。1959年，他在鲁本画廊（Reuben Gallery）展示了他的《分为6个部分的18个偶发艺术》。每个部分中都有三个事件在相邻的房间中同步发生。例如，一个场地播放幻灯片，另一个场地播放唱片，同时，遂行者在第三个场地展示广告牌。这些剧目不仅肯定了任何事物都可以成为艺术的概念，而且强调要使观众意识到他们参与理解事件是这种类型的艺术的关键（并且，更进一步反思，也是艺术的关键）。

尤其被低估的一个事实就是，偶发艺术对拟戏剧的发明真实存在于对拟绘画的练习中，吉姆·戴恩的《微笑的工人》（*The Smiling Workman*）就是这样的一种遂行。罗斯李·高柏（Roselee Goldberg）写道：

> 在《微笑的工人》中吉姆·戴恩展露出他对绘画的困惑：他穿着红色的罩衫，把双手和头涂成红色，涂黑的大嘴巴，从颜料罐里喝东西，在一个大画布上涂写“我爱我是……”然后将剩余的颜料倒在自己头上，跳过画布。

与绘画相关的遂行活动，通过偶发艺术，在理论的苦恼的推动下，出现了转移。艺术遂行的拥护者似乎并不满足于将艺术划分为遂行的或不遂行的，比如戏剧、音乐、舞蹈就是遂行的，绘画、雕塑则不是。甚至在考虑到艺术遂行之前，这种划分都是非常难以维持的。因为，在某种特定意义上讲，文学可以划入两种分类中的任何一种。电影，虽然奇怪，但却是非遂行艺术，那是因为对同一音乐配乐（乐谱）的连续不断的演奏可以算作遂行，以这样的方式理解，对同一部电影的连续不断的放映，几乎不太可能被认为是遂行。艺术遂行表达了对这种本质主义导向的将艺术划分成遂行的和非遂行的划分方法的不满。它（艺术遂行）是否是在哲学上有说服力的反例，这不重要，重要的是它所象征的那些画家和雕塑家的态度，他们欣然接受艺术遂行，也就是说，他们不允许自己的艺术技巧被规则所限制。如果他们被告知，其艺术技巧不是一种遂行的艺术，那么他们将会试图把它变成（一种遂行的艺术），公然表明那些所谓的遂行的元素一直都存在。这种观点显然有着乌托邦的一面，即相信想象力不可能被制约，以及艺术家不能被理论上的分类所局限。

许多偶发艺术所具有的极端的、非线性的和并置的特质，使它们的方式更多的是当场呈现而不是再现，并且一般说来不可重复——它们在一次性事件中是偶发的——它们争取观众作为参与者的倾向，使得人们用“真实”（real）这一专门术语来描述偶发艺术。那就是说，它们是“真实的事件”而不是“事件的再现”。这很重要，是基于如下两个原因：第一，正如我们看到的，它是先锋戏剧论争的产物，而先锋戏剧则引出了遂行艺术。第二，它与画廊美学的反幻相偏好相一致。那就是说，绘画并不被认为是再现的事物，而是真实的事物。我们已经看到的一种变形，是将绘画归纳为真实的、平面的事物。这是本质主义的观点，将绘画看作物体，也就是说，将绘画看作一种特殊的物体。另一种选择则是将绘画看作一种像任何其他物体一样的物体；将绘画看作一个真实的事物，跟任何事物一样。劳森伯格的《联合》（*Combines*）代表了这种选择，在关于偶发的绘画的“真实性”的对话中，跟真实事件一样，都附带着很多扩展物。许多新达达主义运动、激浪派的遂行活动，也致力于把艺术降到普通事物的地位，这项工程，不仅在关于高雅艺术的争论中具有本体论的目的，而且在60年代，也很好地表现了民主化的热情。

遂行活动的反本质主义，不仅通过拟戏剧的遂行导出了走出画廊的创作，而且还引导画家和雕塑家与诸如音乐和舞蹈等经典遂行艺术从业者相结合。这在凯奇的例子中表现得很清楚，他是一位引起艺术遂行活动的音乐家；在作曲家罗伯特·阿什利(Robert Ashley)的例子中也表现得很清楚,他的作品可以被归入艺术遂行的种类。相较于艺术遂行与音乐之间的互动,更为突出的是绘画在20世纪60年代一方面和雕塑的结合,另一方面与舞蹈的结盟。一组编舞家,包括依冯·瑞娜(Yvonne Rainer)、特丽莎·布朗(Trisha Brown)、露辛达·查尔兹(Lucinda Childs)、史蒂夫·帕克斯顿(Steve Paxton)、大卫·戈登(David Gordon)、黛博拉·海(Deborah Hay)在内,通过在纽约贾德森教堂(Judson Church)做的遂行表演,来检验凯奇提出的舞蹈观念,以与劳森伯格和罗伯特·莫里斯(Robert Morris)的遂行相竞争。不仅这些舞者们受到画廊的深刻影响——他们支持将任何的普通运动看作潜在的舞蹈运动,这是对视艺术物体与普通事物地位平等的绘画现实原则的延伸——不过纯艺术的从业者的遂行也在贾德森教堂的编舞作品之中被采用。

在罗伯特·莫里斯(Robert Morris)大约1964年的作品《地点》(*Site*)里,他构建和再构建了遂行空间,在其中,卡洛琳·史尼曼(Carolee Schneemann)通过移动一个巨大的木质布景屏来根据马奈的《奥林匹亚》(*Olympia*)摆出了身姿,以这样一种方式来刻意的唤起对绘画正立面画法的关注。这种对构建和再构建以及正立面画法的关注,后来在理查德·福尔曼(Richard Foreman)70年代的遂行作品里,依然是至关重要的。

画廊美学的争论和问题,在60年代和70年代成了激发出遂行作品产生的手段。这种影响所及的一个声名狼藉的领域就是"身体艺术"(body art)。这种艺术类型里有几个无耻的例子,包括维托·阿肯锡1972年的作品《温床》(*Seedbed*),当参观画廊的人在他头顶上方行走时,他则在斜坡下面手淫;还有克里斯·波顿1972年的作品《死人》(*Deadman*),他把自己塞进一个大的旅行袋中,并扔到洛杉矶的一个高速公路的中央。从某种意义上来说,这些动作可以被理解为是对画廊极简的形式主义的回应,(画廊极简主义)将艺术家们热衷的所有那些不可能被还原成艺术作品的形式和内容的结构的问题,以及观众把艺术作品看作独立的知觉的罗列的、现象学式的反应,均打上括号(悬搁)。阿肯锡和波顿,以及其他人,经常通过病态的遂行,有时通过在道德方面有问题的遂行,把性心理主题相关的事物、冒险、死亡重新放回到艺术世界的日程表里,以表达反抗。在这里,存在主义者关注自我、冒险、决定以及强化的经验,这似乎与同时期源自格罗托夫斯基(Grotowski)的先锋戏剧所关注的某些东西相吻合。

概念艺术是艺术世界的另一个发展方向，在20世纪70年代早期它哺育艺术遂行持续发展。随着概念艺术家贬低画廊对物体或商品的定位、崇尚理念，遂行变成了一种表现艺术世界争论的方便有效的手段。例如，在1970年的作品《催化Ⅲ》（*Catalysis Ⅲ*）里，艾德里安·派珀（Adrian Piper）穿着涂有“油漆未干”（Wet Paint）字样的女式衬衫走过街道，以将她的人权与性的自律嘲讽式的合并在一起的方式，来主张“不许触摸”（don't touch）的理念，瞄准着艺术世界关于绘画的物质性的标高。

艺术遂行在20世纪60年代和70年代早期发展成熟，一方面把绘画和雕塑联系起来，另一方面又将绘画与持续存在的拟戏剧传统联系起来。虽然这种联系是特定艺术运动全神贯注投入的结果，但正是由于这个运动充分坚持，才使得艺术遂行变成了半自律的艺术。就算引发艺术遂行的那些运动衰落了，它也能够繁荣发展。虽然艺术世界的潮流不断变化，但是艺术遂行没有消失，而是被改造进了随后的各种艺术风格的各种作品里。

20世纪70年代后半段，那些被认为是后现代主义者的新一代艺术家，对抗极简主义在画廊的主导地位。后现代主义者——包括诸如杰克·戈德斯坦（Jack Goldstein）、罗伯特·隆格（Robert Longo）、理查德·普林斯（Richard Prince）和辛迪·谢尔曼（Cindy Sherman）等人物——没心思去探索所绘作品里的对象的本质。他们对作为再现的绘画感兴趣，将其理解为对作为符号（这些符号向社会传播有意义的意思）的再现的反身质疑。后现代主义者表现得像符号学家，在揭示能够代表我们文化的图形。由此，辛迪·谢尔曼制作了一些看起来像电影剧照的照片，有意想引起对大众文化图像学的质疑。进一步，这些对再现的关注，被转化为遂行作品。杰克·戈德斯坦的《剑客》（*Fencer*，1978），在一片黑暗的土地上令灯光跳闪而呈现出决斗者。这意味着一个再现理论的哑剧，用符号学的行话来说，就是电影被舞台化了，尽管对幼稚的观众来说它以不同的方式在显现。

如果他们对大众文化图像学感兴趣，后现代主义者就会在我们的文化中引入典型的遂行形象（比如摇滚明星）的关注。如果要质询这些摇滚明星，或许排在首位的艺术家非劳瑞·安德森（Laurie Anderson）莫属。她在其作品《美国》（*United State*，1978—1982）中，应用了摇滚音乐场景里的设备——这位超级明星站在麦克风前，背景是华美的视觉效果——但却按照一种不仅在质疑这种演说模式的奇怪的权威性，同时也点出信息的离散和杂乱以及时代经验的悲哀的方式对其进行颠覆。

后现代主义者热衷于讽刺性地重新捡回旧的文化意象，这与先锋戏剧的重新传播过去的剧目、流派和文化形象的类似的发展相一致。这种对重新使用的痴迷，表明了一种（认为）人类生活是文化再现的作品的隐含性的信念或渴望。在这里，后现代主义的要点是反对导致艺术遂行出现的对自由和自发性的乌托邦式的信念。但是，成败难料的是什么？不是可以仅仅简化为不同思想或者世界观之间的争论，而是一种在很大程度上受到艺术世界的代际结构的影响的对立。在艺术世界里，每一代新生艺术家们都在挑战他们的前辈及其假设。

现在，艺术遂行正蓬勃发展。它已经被新近出现的、在纽约下东区数量激增的朋克艺术运动临时征用。尽管朋克艺术的作品通常被认为是专门设计用来否认后现代主义者关于完美、精湛和技艺的任何建议，但是，概括的来讲，朋克艺术看起来与后现代主义共享某些原则。正如后现代主义者一样，朋克艺术家运用暗示——特别是诸如电影、电视、动漫和（公众场所的）涂鸦等流行形式的暗示——作为其主要策略。他们的表演风格是粗糙的，看起来是业余的、幼稚的，甚至是孩子气的。这既用来把一种戏仿的维度引入艺术家的视野，又提议作品的情感中心是一种关于遗失的纯真的矛盾心理。该类作品充斥着好斗情绪，被一种挫败的期望所笼罩。（朋克艺术）运动的遂行派经常沉溺于那些代表遗失的童年的象征物；其作品也开始看起来像劣质的系列电视节目。在卡巴莱夜总会演出——（卡巴莱夜总会）东拼西凑的装饰风格让人回想起当代艺术家（年轻时）看电视和办聚会的青少年娱乐室——一台（朋克）艺术遂行晚会大概包括对独角滑稽秀演员、对《铜锣秀》（*Gong Show*）① 里的业余选手以及对流行歌手矫揉造作风格的戏仿，每种戏仿都带着刻意的厌恶。这些演出中表现出的情感之强，与曾经被称作的“坎普”（camp）② 的艺术，有着非常明显

---

① 20世纪70年代查克·巴里斯（Chuck Barris）的电视节目《铜锣秀》（*Gong Show*，以敲锣“轰”走失败者）。——译者注

② 原意是同性恋。后转指由同性恋带来的一种矫揉造作的艺术风格，代表艺术思潮有新艺术运动（Art Nouveau）等。它带有怀旧风，同时也带有高雅趣味，最终与波普艺术相混同，常常难以分辨。——译者注

的不同。因为朋克艺术家明确表达了对像日常生活中的超现实主义这些流行形式的愤然反对和憎恶，所以他们对紧紧抓住这些被鄙视 / 被钟爱的流行图像学的坚持不懈，太过坚决了，以至于无法冷静。毫无疑问，这种遂行形式非常盛行。因为它们从经济方面来讲是切实可行的——它们就如穿起来像个过时司仪的二手晚礼服那样便宜——并且它们是可以被广泛接受的——这些印象模糊的电视节目代表了伴随电视节目成长的一代人（或许是被电视节目影响的一代人）的共同的参照。但与此同时，这种主题的选择是情感性的，不是实践性的。这种流行图像学是一代人的共同经验和矛盾心理的中心，它代表着触及了当代犬儒主义表面下有关身份（或者自我憎恨）的问题。

艺术遂行向诸如独角滑稽戏、娱乐节目和流行音乐等形式转变，这与先锋戏剧的某些关注点是相一致的。先锋戏剧因为拒绝了经典戏剧体系，所以采纳了诸如卡巴莱歌舞表演、电视脱口秀和喜剧节目等替代形式。因此，艺术遂行和遂行艺术通过不同模式的演变，又一次被一些共同的兴趣所吸引。

遂行艺术

如果说当初艺术遂行的出现，是对 50 年代末和 60 年代初画廊的某些偏见和实践的反动，那么，遂行艺术则是对同时期的主流戏剧的流行趋势的反动。这些主流戏剧——不仅包括莎士比亚（Shakespeare）、易卜生（Ibsen）、契诃夫（Chekhov）、米勒（Miller）、热奈（Genet）和萨特（Sartre）的严肃作品，以及百老汇的通俗制作——被认为是再现的，而不是当下呈现的或者反思性质的；是给观众观看的，而不是让观众参与的；是文本导向的，即对话语和对话语的解释被认为比作品的诸如动作、舞台美学等其他方面更为重要。表演、身体动作、装饰、灯光等，都被认为没有预先存在的剧本重要。为与主流戏剧相决断，60 年代出现的先锋戏剧寻求颠覆这种价值观念——以创造出一种当下呈现性的戏剧，一种有影响力的戏剧，一种（观众）参与性的戏剧，或者至少是一种对把遂行者和观众分离开的戏剧的挑战的戏剧。（先锋戏剧的）这些做法导致了遂行艺术作为戏剧世界现象的最初出现。（遂行艺术）这个名称是恰当的，因为这些作品里反复出现的主题就是将我们对戏剧的兴趣重新指向“遂行性”——宽泛地理解就是舞台上持续进行的事件（而不是人们所认为的某些剧目所描述的虚构的事件）——并且指向诸如布景和身体运动，而不是文学文本等戏剧作品的元素。此外，许多遂行艺术的价值观念和志向抱负，可以与诸如偶发艺术等艺术遂行活动的关注点紧密相联。出于不同的理由，这些艺术遂行活动的关注点是寻求呈现性的，而不是再现性的，是消除艺术作品与观众之间的分隔。因此，艺术世界和戏剧世界的叛逆者们，虽然是对不同情境的反动，但是他们发现自己在战斗中处于同一战线。把激发生活剧团（Living Theater）的因素和产生偶发艺术的因素结合起来，这样做是否正确并不重要，重要的是这些作品被认为是相互关联的这样一个事实。作为这种相互关系的结果，或者说是误解，一种新的实践地带、新的遂行地带，在艺术遂行和遂行艺术相切的交叉点出现了。

关于遂行艺术的初次出现，不少关切都可以追溯到安东尼·阿尔托（Antonin Artaud）的具有远见卓识的著作《戏剧及其重影》（*Theater and Its Double*）。这是一部反文学戏剧的论战书。阿尔托在书中写道，“舞台是一个具体的、有形的场所，它要求被填满，并给予它自己的具体的语言”。他的意思是说，戏剧事件是具体的、有形的存在，我们必须关注作品的各种具体的、有形的构成元素，例如道具、服装、音乐、灯光、装饰和一系列导演可以使用的技术效果。阿尔托认为，被像亚里士多德这样的学者理论化的西方传统戏剧，重视文学文本，从而忽视了他（阿尔托）所认为的戏剧（应该具有的）基本的、具体的、有形的属性。像亚里士多德这样的理论家们，把兴趣点放在故事的结构，而不是舞台调度上。阿尔托坚信，整个传统方法压制了戏剧作品的构成元素。进一步讲，阿尔托认为，传统方法为了把文本凌驾于所有东西之上，假定戏剧主要是智力的，而不是情感的，从而就把注意力从戏剧事件本身转移到了（戏剧）事件的虚构的指示对象上。不管阿尔托对传统戏剧的分析是否具有说服力，有一点是很明确的，即他认为以语言为中心的戏剧必须让位于一种戏剧实践。在这种戏剧实践中，即时体验到的感官感受，比说明预先存在的故事更重要。阿尔托期望：

> 为了改变语言在戏剧中的作用……为了在具体的、空间的感觉上利用它，使它与戏剧这一具体领域中在空间上具有显著意义的一切事物结合起来——像固体那样去操纵它……

简而言之，阿尔托要求一种“场景戏剧”(a theatre of spectacle)。这种戏剧主要是当下呈现性的，以一种全新的方式(至少是从情感上)吸引观众进入遂行。他声称，每个戏剧事件都是独一无二的存在(并且，因此更真实?)，而不是对预先存在的剧本的重复。

当然，作为一种理论，阿尔托的声明还有许多需要改进的地方。他并不总是清晰的或者前后一致的。他的许多关键性的观点(区别于其他的观点)是不合情理的——例如，为何舞台平面只能被看作一种具体的、有形的事物，而不能是一个再现性的或者象征的?这种具体语言的真正理念，听起来确实有点自相矛盾。然而，从我们的目的来讲，阿尔托观点的理论性强度并不重要，重要的是他的这种经常疯狂性的学说，作为美国先锋戏剧的主要灵感来源，促使了遂行的产生。

对朱利安·贝克(Julian Beck)和朱迪斯·玛琳娜(Judith Malina)的生活剧团(Living Theater)来讲，阿尔托对具体语言的要求就是一种特别的口号。在记录生活剧团创作于60年代中期的作品时，希欧尔多·尚克(Theodore Shank)注意到：

> 《神秘物及其碎片》(*Mysteries and Smaller Pieces*)由9个被描述成“对仪式性游戏的公开演出”的活动和即兴创作的片段组成。(该作品)没有文本，没有布景，遂行者们穿着自己的服装，不去表演确定的角色。观众们第一次有机会可以亲身参与其中；在有些片段，遂行者们有时会裸体遂行。虽然在其中一个片段里有关于虚构的瘟疫的暗示，但是该部作品从整体上而言并没有提供一个虚构的世界来作为行动的环境。该部作品除了实际的剧院或者遂行的空间之外，并没有试图去规划一个场地；除了实际遂行的时间之外，并没有试图去规划一个时间。

在这里，阿尔托对观看效果的强调，并不像把戏剧转变成一种呈现性的或者“真实的”事件的想法那么显而易见。(他的)这种冲动，与激发偶发艺术的灵感相一致，虽然艺术家们反对的是不同的传统，但是在评论家们和从业者们看来，这两种冒险的想法是一致的。宽泛点说，它们是相应的。为着追求“真实的”事件，生活剧团和偶发艺术都涉及了反对对观众和遂行的惯常区分的活动。并且，在 60 年代，两者都起着象征的作用，象征着打破障碍、否认惯例、克服死板分类的乌托邦式的渴望。但是这两种活动也存在着差异。偶发艺术摆出一副反对本质主义的美术观点的姿态，而生活剧团和约瑟夫·蔡金（Joseph Chaikin）的开放剧团（Open Theater，1963—1973）的作品，则强调超越戏剧文学维度的行动技巧和过程，以寻求戏剧的真实本质。对他们而言，主流戏剧不是本质的戏剧，而是某种程度上的虚假戏剧。通过重新强调表演和遂行，戏剧将剥离一切直达其基础，并且摒弃文学戏剧的障碍。然而，艺术遂行的反本质主义和遂行艺术的本质主义趋势，演变出了一种关于真实事件的共同的修辞。这种修辞，使人们意识到一种全新的、统一的活动领域，一种全新的、统一的遂行领域已经来临。

对真实事件的追求，也在挪用仪式性的形式的过程中表现出来，作为剥离了（文学）的戏剧效果的反题。在一个著名的尝试《狄俄尼索斯在 1969》（*Dionysus in 1969*）中，理查德·谢克纳（Richard Schechner）和遂行剧组（the Performance Group）试图为观众引起一场参与性的狂欢仪式。在 60 年代末，遂行艺术也迷恋波兰戏剧理论家耶日·格罗托夫斯基（Jerzy Grotowski），他的理论是对阿尔托所倡导的净化戏剧的精炼。格罗托夫斯基将一种强烈的本质主义方法引入戏剧，并且强调每种遂行过程的唯一性和偶然发生的维度。格罗托夫斯基强调把演员当作人/遂行者，而不强调作为角色的演员。据尚克所言，格罗托夫斯基的影响在《狄俄尼索斯在 1969》中得以体现。

> 在遂行中运用练习，是一种通过不戴角色面具来展示自己，从而聚焦于演员本身的方法。通过包含遂行者们谈论他们自己，以他们自己（的真实状态）做出反应并与观众们进行互动（观众们的行动是不可预知的）的部分，潜在的脆弱性增加了。而裸体是另一种增加心灵的脆弱性的方法。脱掉服装，除去了遂行者身上一种主要的掩饰自己的社交方法。通过展示身体，某些精神内在的、肌肉的和内脏的[①]过程变得可见，这有助于强调真实的遂行者，而不是虚构的角色。

① 指情绪表现，詹姆斯-兰格心理学认为情绪是内脏的变化导致的外在表现。——译者注

遂行者对真实性的献身，当然是另一种由使戏剧事件变成具体的、唯一的和真实的渴望所驱动的安排。与此同时，对性心理、自传和冒险元素的依赖，与艺术遂行对身体艺术的关注相一致。虽然在那种情况下，身体艺术是反本质主义程序的一部分，但是对遂行艺术的从业者们而言，关注演员他/她本身，是他们为达到戏剧的本质所付出的努力。有趣的是，那些在60年代末、70年代初出现的、对弥补再现性戏剧和呈现当下真实的戏剧之间的裂痕以及对演员身份的认同的关注，在遂行艺术对自传的关注中持续存在，这尤其体现在伊丽莎白·勒孔特（Elizabeth LeCompte）和遂行剧组（the Performance Group）的《罗德岛上的三个地点》（*Three Places in Rhode Island*，1975—1980），以及斯波尔丁·格雷（Spalding Gray）的独白中。

阿尔托对场景戏剧（spectacle）的强调，对遂行艺术产生了持续的影响。在这里，场景戏剧至少包含两种重要的意义：在那时的语境下，提出场景戏剧是为了肯定戏剧作品的每种组成元素都可以像文本一样重要。并且，大体上来讲，场景戏剧的提出明确肯定了重要的戏剧性关系是对遂行的即时接纳。这是就遂行所包含的全部偶然发生事件的、从现象学的角度可以觉察到的全部属性而言，而不是就一种假定由文本（已经写好了的剧本）来传达而言的。我们假定，场景戏剧是通过其明确的在场来令观众参与其中的，这与文学戏剧恰恰相反，（在文学戏剧中）观众被说成是来品味对预先存在的剧本的图解或者阐释。毫无疑问，假定的心理学在这里将很难区分出来。但是，投入场景戏剧所产生的一个可操作性的结果就是，戏剧性效果不再仅仅被认为是对文本主题的传播，而是独立的、传播意义的媒介，（如果存在对话的话）与对话同样重要。

一个忠实于场景戏剧的结果就是舞台美术的重要性增强了。装饰和遂行空间的接合[①]，而不是理性行动的再现，成了艺术家主要的关切。对空间的全神贯注，是理查德·福尔曼的存在论歇斯底里式戏剧（Ontological Hysteric Theater）的主题。改变物体的规模——例如，无数的手从椽上掉下来——运用绳子和线条来唤起透视感的回缩，放置和去除舞台影片来扩张和缩小空间，调动各种索引性的或指向性的装置来将我们的注意力明确的从一个点指引到另

① Articulation，后现代哲学术语，指临时的关联。这一概念与维特根斯坦的家族相似等理论相互借鉴和融合。——译者注

一个点，这些都在不断地提醒着观众面前的、可以觉察到的一系列安排产生的建构性的和可延展的本性。对福尔曼来讲，戏剧文学部分的存在于它使用角色来操纵我们注意力的方式，这些方式是福尔曼自反地由目录所承诺的。当然，福尔曼对戏剧的自我意识，反应在他对艺术形式的、由基本的感知所组织的结构的关注上，与和他同时代的诸如罗伯特·莫里斯、迈克尔·斯诺（Michael Snow）等画廊艺术家们的兴趣密切相关。这就是虽然福尔曼受到的主要是戏剧方面的训练，却为何能轻易地与艺术遂行的从业者们混成一个团队的重要的原因。这并不是说福尔曼仅仅关注于戏剧空间的反身性的沉思。他沉溺于精心制作的、表现性的氛围，并力求解决思想的本质、人的认同和思想与身体之间的关系等问题。然而，我认为正是他对戏剧感知的结构的兴趣，与60年代末、70年代初的艺术世界的关注点相一致，并致使他成为这种全新的遂行艺术的典范的从业者。

毫无疑问，遂行艺术对场景戏剧的投入和艺术遂行的兴趣（这两者）的汇集，被这样一个事实得到加强，即对场景戏剧的投入通常通过强调视觉这一美术的真正领域而有效地实现。因此，罗伯特·威尔逊（Robert Wilson）创作于1973年的作品《约瑟夫·斯大林的生活和时代》（*Life and Times of Joseph Stalin*）中有关梦的、具有催眠效果的引人入胜的舞台造型，深深吸引了艺术世界的观众们，尽管威尔逊并没有提出画廊界创造时髦风尚的人们所关注的那些反身性的问题。在他们如梦幻般的坚持中，威尔逊所创造的形象确实可以使人想起一种倒退的超现实主义。福尔曼的舞台是从内部细分的，并且指引眼睛聚焦于特定的点上，相对而言，威尔逊的舞台美学则是一个整体，像一个不变的、浮动的、逼真的形象，眼睛可以对其自由地扫视。一个人可以统觉上①注意到一种对绵延进行集合的感觉，接下来会因为深陷细节的漩涡而头晕。这种在威尔逊的作品中，反省地观察自身感知反应的可能性，与他70年代初对现象学的痴迷相一致。威尔逊的意义深远的、让人入迷的意象，在诸如《沙滩上的爱因斯坦》（*Einstein on the Beach*）等作品中继续存在，并做了歌剧风格的意象派遂行艺术的先锋。它对视觉的极端强调和画意摄影主义，与被称作外百老汇戏

① Apperceptively，统觉，指人用理性手段将对象的感性材料进行统一整合后形成对对象的理解。——译者注

剧的先锋派截然不同。

场景戏剧对遂行艺术的重要性，使得视觉接合相对于经典的、制作精良的作品而言，对艺术形式来讲更加不可或缺。当然，对视觉的优先关注，说明了遂行艺术与艺术遂行之间的可感知的密切关系，同时也说明了人们将诸如威尔逊、梅雷迪思·蒙克（Meredith Monk）、庄平等人物与惠特曼、安德森，而不是与严格意义上来讲的戏剧从业者们分成一组的原因。但是，这并不是说剧本从遂行艺术中完全消失，而是说更多的意义是通过行动和形象，而不是对话来表现出来的。看看蒙克和庄平的场景戏剧，很难想象集体朗诵（会是怎样）。遂行艺术也不会拒绝故事，但是却在所使用的叙事形式的类型上加了某些有代表性的限制。如果模范的、主流的、已制作好了的作品讲述的是具有亚里士多德式开头、过程和结尾（最好是按照这种顺序）的连续不断发生的线性的事件，那么，遂行艺术的叙事结构就是隐晦的、并置的、模糊不清的、反线性的和暗喻式的。在描述梅雷迪思·蒙克的《小女孩的教育》（*Education of the Girl-Child*）时，萨莉·巴恩斯（Sally Banes）写道：

> 《教育》是一个具有模糊不清的含义的叙事：它描述的那伙奇怪的女人可以是女神们、女英雄们、普通人或者是某个人的不同方面。叙事的行动可能描述了一次旅程或者一个星球的地貌；解释了一个家庭的结构；标示了一个灵魂。在这部作品的第一部分，六位白衣妇女生活在舞台上，她们构成了戏剧场面，到处演示古怪的仪式。她们挖出了一个身穿彩色衣服的生物，一位睁大眼睛学着成为她们中的一员，学着像她们那样走路和唱歌的女人。第二部分是蒙克的单人表演：这是一个沿着白色帆布路、行进了终生的旅程；从古代到中世纪的妇女形象，到处女 / 圣女；从回忆到认知，再到分离；其中的转变由声音和动作的变形来表示。
>
> 与稍后出现的《采石场》（*Quarry*, 1976）一样，《教育》看起来像是在一个幻想或者一场梦中，从记忆的边缘找回形象，再加以巧妙地利用，并重新安排了它们。正如电影《采石场》教会我们抛弃常规的比例那样，《教育》中的妇女与一个微型的巨石阵玩着冥想的游戏，这种方式建议我们在一个大的范围内来理解。埋葬和发掘、进食、旅行的仪式，讲述了时间——或者是在人类原始的经验里，或者是在一个人的生命循环里——经

验被这样构造、被这样仪式化的时间。这种有关成熟的或者已经意识到了的简单的、逼真的意象，给《教育》增添了一种民间故事的味道，一种社会中的长者向他们的后代微妙地传授处理生活中的危机，并且实现自我的传统方法。但是，因为蒙克的象征和风格化是自身强化出来的，而不是一个有关集体文化的历史过程的作品，所以其民间故事性质有一个奇怪的视觉边界——它几乎看起来像是一个关于制造隐喻的隐喻。

场景戏剧的重要性，也体现在庄平的作品中。他曾经说过，是蒙克教他开始尝试这种艺术形式。庄平开始创作自己的剧目，并于 1972 年创作了一出叫作《拉扎鲁斯》(*Lazarus*)的剧目。像蒙克那样，他使用了一种反线性的多媒体的方法，将戏剧演出、幻灯片、电影和舞蹈并列放置。他最近的作品《诺斯费拉图：一曲暗黑交响》(*Nosferatu: A Symphony of Darkness*)，强行将德拉库拉(Dracula)的传说作为现代生活的明喻。庄平认为，正如吸血鬼以一种死后的生活存在一样，现代中产阶级消费者的个性也是如此。庄平的信息是简单的，并且该剧的力量不在于它思想的创造性或者复杂性，而在于作品的每种元素——装饰、措辞、音乐和灯光——充斥着一种弥漫性的空虚的感觉，这仅仅通过阅读剧本是无法传递的。从某种意义上来讲，庄平强调其作品的戏剧性，因此，戏剧变成了他所描述的空虚生活的象征。在这点上，他的主题与后现代主义的艺术遂行从业者们的焦虑相一致，后者把生活简化成了再现。

正如后现代的艺术遂行于 70 年代末期开始把对再现的迹象和形式的符号学的 / 反身指代的审问作为其主题，那些背景主要是戏剧方面的遂行艺术家们日渐转向对惯例、类型的反思，并把他们所使用的媒介的社会影响作为新作品的源泉。再循环使用剧目，以强调剧目本质是再现的为由对它们进行颠覆，正变成遂行艺术领域中的一个有吸引力的策略。在谈及李·布鲁尔(Lee Breuer)的作品《卫德肯的露露》(*Wedekind's Lulu*)在坎布里奇市(Cambridge)的美国轮演剧团(American Repertory Theater)的演出时，埃莉诺·富克斯(Elinor Fuchs)称之为关于遂行的遂行。

《露露》这部剧目变成了关于它自己的卡巴莱表演。演员们戴着麦克风，以各种不同的方式引用或者遂行文本，来代替制造他们是其在表演的

> 角色这种错觉。反过来，这出卡巴莱剧目变成了遂行“数字”的万花筒，一会是摇滚音乐会，一会是电影，一会是对着乐谱架的阅读，一会儿是好莱坞的泳池场景。
>
> 像美术领域的后现代主义者们那样，遂行艺术家们近来变得感兴趣于承认和关注戏剧形式中所使用的再现的结构。例如，在迈克尔·科尔比（Michael Kirby）的《双重哥特式（1978）》（*Double Gothic*）中，通过重复相同的、古老的、黑暗的房屋的情节，观众们接受了一堂关于标准的故事装置的实物教学，叙事正是据此（标准的故事装置）来构造。

当然，在迷恋于再现或者对冥思再现的过程中，遂行艺术从业者们不会简单的将其视野限制在戏剧的再现，而是扩大了他们对再现的注意力，尤其是对大众传媒的再现的注意力。例如，斯科特剧团（Squat Theater）的遂行，是信息技术的虚拟清单，包括电影、收音机、电视、唱片和照片，以及通过上述媒介所放映的角色类型和故事的表演。斯科特剧团呈现了一种被（充斥着）大众传媒形象的环境所围绕的平凡生活形象，邀请观众不仅注意大规模生产的形象与生活的分离，还注意这些形象吞食我们存在的可能的危险。在这里，斯科特剧团以一种将被称为怀疑论解释学的立场来对待大众文化图像学，因此，将遂行艺术的关注点与当代艺术遂行的占主导地位的趋势之一相结合。

拒绝主流戏剧，导致了遂行艺术家们去挑选、重新应用和采纳由于占支配地位的、制作精良的戏剧范本从而在我们的戏剧遗产中黯然失色或者被遗忘的戏剧遂行的形式。这种策略本身就被阿尔托对巴厘岛仪式的兴趣所预示了。结果就是，自从60年代开始，遂行艺术的实验欣然接受了马戏团、夜店表演、仪式、讲故事、假面剧、哑剧、木偶表演、喜剧脱口秀、电视游戏秀和谈话秀的复兴。确实，一种新的学术种类——“遂行研究”（performance studies），发展了起来，并取代了戏剧文学（drama），以便容纳新的、激增的拟戏剧的先锋派，同时记录了先锋派遂行艺术从中获取灵感的、被遗忘的戏剧形式的历史。

面包和傀儡剧团（Bread and Puppet Theater）的作品复苏了诸如游行、马戏团和中世纪奇迹剧等形式。保罗·扎罗姆（Paul Zaloom）与面包和傀儡剧团紧密共事过，不仅筹划木偶秀，而且运用塑料勺子和浴缸玩具、以尖刻的喜剧程序来创作桌面政治讽刺诗。斯图亚特·谢尔曼（Stuart Sherman）像一位生日聚会上的魔术师那样站在他的折叠桌子后面玩扑克牌，重新排列回形针、纪念品、杂货店的太阳镜等，（这种重新排列的方式）让这些日常物品看起来像以转换形式的、富有想象力的变形格式塔的方式被核对，以及通过一种精神戏法被创造。约翰·马尔皮德（John Malpede）戏仿电视游戏秀和运动采访，与此同时斯波尔丁·格雷在他的《采访观众》（*Interviewing the Audience*）中采纳了苏霍·约翰尼·卡尔森（Soho Johnny Carson）的角色。

当然，这种对流行的遂行形式的模仿和戏仿，是一种反对制作完成了的戏剧的重复出现的策略。但是，现在选择对电视、夜店表演、摇滚明星和喜剧的戏仿，同样也表明了一种对第二次世界大战后美国文化拔高的自我意识，许多专家和遂行艺术的追随者们就在这种文化中长大。这或许是这些电视模仿中经常包含自传式的或者类自传式的参照的一个原因。在 20 世纪 70 年代末期和 80 年代，当美式和平的黄金时代①崩溃后，遂行艺术家们回顾过去，疑惑我们从哪里来、我们到底是谁、是什么让我们成为现在这样子。电视中经常会出现答案，这并不奇怪。对流行再现的共享形式的参照，也使得这些作品赢得了广大的观众。遂行艺术也正变得关注娱乐，哪怕它并不总是娱乐的。这招致了一些评论家们抱怨，说识别许多当下的遂行艺术与周六夜现场（Saturday Night Live）小品的狂欢作乐之间的边界，越来越困难。

现在，正如过去一样，遂行艺术和艺术遂行正往一起融合。经由不同的路径，两者都全神贯注于再现的主题，包括叙事。艺术家们不是举着一面镜子反照社会②，而是拿着镜子（虽然是一面哈哈镜）反照社会里的镜子。他们的策略是颠覆性的引用，鼓励戏仿的断章取义和碎片化的模仿，重复利用过去并尝试用来理解现在。遂行——融合了对美术和戏剧的离散式反动——为一种扩大的展示和讲述提供了活生生的论坛。与此同时，艺术家们在文化意象和人工制品的垃圾堆里翻寻他们所认为的我们那些真正的、尽管也许是情节剧式的“后所有事”（Post-Everything）的困境。

---

① Pax Americana，美式和平，指第二次世界大战后由美国主导世界和平的时代。——译者注

② 现实主义艺术家一般认为自己的任务是用一面镜子照出社会的一切，好的和坏的。卡罗尔的意思是，遂行艺术是另拿一面镜子去照现实主义等艺术形式的各种镜子，而不去直接照社会。——译者注

理论性结尾

我试图描述遂行，不是通过下定义的方式，而是通过叙事的方式——通过显示遂行源自美术和戏剧的那些非常突出的关联，而后又融汇到相似的或者相关的策略、标语或者主题上。尽管它（这个叙事）过于简单化，陈述得如此空泛，但是，我们从一开始就可以确定遂行的核心，因为，这个核心在艺术的领域里，艺术遂行和遂行艺术的兴趣点从历史上来讲就趋向于重叠、交叉、吻合、相切或者相关。遂行的核心并不是一成不变的，因为遂行的两个具有生命力的来源自身也在经历转变，这是其内部辩证法和相互影响的结果。如果说在60年代，艺术遂行和遂行艺术全神贯注于提供真实的事件，那么到了80年代，再现的主题就是它们关注的焦点。遂行没有单一的本质，只是由众多互相关联的、不同曲折变化的兴趣组成。这些兴趣依赖它们在艺术世界或者戏剧界的起源，自身随着时代在变化。

在这篇文章的开头，我解释了自己描述遂行是通过叙事的方法，而不是通过下定义的方法，这是由于遂行作为一种艺术形式缺少独特的媒介的原因。就此而言，它可能被认为区别于诸如绘画或者舞蹈等其他更早建立的艺术。然而，遂行有可能引起我们对一般艺术（the arts in general）的理论兴趣。遂行的一个令人激动的方面就是，它是一种最近诞生的艺术，这向我们提供了一种实验性的演绎证明，是什么东西打造出了一个活动领域，一个可以被辨识为新的艺术形式的领域。通过遂行，我们注意到，这种领域被辨识为具有各种相互关联的兴趣的多元集合，最容易被叙事的手段描绘出来。但是，这一点对那些更古老的艺术不也是很真确的吗，甚至对那些被认为具有轻易可以识别的媒介的艺术也是一样？有哪种艺术是通过定义其本质的方式而得出其独特性的吗——不管它是通过媒介的或者是人为谋划而得其定义的？难道每种艺术不是一种由演变着的诸多兴趣组成的多元集合体，而最好通过叙事来进行理解的吗？作为一种艺术形式，遂行所表现出的奇特之处，可能确实是示例性的。所以我们亲身经历了遂行的兴起和演化，这种幸运，除了在于它所产生的那些杰作以外，还在于它是这样的管道，即它的成形过程可以为我们提供机会重新定位思考，一般而言哪种东西相关于某种艺术形式的形成。

综述与讲座

中华美学学会2019年年会意象圆桌会议综述

陈万博

意象作为中国传统美学思想的核心范畴，近些年备受美学界关注。2019年8月17日晚，由中华美学学会、东北大学主办，东北大学艺术学院承办的“中华美学学会2019年年会暨‘视界融合：美学、文艺学与艺术学的理论建构’全国学术研讨会”举办有关意象的圆桌会议。会议由华东师范大学朱志荣教授主持，数十位国内美学领域的专家学者参加。学者们共同针对意象论美学的建构问题展开讨论，各抒己见。会议取得了圆满成功，现将本次会议报告内容综述如下。

一、“美是意象”命题的合理性

华东师范大学朱志荣教授首先对“美是意象”说进行系统的解释。最近几年国内有许多学者提出自己对于美学的新想法，比如祁志祥教授提出的乐感美学，王晓华教授所研究的身体美学等。但是意象作为中国传统美学的核心，需要继承，需要发展。

朱教授认为，审美主体在体验物象的过程中有感知，感知的过程中有判断，同时也有创造；经过感知、判断、创造的统一，最终会创造出一个物我交融的事物，这个事物就是美；每一次审美，哪怕它是大同小异的，都会产生一个意象。意象是动态生成的，在这个过程中，涉及现代价值、意象的回味、意象中物我关系、意象与形象的关系、意象与意境的关系、艺术中的意象问题和意象当中审美负价值，也就是丑等诸多问题。意象是物我交融、主客合一的。美和美感的主客关系超越了物我界限，物与我是相互融合为一的。意是主观的，象是客观的，虽然象也是主观反应过来的，是对物形一种反应，但是它已经是主客观的一种高度融合，超越了二元对立的思维模式。例如月亮只是一个物象，当进入诗歌，它就已经有主观的情意在里面了。意象是心中的事物，有主观情意在，如果单纯的是一个客观事物，那它就不是意象，有情感才是意象。当我们对某一个对象进行审美判断的时候，那一定是感性具体的。审美主体将主观情感投射到客观事物上，然后物我交融，有意有象。而“美是意象”这个说法中的美，是一个名词，不是形容词。

吉林大学李志宏教授认为，朱志荣教授提出意象美学，见解独到，在学术界有很大的影响。但是“美是意象”的观点，还需要学界进一步论证，需要辨析一下形象、物象、心象、意象这几个名词。人所有的感觉都是主客之间的某种对应。在研究过程中讲到“象”的时候，必须要说清楚，是重在客观，还是重在主观。主客体合一的前提是分开，没有分开怎么合一。这个分要怎么分？现在有人说到“形象”及“意象”的时候，往往会说，这是主客合一的，天人合一的，但这是模模糊糊的说法。如果科学一点或者精细一点，必须要分开来谈。朱志荣教授说的意象是在人类的头脑中，这完全是成立的，而且是客观存在的，真实具有的。比如说一种花或一个事物的外形，肯定是反映到了主体心中，成了主体的心象或者意象，那么主体才产生的美感。但其实美感与这个“象”，不是同一个事物。意象是主体美感形成过程中的一个阶段，或者一个环节。当今天讲意象的时候，大家只是在抽象地说意象，但实际的意象一定是具体的，没有空洞的意象。

河北大学刘桂荣教授对朱志荣教授的意象研究提出了四点质疑。其一，是先有意和象这两个单字然后才有了意象这个词的吗？其二，“意”在意象结构中是什么位置？它对建构意象美学，起到什么样的作用？其三，主观和客观合一形成的是一个象吗？意与心是否等同？其四，朱志荣教授“美在意象”或者“美是意象”的研究最终要解决什么样的问题？

绍兴文理学院朱媛老师认为，各位老师都承认意象美学的重要意义，争论的重点在：美是意象是否成立？“美是意象”是一个直言命题。在逻辑学里面直言命题是最基本的一种命题。朱老师这个命题应该是直言命题中的“所有的S都是P”这个问题，也就是“所有的美都是意象”。朱老师可以通过论证与其同真的另一个命题来证明此命题：不是意象不美，也就是意象之外无美。如果能证明这个命题，那么就能证明美是意象。

东北大学李岩副教授认为，对于“美是意象”这个命题，能否用策略性的本质主义方法论证？命题 A 是 B，可分两个层次，第一个层次为理念层次，作为抽象的概念来论证，就像“美是理念的感性显现”。第二个层次，作为具体概念，可否将此命题作为“动态式美学”方式来理解？不同时空，基于不同主体，即使同一个客体，对“美”（美丑可相互转换，依时空，审美主体而定）的理解不同，形成的“意象”也不同。

新疆大学李晓峰副教授、湖南大学周清平副教授、太原师范学院路遥副教授、韩山师范学院殷学国副教授、北京师范大学刚祥云博士等也表达了相近的看法。他们认为，意象是中国美学核心，但是美是意象的提法，有把美狭隘化的嫌疑。在讨论社会美和自然美或者利用影视研究理论分析的时候会发现这一观点的不足。

对于以上讨论，朱志荣教授总结并回应道：美，既不是客观的物象，也不是主观的心象或主观的一种情感内容。客观的物象是一个前提，这个前提在于主观的选择性，在观物取象过程中，眼睛是有选择性的，选择后引起主体怦然心动，那么主体感知以后情感会被激荡起来，进而引发主体的想象力，对它进行想象，进行创造性的建构，然后让象和主观的情思交融为一。这里还存在一个象外之象，虚象和实象统一才能将情意交融，而且象和意的交融很少是正好吻合的，但完全契合情况也不是没有。主要还是要通过象外之象，虚实结合来把主体的情意展现出来。所以这个意象效果就是有限的象，能够最充分地表达丰富无限的情意，瞬间地进行物我交融为一。这个意象结构最终作为一个本体，这个本体就是我们生命活动的动态生成的意象，这个意象就是美。

二、历史发生学角度下的意象研究

华中师范大学王海龙老师认为朱志荣教授提出的“意象”很有意义。针对“象”这一概念，他从字源学的层面分享了他的想法。他引用汪裕雄先生在《意象探源》一书中对“象”与龟兆等占卜行为之关联的考辨，指出这种关联使得“‘象’从此便成为一切文化信息的符号载体”[①]。王海龙老师从考古学层面指

① 汪裕雄：《意象探源》，安徽教育出版社 1996 年版，第 29 页。

出，根据 1978 年殷墟王陵区象坑的考古成果，“象”从具体的物象被逐渐引申为一种具有预示性和神秘性的存在，被赋予了各种意义。但这种意义不是现成的、固定的，而是不断生成的，具有不确定性。这与道具有某种契合性。老子所谓的“大象无形”，后世所谓的“道象”“心象”“意象”等语汇，即在这种意义上发展而来。据此，王海龙老师认为“美是意象”或者“美在意象”措辞本身或许值得进一步推敲，但是意象跟美或者跟道之间的这种亲缘性或者一致性，是有充分的史料依据的。

新疆大学李晓峰副教授对王海龙老师的观点不予认同，他认为王老师只解释了“象”的历史发生学的背景，但在它涉及具体的艺术实践的时候，根本没有展开，因此只是简单地解释了一个问题而已。

广东外语外贸大学王秋萍老师以甲骨文为切入点对意象与美的关系进行了思考。甲骨文是典型的意象结合的文字，其美感必须遵循一定的秩序，由此可以推想，象和意也要遵循一定的秩序。研究发现，甲骨文存在三对秩序：一是模拟，二是增补，三是虚实结合。因此王秋萍老师认为，意象要成为美，意和象也必须要遵循一定的秩序。

对于以上观点和争论，朱志荣教授提出他个人对“美是意象”这个命题的一些看法。首先，他从认知美学的角度提出要重新辨析构成主观情意的感知、情感、理解和想象四个要素。朱教授提出，蒋孔阳先生曾强调“美在创造中”，所以讨论“美”时，一定不能脱离创造，而创造就是想象力。进一步说，人们在脑海中进行想象，将这个想象付诸实践才能叫物质性创造，而我们现在只是在心中创造，因此必须要对意这个元素进行分析，把意象本身搞清楚。第二，他回应了学界对“美是意象”这个命题的争议。他指出，叶朗老师近年的表述也有“美是意象”的说法，但是他主要表述是“美在意象”，而“在”是不具有本体意义的，例如在上面，在里面，在旁边。所以，这个“在”具有不确定性。然而，美是审美活动的成果，是动态生成的。意象既不是经验的也不是超验的，而是由经验升华到超验的。西方有西方的本体，中国也有中国的本体，中国的传统是从本到体——本是本原，体是体貌、体制、体系。朱志荣教授指出，成中英教授曾提到本是本原，是历时的，体是空间的，时空的统一体才是本体。中西方的两个本体不在一个轨道上，不能说中国的本体是错误的，西方的本体是正确的。申论之，西方的是地方经验，中国的也是地方经验，我们最终要建立一个中西合璧的、世界共同的经验，从而形成一种多元一体的世界美学。

三、中国意象美学理论发展方向

山东大学程相占教授指出，意象可以作为美学研究的重要问题，但不建议创立意象美学。程教授讲了三点原因，第一，美学是有关审美的学问，而不是关于美的学问或者美的艺术哲学，不论美在意象还是美是意象，都背离了审美学的本意；第二，不是从美和意象之间的关系来讲意象，而是要从审美和意象之间的关系来讲美学；第三，按照康德判断力批判的框架，审美判断除了有对于美的判断之外，还有对于崇高的判断。在第三批判当中，康德也隐约讲到了丑的问题。当我们说一块石头很丑，也是一个审美判断。如果一块丑石在我们脑海当中形成了意象，那这个意象是美的还是丑的？它肯定不是美的，因为前面已经说了它是一块丑石，在这个前提下，再说它美一定是自相矛盾的。这个问题出现的原因就在于过于迫切地要创立一个美学，叫意象美学。

东北大学朱春艳教授指出，20 世纪 80 年代开始就在争论有关美的主客关系问题，把美作为意象，并且区分关于意象、心象、物象等概念。这些争论其实想说的是，美是一种融合统一，或者说主客观统一，重点不是在讨论成果，而是在探讨美的本体。意象和意境，都是中国传统美学的概念，朱老师其实是想用“意”来修饰“象”。如果用西方的经验主义和世界主义来看，这种理论应该是一种经验主义的美学。通过美是意象来探讨美的本体问题，如果把意象作为一种包含了经验主义因素在内的关系，那么美的本体或者说美是意象这个命题就是不成立的。

扬州大学文学院黄石明副教授认为，朱志荣教授提出的意象论美学是想要建立一个有中国特色的美学话语体系或者理论体系。中国的美学研究把意象作为一个重点是非常有必要的，因为新中国的文学理论和美学理论，都是西方理论中国化的结果。朱志荣教授主张的意象美学，不是具体的月亮意象、梅花意象或者竹意象，而是一种观念形态的物象或者说灌注了主观情意的审美物象。从建立有中国特色的美学话语体系的角度出发，意象论美学可以成为一个流派。东北大学李岩老师同意黄石明副教授看法，指出论证方法比结论更重要，中国学者提出自己的文艺理论非常重要，应该支持，不应“失语”。

中山大学黄子明博士认为，从现象学角度来看，审美对象不是主体的审美活动，但又离不开主体的审美活动，现象学会把艺术作品和审美对象区分开来。艺术作品是一个静止的对象，审美对象则是主体在审美活动中激发出来的，但是一个艺术作品摆在那，不是所有人都能建立起审美对象。比如说看一幅画或者一幅书法，必须是懂画或者懂书法的人，才能够建立起这个审美对象，而这个审美对象是动态的，不是艺术作品那样静止的对象。

沈阳师范大学赵耀老师指出，会议目前所有提出的问题主要集中在意象美学能否应对分析哲学的质疑和批判。他认为中国强调主体的审美经验和审美境界，从分析哲学自身发展历程来看，有回归形而上学的趋向，意象美学可以作为中西哲学交融的一个点进行深入开拓。北京师范大学刚祥云博士提出，中国的意象和西方现象学之间的理论对接，是否存在不合理的地方？意象更多的是中国美学的范畴，用西方现象学的理论来解释中国的理论，是否存在一些问题？

朱志荣教授回应，意是主观的，以情感为中心的情景交融是主观的，是心的内容，但是不能简单地等同。生命活动的成果是在心里瞬间达成的。主体感受到有美感的事物，他创造的意象在心里，艺术作品是把它传达出来的。心是非常大的，包罗万象的，是主体的东西，审美活动的意只包括我们审美活动这一块，它们两个不是对等的，一个是很大的概念，一个是很小的概念。心包括认知、伦理、审美和宗教等，审美只是其中一个方面。

本次意象圆桌会议参与学者众多，议题深刻，充分展现了前沿学术水平，同时也增进了学者之间关于意象思想的交流，意义深远。

汉画像的艺术*

朱志荣

摘　要：汉画像是汉朝各类艺术呈现的二维图像的总称，尤以画像石、砖为主。汉画像主要作为祭祀性丧葬艺术，大都雕刻在墓室和祠堂中。内容上，它包含着人们对现实世界的呈现以及对死后世界的设计，有神话传说、历史故事、日常生活、乐舞百戏、战争场景和祥瑞图景等题材，部分有榜题。汉画像中的原始信仰及其楚文化因素呈现了神话意象、生活意象、天地意象等内容，突出了隐喻和象征的表现手法。它主要借助阴线刻、凹面线刻、凸面线刻、减地平面线刻、浅浮雕、高浮雕等技法，并用横式、竖式和鸟瞰式等构图方式，表现了古朴壮丽，深沉雄大，粗犷豪放的艺术风格，是中国与西亚乃至印度、埃及、希腊罗马等域外文化艺术交流的优秀成果。汉画像对后世的国画和雕塑产生了重要的影响，具有重要的研究价值。

关键词：汉画像　丧葬艺术　原始信仰　意象　古朴

中国上古时代积累起来的文化，是通过三种方式传承的：一是汉字，商代以来即保留了大量的史料记载。二是口耳相传的口头文化传承，受到一定的限制，容易失传。三是器物，如陶器、玉器、青铜器、岩画与汉画像等及其包括造型和纹饰等的图像传承。这些器物与图像包含着大量的社会生活、宗教信仰等方面的信息，也体现了历代的审美趣味和艺术技巧。图像比语言更生动、更具体地呈现在人们眼前。唐代张彦远在《历代名画记》中就曾经说："宣物莫大于

* 本文系作者在俄罗斯国立人文大学孔子学院、俄罗斯喀山联邦大学孔子学院、俄罗斯乌拉尔联邦大学孔子学院、俄罗斯新西伯利亚国立大学孔子学院、白俄罗斯明斯克国立语言大学孔子学院巡讲的讲稿。

言，存形莫善于画。”[①]当然，一些特殊符号如十字穿环纹、莲纹等，其象征意义迄今光靠图像已不清楚。因此，汉代史料和诗赋中的文字记载，有助于我们对汉画像中服饰、乐器等实物和制度等方面的理解。

一、什么是汉画像

汉代是中国历史上强盛的时代。我们中国人被称作“汉人”，中华民族的主要民族被称为“汉族”，主要文字被称为“汉字”，主要语言被称为“汉语”，都说明汉朝巨大的影响力。无论在思想文化上，还是艺术上，汉代都有卓越的成就。

汉画像是中国汉朝图像艺术中的瑰宝，它是汉朝的画像石、画像砖、壁画、帛画、漆画、玉器等各类艺术形式上的图像的总称，其中尤以画像石、画像砖为主，因为帛画、漆画等容易损坏，难以长久保存。当然也有极少数保存至今的帛画，如长沙马王堆 1 号汉墓出土的 T 形帛画。汉画像艺术是一种祭祀性丧葬艺术，主要保存在墓室、祠堂中，在山东、江苏、河南、四川、陕西、山西等多地有出土。汉画像砖和汉画像石盛行于西汉中期到东汉中期，东汉晚期逐渐衰微。汉画像石主要是一种表面上雕刻图像和花纹的石质建筑构件。虽然其中有大体固定的内容，但能工巧匠、艺术大师会有自己的创造。汉画像砖是一种表面有模印、彩绘或雕刻图像的建筑用砖，彩绘的图像迄今大都看不清楚了。

汉代的文化继承了先秦楚文化的传统，包括祭祀和神话传统，重巫、重祀。汉朝王逸在《楚辞章句 · 天问章句序》里有一段描述：“屈原放逐，忧心愁悴，彷徨山泽，经历陵陆。嗟号旻昊，仰天叹息。见楚有先王之庙及公卿祠堂，图画天地山川神灵，琦玮僪佹，及古贤圣怪物行事，周流罢倦，休息其下，仰见图画，因书其壁，呵而问之，以泄愤懑，舒泻愁思。”[②]这些战国时期楚国祠堂的图画，是否被汉代的画像石和画像砖传承了，我们不得而知，但是这种传承的可能性是存在的。战国时期青铜器上已经有了画像刻纹。战国时的铜“宴乐采桑

---

① 张彦远：《历代名画记》，中华书局 1985 年版，第 11 页。

② 王逸撰，黄灵庚点校：《楚辞章句》，上海古籍出版社 2017 年版，第 67 页。

狩猎攻战纹壶”上的画面，也影响了汉画像石和汉画像砖的表现内容、表现技巧和风格。成都百花潭出土的战国青铜壶纹饰也是如此。战国及以前的艺术积累，如战国早期曾侯乙墓的外棺上的图案，说明当时是有画像的，被后来的汉画像所继承。汉画像周边的图案纹饰，继承了商周青铜器、玉器的纹饰，受到了商周以来的玉器、青铜器的花边纹饰的影响。

汉画像石主要雕刻在汉代地下的墓室和地上配套的祠堂，是用于给墓主到另一个“世界”享用，以及生者祭祀死者的丧葬艺术。《荀子·礼论》：“丧礼者，以生者饰死者也，大象其生以送其死也。故如死如生，如亡如存，终始一也。”① 中国古代有“事死如生”的传统，到汉代社会财富丰富之后，有了厚葬的经济基础，这也与当时举孝廉的选官制度和对升仙的信仰的推崇有关，以至于有人倾家荡产，厚葬父母。东汉辞赋家王延寿的《鲁灵光殿赋》描写了汉景帝时鲁恭王刘余的宫殿——灵光殿里的雕刻和壁画，“图画天地，品类群生”②，内容包括飞禽走兽，伏羲女娲，忠臣孝子，烈士贞女，“随色象类，曲得其情”，“恶以诫世，善以示后”。③ 这些内容在汉代陵墓和祠堂的壁画里也是同样的，这就是“事死如生”。汉画像石是中国礼制文化背景下的一种丧葬艺术。

汉代画像石、画像砖的发达，主要缘于三个方面的原因：一、原始信仰的动力；二、厚葬的风气；三、造型艺术的发展。其中厚葬有生活的基础，寄托着墓主把美好的器物带到另一个世界的愿望。

值得注意的是，汉代的皇帝陵、王侯墓中极少有画像石和画像砖。皇帝和诸侯往往按照宫殿的规模和形式建陵墓，随葬金银财宝等各种实物，如西汉中山靖王刘胜墓中出土的博山炉，立体地呈现了山间狩猎的场景，此墓葬还出土了金缕玉衣、兵马俑等。西汉后期，王侯的陵墓常常凿山为陵，从侧面凿山洞进去，墓室形制逐渐从椁墓向室墓发展，墓道侧壁也有了神话故事和历史故事图像。汉画像石墓的墓主主要是俸禄为万石和二千石的高官、地主和富商大贾等，在墓葬时会用画像石和画像砖，用画像作为实物的替代品。这不仅仅是财力问题，还有一个礼制的问题——不能僭越。也有中产者为了表达孝心和爱面子，倾家荡产，致使财力一蹶不振。

---

① 荀况撰，杨倞注，耿芸标校：《荀子》，上海古籍出版社 1996 年版，第 206 页。
② 萧统编，李善等注，方回撰：《六臣注文选》，上海古籍出版社 1993 年版，第 259 页。
③ 萧统编，李善等注，方回撰：《六臣注文选》，第 259、260 页。

汉画像具有文化传播和文化普及的功能。汉代贵族的墓室与祠堂，很多在墓主活着时就开始建造了，不仅墓主活着要去查看，还会邀请亲朋好友前去参观。这种欣赏和交流，客观上推动了汉画像艺术的发展。人们在墓葬文化中反思人生、反思世界（时空）。其中包含着道德的说教和知识的传承，也包含着审美的情趣。汉代人通过汉画像石和汉画像砖等传播知识，进行道德教化，更为人们提供了可以欣赏的艺术。

二、汉画像的内容

汉画像的题材非常丰富，有神话传说、历史故事、日常生活（车马出行、寻常生活、狩猎故事）、乐舞百戏（乐队演奏）、战争场景和祥瑞图景。其中的神话内容和仙话内容，涉及上古以来的民间信仰（神话），涉及生死观。汉画像也包含丰富的世俗生活，是当时社会生活的写照，其中体现了原始信仰和哲学观念。另外，汉画像上还有一些天象图等，反映了当时人们科学认识的水平。历史学家翦伯赞先生曾经说："这些石刻画像假如把它们系统的搜辑起来，几乎可以成为一部绣像的汉代史。"①

汉画像中包含着神、仙和现实的生活等场景。个体生命延续的三种方式：得道、长生不老、生殖。人们把现世的生活延伸到想象中的神仙世界和鬼魂世界里。在中国的原始信仰中，包含着"天上（神、仙）—人间—黄泉"三个部分。所谓黄泉，是原始信仰中人死后居住的黄土与水混合的地下世界，与九泉意思相近。神仙世界、现实世界、地下世界，构成一体的整个宇宙。人神共处，神可以降到凡间。因为人神共处，所以现实的世界与人死后的鬼魂世界也是可以沟通的，神、仙、人、鬼是一体的，天界、现世和冥府是一体的。汉画像中的内容，就包含了这个宇宙体系。

画像石和画像砖上的神话故事和历史故事，除了代代相传，人们非常熟知以外，经常是有榜题的。榜题是刻在画像旁边的文字，画龙点睛地标明画像的内容，其中有墓主的名字和官职，也有很多神仙和历史人物故事。如荆轲刺秦王、孔子拜见老子、孝子丁兰图，等等，都是有榜题的。其中也有一些民间传

---

① 翦伯赞：《秦汉史·序》，北京大学出版社 1983 年版，第 5 页。

说的内容与史实不符。例如汉画像中的“聂政刺韩王”，历史事实是战国时韩国的侠客聂政为韩大夫严遂（字仲子）刺杀韩相韩傀（字侠累），《史记·刺客列传》中有记载。这也说明汉画像故事的民间性特征。

汉画像中包含着人们对现实世界的呈现，包含着对死后进入另一个世界的焦虑，甚至恐惧不安。所以人们需要兽和俑来驱恶辟邪，守护灵魂。不仅要守护，还要招魂。招魂是中国古代民间的习俗，在楚地习俗里表现得尤其明显。《楚辞》里就有《招魂》和《大招》，让灵魂与活人生活在一起。汉画像包含着汉代人对美好未来的向往，在故事的叙述中包含着诗意的情怀，是神话，是史诗，也像抒情诗。以祠堂祭祀本身为内容的画像石，表现墓主（也是祠主）本人的光辉业绩，描绘墓主（祠主）升仙的图像。汉画像对死后人生的设计和美好的愿望，表达了逝者对人间美好的呈现与追求，对人间生活的留恋和对未来美好生活的憧憬。

汉画像石和汉画像砖在古代就有发现和记载。例如北魏郦道元（约470—527）《水经注》收录了东晋末年戴祚（字延之）《西征记》：“焦氏山北数里，汉司隶校尉鲁峻，穿山得白蛇、白兔，不葬，更葬山南，凿而得金，故曰金乡山。山形峻峭，冢前有石祠、石庙，四壁皆青石隐起，自书契以来，忠臣、孝子、贞妇、孔子及弟子七十二人形象，像边皆刻石记之，文字分明。”① 又如北宋沈括（1031—1095）《梦溪笔谈》卷十九：“济州金乡县发一古冢，乃汉大司徒朱鲔墓，石壁皆刻人物、祭器、乐架之类。人之衣冠多品，有如今之幞头者，巾额皆方，悉如今制，但无脚耳。妇人亦有如今之垂肩冠者，如近年所服角冠，两翼抱面，而下垂及肩略无小异。人情不相远，千余年前冠服已尝如此，其祭器亦有类今之食器者。”②说明服饰、祭器等，历经千年，有继承，有发展。但这些文字的描述与图像的丰富生动远远不能相比。我们现在能够看到各地大量出土的汉画像石、汉画像砖，为我们提供了大量的实物资料。

画像石大量生产于东汉后期道家思想成熟以前，其中体现的主要是原始信仰，并且继承了楚文化的重祀之风。由于佛教和道教的成熟都在东汉晚期，其思想的成熟有一个过程，我对前人画像砖石中的所谓佛教、道教内容的猜测持

① 郦道元著，陈桥驿校证：《水经注校证》，中华书局2013年版，第206页。
② 沈括著，施适校点：《梦溪笔谈》，上海古籍出版社2015年版，第125页。

谨慎态度。东汉后期的宗教观呈现出兼容并包的特点。佛教传入中国以后，风行天下有一个过程。而继承原始道教的东汉道教，借鉴佛教而得以系统化。东汉晚期成熟流行的道教，继承了战国以前流传下来的原始信仰，原始信仰经过后期道教的整合体系化了，并与黄老学术与方术等杂糅。这些原始信仰的内容，出现在西汉和东汉早期的汉画像上，我们不能本末倒置，牵强附会地认定它们是道教内容。由于佛教和道教宗教有各自的系统，其中有时甚至有矛盾和龃龉的情形，而我们在汉画像中极少看到这种情形。当然这种原始信仰也有超逻辑、超理性的一面。例如，为什么天上没有更好的东西，墓主要从人间带好东西过去？中国古人以日常生活为宗教的基础，以此岸世界、现世来呈现天上的世界。

（一）神仙世界

中国古人通过想象，创造了一个神仙的世界。正像古希腊神话中有一座奥林匹斯山一样，中国古代也有一座神山，叫昆仑山。昆仑神山在《山海经》《淮南子》和东方朔的作品里均有记载；再如蓬莱仙境，在《山海经》《史记》里也有描述。这些神话和仙话中都体现了人们对生命的理想和愿望。

西王母的故事。西王母居住在昆仑山。中国古代的文献《庄子》《山海经》和《淮南子》中有记载。西王母是中国上古神话中至高无上的神，掌管不死之药、惩罚邪恶、预警灾害的长生女神。《竹书纪年》记载："帝尧有虞氏……九年，西王母来朝……"①"（周穆王）十七年，王西征昆仑，见西王母。"②可见西王母是一位雍容的女王。《山海经》中的形象则是："其状如人，豹尾虎齿而善啸，蓬发戴胜。是司天之厉及五残。"③因为昆仑山在汉代中原的西部，所以称之为西王母。汉画像上有的西王母头上戴着"胜""玉胜"，这是模仿人间的帝王想象的。

两汉时期，为了展示一夫一妻的社会生活，为西王母配了东王公。出于阴阳相配的原则，将东王公作为代表"阳"的男神，而后期道教更是提升了东王公地位。《神异经》是中国古代神话志怪小说集，传说是西汉东方朔（约公元前 161—前 93？）所作。《神异经》云："昆仑之山，有铜柱焉，其高入天，所

---

① 《古本竹书纪年辑校》，辽宁教育出版社 1997 年版，第 46 页。

② 《古本竹书纪年辑校》，第 89 页。

③ 郭璞注，毕沅校：《山海经》，上海古籍出版社 1989 年版，第 28 页。

谓天柱也。围三千里，周圆如削。下有回屋，方百丈，仙人九府治之。上有大鸟，名曰希有，南向，张左翼覆东王公，右翼覆王母。背上小处无羽，一万九千里。王母岁登翼，上会东王公也。”①《神异经》的内容应该比东方朔晚出一些。

女娲、伏羲交尾图（孳尾）。女娲是中国上古原始神话中的创世女神，最初带有母系社会生殖崇拜的痕迹。炼石补天、抟土造人、治理洪水，这些故事在《山海经》和《楚辞》中都有记载。后来又有女娲和伏羲兄妹成婚，繁衍人类，并因为两人蛇身交尾形象的出现而广为流传。人首蛇身交尾，不仅中国上古神话中有，印度神话、罗马神话中也有，但没有证据表明，它们之间是源与流的关系，“英雄所见略同”是有可能的。

汉画像中的秘戏图。生殖是人的基本愿望，秘戏图反映了汉代人对生命、生殖的崇尚，说明他们对生命的延续，包括子孙繁衍的重视，这也是人伦的基础。

牛郎织女，这最初是农耕时代对星宿的浪漫想象，然后慢慢地演变成神话故事。把星宿说成牛郎和织女，这与男耕女织的社会形态有关。牛郎星和织女星的故事西周时代就已经开始。《诗经·小雅·大东》：“跂彼织女……睆彼牵牛”②；《古诗十九首》：“迢迢牵牛星，皎皎河汉女。纤纤擢素手，札札弄机杼。终日不成章，泣涕零如雨；河汉清且浅，相去复几许！盈盈一水间，脉脉不得语。”③ 牛郎星和织女星因为银河相隔不能相见，逐步演变成民间爱情的悲剧故事。天帝的孙女织女每天给天空织彩霞，讨厌这种枯燥无味的生活，偷偷下到凡间嫁给河西的牛郎，触怒了天帝，便把织女捉回天宫。但她坚持与牛郎相爱，感动喜鹊。喜鹊们飞来搭成一座跨越天河的鹊桥，让牛郎织女相会，但天帝只允许他们于每年农历的七月初七在鹊桥上相会一次。

嫦娥奔月。后羿请不死之药于西王母，而后后羿的妻子嫦娥被逢蒙所逼，偷吃了一粒不死之药，飞到月亮上去，变成蟾蜍。《淮南子》里记载了这则故事。嫦娥原名恒娥，因为避讳汉文帝刘恒，改名嫦娥。逢蒙是后羿的学生，因嫉妒恩师，后来竟杀了恩师。

① 东方朔等撰：《神异经（及其他两种）》，中华书局 1991 年版，第 27—28 页。

② 程俊英译注：《诗经译注》，上海古籍出版社 2014 年版，第 310 页。

③ 萧统编，李善等注撰：《六臣注文选》，上海古籍出版社 1993 年版，第 670—671 页。

汉画像里还有一些羽人故事，这些羽人故事与鸟图腾崇拜有关。《山海经》有记载，《楚辞·远游》里也有。

（二）日常劳作与生活

汉画像中的很多内容是对日常生活场景和民间风俗的生动写照。墓葬的内容都是按照现世的生活需要配备的，从物质产品到娱乐生活，应有尽有。主要有以下一些物象和生活内容。

桑树。桑树在中国传统中具有象征意义。神木扶桑，桑林之舞。桑林在春秋战国时代是男女求偶的场所。《墨子》："燕之有祖，当齐之社稷，宋之有桑林，楚之有云梦也此男女之所属而观也。"[①] 除了桑树以外，松柏、栎树等也是如此。

服饰。早期的服饰，都保存在雕像和画像中。与此相关的还有发式、冠帽、佩绶等。汉代人不仅再现了已有的服饰，还在神仙和普通人的塑造中创造了新的服饰样式。这些艺术家的想象和修改，对美化服饰起到引领作用。

牛耕图。中国古代是男耕女织的小农社会，汉代已经有了男耕女织的文化传统。汉画像石牛耕图的主要画面是男人役牛耕地，偶尔也有两牛耕地的，有的画面旁边还有送饭的妻子和家里的小狗。

纺织图。中国是最早种桑养蚕的国家，也是最早纺织的国家，汉代中国的丝绸已经销售到古希腊、罗马等地，形成了一条丝绸之路。目前出土的汉画像石和画像砖有织具、纺织图像，多表现豪强地主家或手工业作坊多人纺织的场面，为我们提供了汉代织布机的实物图像。

车马出行图。汉画像中，经常通过车马表现战争、狩猎和出行的场景，具有现场感和场面感。孝堂山石祠车骑出行图中有"大王车"和"二千石"的榜题，显示墓主的贵族身份；有时候有夸张成分，祝福墓主在另一个世界升官发财。

汉画像中经常见到战争图像，有的显示墓主的军事指挥官的身份，形象伟岸，气势磅礴，有的表现国家重大战争的场面。战争场面有不少表现的是在边疆与外族的战争。

庖厨图。汉代盛行飨宴之风，庆祝节日，举行婚礼，祭祀祖先等，都有盛

---

① 毕沅校注，吴旭民校点：《墨子》，上海古籍出版社 2014 年版，第 126 页。

大的庖厨场面。庖厨包括宰牲、炊爨、酿造等场面。汉画像更是以夸张的手法渲染和表现了这种热闹的场面。山东诸城前凉台汉墓画像石庖厨图占整个石面，刻画了汲水、杀猪宰羊、椎牛烫鸡、剖鱼烤肉等场面。

（三）历史故事

孔子见老子的故事。我推测，孔子见老子，应该是一个历史事实，因为孔子勤奋好学，遇到问题常常能虚心请教，他问礼于老子，乃至其他问题，是很有可能的。汉初推崇黄老学派，老子思想的继承者们强化这种故事，目的在于抬高老子的地位，也抬高自己的身价。后来独尊儒术，有孔门弟子图。

周公辅成王。周公叫姬旦，是周文王的儿子，周武王的弟弟。周武王建立了周王朝，两年后就生病去世。13 岁的儿子姬诵接位，天下不稳，周武王的弟弟周公就辅助成王，协助成王管理国家，忠心耿耿，一直到成王 20 岁成人。有个成语叫“周公吐哺”，说周公为了处理公事，头发没有洗好，握着头发，嘴里吃着饭还没有嚼完，把它吐出来去办事。这个道德教育的故事鼓励人们忠于朝廷，勤勤恳恳地做事。

大禹治水。大禹是传说中的治水英雄。大禹和他父亲鲧在尧、舜时期负责治水。那时洪水滔天，民不聊生，他的父亲鲧盗取息壤用堵的方法治水，受到了惩罚。《山海经・海内经》记载：“洪水滔天，鲧窃帝之息壤以堙洪水，不待帝命，帝令祝融杀鲧于羽郊。鲧复生禹，帝乃命禹卒布土以定九州。”① 大禹接受教训，采用了疏导的方法，治洪水 13 年，三过家门而不入，终于取得了胜利。后人建神庙供奉他，祭祀他。

二桃杀三士。《晏子春秋》里记载了春秋时代齐景公有三位功臣，分别叫公孙接、田开疆和古冶子，他们三人战功显赫，也为此自负。晏婴担心他们三人将来威胁到齐景公，建议设计把他们除掉。他让齐景公赏赐给三位功臣两个桃子，三人无法平分；晏子便让他们比功劳，功劳大的就给一个桃子。公孙接与田开疆先陈述自己的功劳，各拿了一个桃子。但古冶子认为自己的功劳更大，气得拔剑指责公孙接和田开疆。这两人听到古冶子报出自己的功劳后自感不如，让出桃子并惭愧自尽。这时古冶子又惭愧自己炫耀功劳，并导致两位自杀，也拔剑自杀了。“二桃杀三士”一词的意思是“运用计谋杀人”。后来有一

① 郭璞注，毕沅校：《山海经》，第 120 页。

些文学艺术作品感叹这一历史故事，例如汉乐府古辞《相和歌·楚调曲·梁甫吟》传为诸葛亮作，歌咏三位功臣，讽刺晏婴为相不仁。

（四）乐舞百戏

欣赏歌舞是汉代人生活的重要内容，尤其是在达官贵人、地主豪强的家庭。因此，汉画像上有礼乐生活图像，其中也包含人物的头饰和服装，以及各种乐器等。画面有乐队，乐器有编钟、编磬和各种琴和笛。画面中有各种乐器的演奏，如乐师抚琴、吹埙、吹笛、吹排箫等。乐舞继承了楚舞的风格，乐舞中的图像非常丰富，有鼓舞、建鼓舞、长袖舞、傩舞等，画面多舞姿，男女对舞，舞姿轻柔、飘逸动作优美。与先秦不同的是，汉画像呈现了民间俗舞和南方巫舞，当时的乐舞多与戏曲、杂技在一起表演，故称为“乐舞百戏”。汉画像上的杂技表现形式有飞剑、跳丸、吐火、倒立、车技、马技等。与杂技同时出场的是“幻术”，“幻术”是汉画像百戏表演中的一个重要项目，大都表现为一种人间仙境，以人拟兽的表演为主。人们装扮成各种瑞兽进行表演。类似于《西京赋》里描绘的“总会仙倡”的场面。汉画像中的“戏豹舞罴，白虎鼓瑟，苍龙吹篪”，并不是真正的猛兽在表演，应该是人戴假面模仿动物进行乐器表演，展现一个人兽共乐的仙人世界。

（五）祥瑞图景

汉画像中刻画祥瑞图像是出于人们祈求祥和喜庆，驱邪避害的目的。这与汉代董仲舒等人的天人感应思想，与汉代的谶纬思想相关。谶是方士造的图录隐语，纬以神学附会和解释儒家经典，包括预示吉凶，祈福避祸等。这些都是对《周易》和原始信仰的继承，目的在于祈福，给墓主和家人带来好运，有的与升仙思想有关。这些祥瑞图像包括珍禽异兽和奇花异草等。其中既包括现实生活中存在的动植物，也包括传说中想象出来的动植物。动物如青龙、白虎、朱雀、玄武、二龙交尾、有翼兽、麒麟、凤凰、三足乌、九头鸟、比翼鸟等，植物如灵芝、木连理、嘉禾、桃枝（驱鬼），也有的是对现实生活中动植物的图案抽象表现，如凤鸟衔珠等。有的是汉语语音谐音与吉祥如意相关，有的是特征与吉祥如意相关。山东嘉祥的武梁祠画像石，在祠堂屋顶前后两坡上，不但刻画了各种祥瑞图像，每幅图像的榜题也指明了该征兆的名称，并且叙说了其出现的条件，并图以摹物，说以释德。

三、汉画像的艺术技巧

汉画像是汉代艺术的精华，也是中国古代艺术的一朵奇葩，具有重要的艺术价值和审美价值。我们这里说汉画像，主要是指二维图像，也包括一部分高浮雕作品。汉画像的图像和纹饰体现了农耕文化与游牧文化的统一，例如古中山国所形成的动物纹饰，具有游牧文化的特点。早期更偏向于粗深稚拙，后期精细复杂。早期的物象造型粗犷、豪放，如狩猎图质朴而又气势。后期的动物形象善于捕捉瞬间的动作与神情，栩栩如生，灵动优美，充满动感和活力。牛、虎、龙灯形象运用变形、夸张等手法，追求神似，大胆生动，匠心独具。不同地域的画像砖、石，在表现的内容、技法和艺术风格等方面，是有差异、有交流的。它们是汉代艺术的巅峰之作，在中国造型艺术中起到了承前启后的作用。汉画像的艺术技巧主要体现在以下五个方面。

（一）汉画像的雕刻技法

画像石的凿、刻和画像砖的模具化、规模化生产是有差异的。画像石的雕刻和画像砖的模塑（拍印、模印），两者制作方式的差异，带来了构图方式和意象呈现的差异。画像石中的图像先用毛笔勾勒出底稿，然后再根据底稿用刀具雕刻而成。汉画像继承了先民们从原始岩画到陶器、玉器、青铜器制作所积累的技法，又有着自己的探索和创新。

画像石是雕刻成图的。汉画像石的雕刻，主要有阴线刻、凹面线刻、凸面线刻、减地平面线刻和浅浮雕与高浮雕等。雕刻家们以刀代笔，以线塑型。平面阴线刻，有时候线条细如丝发。阴线刻是在石面上刻出凹痕线条，用凹下的线条来凸显图像的轮廓，类似于图画，尤其类似于现在的儿童简笔画。这是汉画像石最常用的一种雕刻方式。

凹面线刻是先在石面上用阴线刻出物象轮廓，然后将物象铲去，使物象轮廓低于石面，并用阴线刻出细部。凹面刻是在西汉中期阴线刻的基础上发展起来的。阴线刻是刻下一道线，而凹面刻是刻下一个面，这个面也可以说是阴线刻所刻的线的扩大面。①

① 黄雅峰：《汉画像石画像砖艺术研究》，中国社会科学出版社 2011 年版，第 131 页。

凸面线刻是用线条勾勒出画面轮廓，对物象之外的部分进行减地剔除，物象处于平面上。减地平面线刻，在石面上对物象轮廓外部进行减地，再用阴线勾勒物象的细部，是凸面线刻与阴线刻的互补统一。而所谓浅浮雕和高浮雕，是指物象凸起，有立体感。其他如半浮雕、剔地高浮雕、剔地浅浮雕施阴刻，都是集中雕刻方法混合的产物。

汉画像砖是在半干的土坯上压印、翻倒脱模或雕刻而成的。其中压印是用模具压半干的土坯，复杂的图像需要两模或三模以上进行交替压印，这种方法类似于木刻艺术，可以批量生产，制作成本相对低一点。翻倒脱模则是在木模上贴上泥土，夯实后翻倒脱模。而画像砖的雕刻则用锐利的工具在泥坯上刻画阴线凸显物象，进行精雕细刻。

（二）汉画像独特的表现手法

汉画像曾经是色彩鲜艳、琳琅满目的，由于长期处于地下，今天发掘出来已经褪色了。尽管如此，其艺术的表现力足以震撼我们。其中隐喻和象征的手法，具有很强的叙事性，形象逼真、情节生动、栩栩如生，尤其重视线条的表现力。叙事有连环画特点。时间与空间纵横合一、交相辉映。后世中国画也受到了它的影响。

汉画像重视构图，疏密有致，捕捉最富于特征的部位与视角加以传神表现，实现形神兼备，例如服饰、神态等，都力求生动，在程式化中体现变与不变的辩证统一；有时还通过夸张变形的手法表现出来，并有装饰画的特征，对后世的剪纸艺术有一定的影响。

西汉的画像石多是阴线刻，简洁的线条给人明快之感。东汉的画像石多用的技法是浅浮雕、高浮雕、根据题材的不同而灵活多变。气韵上呈现雄大飞动之势，形象充满品质感、美感和向外扩张的力度，构思上运用夸张和想象，使功利性与装饰性相统一。各种线刻呈现出不同的艺术效果。陕北的画像石，突出外轮廓的“影像效果”，很多石刻如同“剪影”，有质朴厚重的质感。南阳的画像石线条的流动性极强，画面风格雄健飞动。线条具有一种生命的力量与精神，在力道的运动变化中，创造着艺术生命之节奏。中国传统艺术素来讲究线的运用。画像石的线条中已经开始重视艺术的气韵，大多数画面已有节奏的动感，将人物、动物、装饰等统一于完整的画面中，富有张力和美感。汉画像石艺术继承了原始民族的艺术重线条、韵律性以及装饰性的表达。

在构图上，汉画像石主要有横式、竖式和鸟瞰式等。汉画像构图与石碑和帛画上中下结构不同，画面分成几块，有竖有横，对后代绢本、纸本的立轴画、屏风画有影响。

汉画像石的构图以平面的散点式布局为主，构图形式大致分为三种。一是铺陈式构图，画面饱满。图像繁复，空间间隙少。但主体形象一般位于中心地位，主次分明，画面繁而不乱。二是分层分栏式构图。画面层次清晰，每层图像的内容主题突出。三是散落疏放式构图，画面简洁疏朗，空灵明快。如河南地区出土的人物画像、星象画像，构图通常较为灵活、疏朗。汉画像的这些构图特点一方面受内容、题材、媒材等的影响，另一方面，与汉画像重视传承有关，这些构图特征在先秦的青铜器上可以找到原型。如洛阳出土的狩猎纹铜壶，辉县水陆攻战的分层分格式表现。淮阴高庄 M1：48 的铜盘上刻牵马赴宴场景，其左侧刻有马、鹿飞奔，应当是狩猎场景。① 汉画像石的边框纹饰也继承了先秦的图像传统。其中，装饰纹样很多，有三角纹、水波纹、帷幔纹、绳纹、云纹、鱼纹、菱形纹等，在中国装饰史上具有承前启后的地位。

（三）汉画像意象化的呈现

汉画像是汉代意象的物态化呈现，以象征性的手法表现了汉代天、地、人相合相离的审美观念、审美情怀和审美境界，其图像内容主要呈现了汉代的神话意象、生活意象、天地意象等。汉画像中的神话意象主要寓于仙人、神人、祥禽瑞兽等形象②，从中可以看出汉代的思想信仰和神话意象的组合与演变。生活意象主要存在于庖厨宴饮、奏乐舞蹈、狩猎纺织等场景，展现了汉代社会生活的整体面貌。孝子、先贤、历史故事等也是汉代生活意象的重要方面，表达了汉代重孝崇贤的伦理观念。天地意象主要以月中蟾蜍、日中金乌，以线连接的实点等符号表示，表现了汉代人对日月山川、四方星宿、风雨雷电等自然现象的观照。作为丧葬艺术，汉画像是为墓主人（死者）服务的，其中的各类意象体现了汉代人向死而生的生死观，寄托了汉代人对美好生活的无限向往和升仙长生的永恒追求。有些早期用文字记载的传奇故事，如多种文献中文字表述的猿猴劫持妇女的情节也在汉画像中以连环画的形式，通过具体的叙事意象

---

① 吴小平、蒋璐：《汉代刻纹铜器考古研究》，浙江大学出版社 2015 年版，第 109 页。

② 汉代的神人和仙人是有区别的。神话意象如伏羲、女娲、西王母、东王公、雷神、雨神、九尾狐、鹿、熊等。

表现出来，两者可以相互印证。汉画像中的意象有着特定的内涵，各类意象以相应的符号和组合呈现出来，组成相对固定的模式。即使是不同技术水平的制作者和不同的艺术类型对于同一意象的呈现也存在较大差异，欣赏者仍可以从其相关配置中辨清、考察其审美意象的内涵和特征。汉画像中意象的呈现具有多义性，同一形象在不同的语境中寄寓着不同的意象。汉画像中刀笔石纸的创作手段和点线相谐的传达方式，将各类意象中的生命力和运动感生动地传达出来。

（四）汉画像的艺术风格

汉画像总体上体现了汉代的时代风格，古朴壮丽，深沉雄大，粗犷豪放，展示了恢弘的气象。《史记·酷吏列传·序》："汉兴，破觚而为圆，斫雕而为朴，网漏于吞舟之鱼。"① 其中的"斫雕而为朴"比喻去掉浮华而返归质朴。鲁迅曾经说："唯汉代石刻，气魄深沉雄大。"② 当然河南、山东、江苏、陕西、四川等地的汉画像在艺术风格上是有差异的。有的块面古拙，有的线条娟秀飘逸，体现了主导风格一致性的基础上丰富多元的特征。

汉画像是一种功利性的艺术，它是墓葬、祭祀诸活动的附属，题材选择、图像配置都与人死后世界相关。它试图创作一种超越自然的意象，来作为石阙、墓室、祠堂的装饰。它的构图风格与线条美感，一方面受石材软、硬程度的影响，同时还与当时流行的艺术母题、墓主与工匠的喜好等因素相关。发展到成熟的阶段，这种功能性的图像自然演变为一种"有意味的形式"。装饰的主题成为汉画像创作的重点。

汉画像中几乎每幅画面都强调起伏的曲线，从而产生强烈的动感，构图的散点式，平列式和纵列式造成二维空间的虚实感，是中国传统艺术构图的开端。汉画像的艺术风格与其叙事性题材有关。叙事的故事情节需要把握典型、概括的情节顷刻，通过物象的经营与空间的界定将一个艺术创造者主观想象加工过的无限视觉形象呈现出来。画像中的许多历史故事都选择了故事情节最激烈的瞬间，如二桃杀三士的画面，其中一武士拔剑自刎状，另两武士相向站立，正争盘中的桃子，这种表达正是中国传统绘画讲究"画外之画""象外之象"

① 司马迁：《史记》（第10册），中华书局1982年版，第3131页。

② 《鲁迅全集》第13卷，人民文学出版社1982年版，第207页。

的典型特征。

（五）汉画像与中外艺术交流的关系

汉画像是否受到了国外的影响？相信在汉代，中国与西亚乃至印度、埃及、希腊罗马之间是有交流的。例如拱顶风格受两河流域米索不达米亚文明的影响，拱券技术和罗马柱受罗马建筑的影响。但是不是凡是相同或类似的，就一定是西方影响了中国呢？也有可能是中国影响了西方，也有可能是“英雄所见略同”，各自独立的创意。滕固在1935年写《霍去病墓上石迹及汉代雕刻之试察》一文，说汉代的有翼兽受到了波斯（古称安息）的影响。[①] 其实，周代的青铜器中已经有了有翼兽，未必是受波斯艺术的影响。当然我们有理由肯定汉代中西艺术之间是有交流的。常任侠没有直接说汉画像受到外来艺术的影响，但他提到了有翼兽对汉代艺术的影响。中国古代的东夷诸民族，以鸟为图腾，商族人甚至认为自己是鸟的传人。早在7000多年以前的河姆渡文化出土的文物里，用动物肋骨所做的匕形器上，就有双头鸟的形象。有翼兽一类的想象是否一定是从西域传入的，迄今依然缺乏铁证。山东嘉祥武氏祠石室第二石画像顶部三角形中有左右翼神仙，另有一些人首兽身的有翼人物图像。江苏沛县栖山东汉初期墓画像石中刻有西王母的形象，还有鸟首人身、人首鸟身的图像。春秋战国时期，长生不死的观念发展为修炼成仙的思想。“人得道，身生毛羽也”[②] 的观念在汉之前便已成立，汉代那些人首兽身或鸟首人身又长着双翼的神仙图像的文化内涵便来源于此。

汉画像中有一些内容如大象、骆驼等，常常被看作为域外文化交流的结果。河南南阳英庄出土一块名为“猎象”的画像石，徐州汉画像石馆有一块刻有骆驼、大象图像的石头，山东微山两城镇画像石第十六石上层前有飞翼天禄，后有双峰骆驼和象，这些内容说明当时中国传统艺术与域外文化艺术的交流情况，我认为理由并不充分。中国汉代以前境内是有大象和骆驼存在的（略）。

总而言之，汉画像多为贵族们预定的墓葬艺术品，其内容和图案的配备，乃至传达方式，都要受到雇主的制约与认可。墓主及其亲属的生平与个人的好

---

① 参见沈宁编：《滕固艺术文集》，上海人民美术出版社2003年版，第277—278页。

② 王逸：《楚辞　远游》注，洪兴祖《楚辞补注》，中华书局1983年版，第167页。

恶，以及标志性事件，乃至地域的特点（如“泗水捞鼎图”）等，都是考量的重要方面，当然对于著名的工艺大家来说，他们的创意更容易得到雇主的认可与尊重。同时，出于原始信仰的原因，雇主也不愿意随便得罪工匠，害怕他们作法，搞巫术破坏风水，做不利于墓主及其后人的事。我们今天了解汉画像，需要还原文化语境，了解当时的思想意蕴。汉画像的内容是日常生活的一部分，具有狂欢化、娱乐化的特点。汉画像也是一种文化记忆，融汇在中国文化的洪流中。作为墓葬艺术的汉画像石和画像砖，既具有楚文化的浪漫情怀，又继承了战国时期中原质朴的艺术风格，还多少受到北部秦、燕、赵等国草原之风的熏染，对后世的中国画和雕塑产生了重要的影响，在中国艺术史上具有重要的价值和意义。

英文摘要

Interpretation of *The Book of Odes*: a Relevance Study on the Ming Dynasty's Poetic Theory of Image

Mao Xuanguo

Abstract: The Ming Dynasty is the time period during which the pre-modern Chinese theories on image matured; the development of these theories are also closely related to the compositional experience of *The Book of Odes* and the poetic tradition, mainly manifested in the following three aspects: firstly, the Ming poetic theories emphasize a lot on metaphor and arousing, relating the image creation process with the metaphor and arousing tradition of *The Odes*; secondly the Ming Dynasty poetic theories stress on the poetic criticism tradition of *The Odes* of "*The Odes* convey temperaments", and interprate the creation of poetic image from the perspetive of "affection"; thirdly the Ming Dynasty commentary on *The Odes* not only emphasizes the practice of image criticism, but also puts forth values such as "poems are living objects", treating *The Odes* as image text, and thus enriching the content of Ming Dynasty image poetics.

Key words: Interpretation of *The Book of Odes*, Metaphor and Arousing, "*The Odes* convey temperaments", Commentary on *The Book of Odes*

Zuo Zhuan as a Moral Symbol

Li Hongxiang

Abstract: On what level is *Zuo Zhuan* a literary work? This is a theoretical question urgently needing adressment in the field of pre-modern Chinese literary studies. And this question cannot be truly solved from the perspetive of rhetorical form or narratology. According to Aristotle's distinction between history and poetry, this paper argues for the literary nature of *Zuo Zhuan* according to the following three aspects. Firstly this paper distinguishes the difference between the scientific historical outlook and the historical outlook of *Zuo Zhuan*. Secondly this paper argues for *Zuo Zhuan*'s historical writing and the self-conciousness of the historian. Thirdly this paper investigates the effect of the historian's moral values in the narration of history in *Zuo Zhuan*. This paper will prove that *Zuo Zhuan* is a literary work symbolizing the historian's moral values and carrying the historian's ideals from the abovementioned three aspects.

Key words: history, fact, symbol, putting oneself in another's place

Observing the Attempt to Construct Theory through Discussing the Relationship between Poetry and Painting

Jiang Ting

Abstract: Influenced by Western literary theories, the discussion between the relationship between poetry and painting has become a popular topic since modern time. Zhu Guangqian, Zong Baihua and Qian Zhongshu have all participated in this discussion from different perspectives, deepening the discussion while also promoting the construction of Chinese literary theories. Along with that, their participation has also highlighted the characteristics of Chinese theory on poetry and painting during the process of comparison between China and the West. Glancing back at this discussion, it is necessary to question via incorporating the discussion of poetry and music that if the comparison between poetry and painting is really valid in the Chinese context. Only through such questioning can we distinguish the original degree of acceptance of Western literary theory in China. Currently the discussion between the relationship between poetry and painting is essentialized into the comparison between "text" and "picture", and investigating the thoughts of "image" from the perspetives of image theory, literary-image theory and neurological aesthetics.

Key words: the Relationship between Poetry and Painting, the Relationship between Poetry and Music, Image Theory, Pictorial Theory, Neurological Aesthetics

An Artistic Geneological Study on the Origin of the Values of the True, the Good and the Beautiful—the Second Essay of "the Studies on the Origin of Literary Criticism Values" Essay Series

Zhang Liqun

Abstract: The concrete manifestation of core values in terms of literary and artistic outlook is the values of the true, the good and the beautiful, which are the eternal values of literary and artistic pursuits and the origin of literary and artistic values. In order to explore the origin of the literary and artistic values of the true, the good and the beautiful, it is necessary to search for the primary point, the causal point and the growth point among the "pre-art art" such as stone tools, primitive cliff painting and aboriginal raw art also called living fossil of national cultural tradition from the perspective of artistic geneology. In order to better forster the literary and artistic values of the true, the good and the beautiful and to hold onto the origin of those values, it is necessary to explore the very origin thoroughly via hard work.

Key words: the True, the Good and the Beautiful, Value Origin, Eternal Values, Core Values, Artistic Geneology

Characteristics of the Literary Thoughts of the Tang-Song Movement of Ancient-Prose Reviva, and a Comparitive study in relation to the Confucian Moralists

Gao Hongzhou

Abstract: On literary thoughts, there is a fundamental difference views between the ancient prose advocators and Confucian moralists. Ancient prose advocators' literary thoughts start from the point of achieving glory from their writing, whereas Confucian moralists start from the point of achieving glory from their virtues. Ancient prose advocators believe achieving glory from writing is an important way of following the Dao, whereas Confucian moralists believe writings do not have independence, hence are only ancillary to virtues. Though ancient prose advocators recognize the function of writing of holding onto the Dao, they believe the Dao is fundamental to prose writing. Their understanding of Dao differs from Confucian moralists' understanding. Comparatively speaking, the Dao of ancient prose advocators' has the characteristics of being realistic, rich and reflective; whereas the Dao of Confucian moralists is mysterious, narrow and arbitrary. As ancient prose advocators recognize the positive role played by literature in understanding the Dao, they emphasize literary elegance and techniques, conversely Confucian moralists regard literature as mere insignificant tricks which would sap one's spirit.

Key words: Ancient prose advocators, Dao, Characteristics, literary elegance

An Overlaying Poetic Theory: the Aesthetic Educational Function and the Extension of the Poetic Conception of the Image of Bell Tones from Tang Poetry

Liu Yabin

Abstract: This paper employs the way of "overlaying" used by Foucault to analyze power and general domination in his theories to analyze the image of bell tones in Tang poetry, meanwhile, giving the way of "overlaying" reintrospection to a certain extent, giving up its mode of power and introspect from the perspective of epistemology. Bell tones play an important role during the process of spatial sanctification, and exert a profound and lasting influence on Tang poetry composition. Under the Chan method of direct introspection, bell tones connect the secular and heavenly worlds. Poets overlay the two worlds gradually and integrate them into one on the basis of the opening wide of their own existents while leaving the restrictions due to their relationship, and as such, giving rise to new aesthetic state of conciousness. Poetics overlayed has become a way of constructing aesthetic education of new life and extending poetic state of conciousness. Its new qualities arising out of the continuously modulating process of poetic creation and the integrating process of heterogenous medium have a crucial inspiring meaning for globalized cultural exchange, aesthetic education and artistic creation.

Key words: Overlaying poetics, Tang poetry, Bell tones, Aesthetic education, poetic state of conciousness

"Ci Shen Ren Tian, Zhi Yuan Fang Cun"—*WenXinDiaoLong*'s Construction and Regulation on the Ontology of "Treatise"

Wang Yi

Abstract: *Wenxindiaolong·Lunshuo* is an essay specifically analyzing the literary forms of "treatise" and "exposition". Focusing on the essay *Lunshuo*, Liu Xie conceptualized and theoreticalized issues relevant to the literary form of "treatize". Following the mode of pairing classics with treatise in Buddihism, Liu Xie endowed "treatise" a lofty status. Meanwhile, he investigated eight literary forms coming from the hierarchy of treatise in detail by citing scholarship from the field of *The Small Learning* and studies of Confucian classics. On such basis, Liu Xie started from the theoretical propositions of "Lun Zhi Wei Ti" and "Lun Jia Zhi Zheng Ti", setting forward norms and demands regarding literary choice, structure and standard by following the values from Buddhist treatise.

Key words: Phonetic Interpretation, Hierarchy of Literary Forms, Economic Development, Regulation on the Ontology of "Treatise"

Confucius' Views on "Arousing" and its Implication on the Formation of Later Generations' Aesthetic Educational Spirit

Cao Yuanjia

Abstract: Confucius is the very first person who introduced "arousing" into commentary regarding *The Book of Odes*, and coined it into an poetic, aesthetic category for the first time. This category of "arousing" then developed into a profound tradition of discussing poetry from the perspective of "arousing" in later generations; as such, Confucius contributed to poetics and aesthetics. Another profound influence exerted by Confucius on the evolution of the meaning of "arousing" is his interpretation of "arousing" as metaphorical. Even though such interpretation is only latent and is not expressed distinctly by Confucius, it is already implicated by his interpretational logic of "arounsing". As time progresses, such latent idea gets manifested in a clear manner. The first time at which such idea get clearly manifested is when the "six poetry" way of saying got formulated in *Rites of Zhou Dynasty* during the Warring State Period. However such interpretation of "arousing" finally became the mainstrain interpretation in the intellectual circle up till the West and East Han periods, furthermore, it even developed into a very strong tradition of poetic interpretation, also known as the tradition of studying Confucian classics. And this tradition significantly influenced the Chinese aesthetics, artistic practices for the following two thousand years. This tradition has even played an significant role in shaping Chinese people's thinking pattern. This is due to the reason that "arousing" is not only a literary rhetorical device or artistic expressive method, it is also a specific thinking and cognitive pattern.

Key words: Arousing, Confucius, Metaphor, Thinking Pattern, aesthetic educational spirit

From Terminologies of Character Appreciation to Literary Theoretical Categories—the Dessemination of the Aesthetic Content of "KuangDa"

Cheng Jingmu

Abstract: As an aesthetic category and a terminology of character appreciation, "KuangDa" emerges during the Wei-Jin period. The Wei-Jin metaphysics and Idle Talk catalyzed its emergence. And it has its profound historical and cultural background. "KuangDa" began to appear in the literary field during the Tang Dynasty, and became an official literary category during the end of Tang Dynasty. It is then widely applied in literary criticism during the time periods following the Tang Dynasty, manifesting its deep and unique literary values and academic ideals. Therefore, its aesthetic content has been deepened and expanded during the process of changing from a terminology of character appreciation to a literary theoretical category. Furthermore it has also gained its profound life vitality and meaningful value in the field of history, philosophy, aesthetics and literature.

Key words: KuangDa, Terminology of Character Appreciation, Literary Category, Aesthetic Content

The Artistic Characters of Confucian Cultivation

Bai Zongrang

Abstract: Comparing to other major civilizations in the world, the Confucian emphasis on Art is unique. Art resorts to sentiments, and the Confucian core value of "humaness" is deeply rooted in affection and constructs its moral ethics starting from affection. "Getting aroused from poetry, standing upright according to propriety and getting accomplished from music. (*Analects·Taibo*)" depicts a complete cultivation process through Art. Poetry, ritual and music blare the symphony of artistic cultivation. The superiority of Classical Confucianism's "mutual generation of Dao and Art" and "unification of the beautiful and the virtuous" is manifested in its ontological cognition, its unique education through entertainment and its characteristic of wholeness. Confucianism established the ontology of art the earliest. "Artification" can prevent "alienation", hence it also has a significant meaning for contemporary people's well-being.

Key words: Confucianism, cultivation, Art

"Ming Wan Zhou Kan Hua Zhui Ying": Tea Drinking and Literary Garden of Song Dynasty

Jia Ruipeng

Abstract: The unprecedented popularity of tea-drinking and garden are two significant new changes in the social life of Song Dynasty. Through the literati's polishing, tea-drinking got transformed from daily activity into literati's elegance, and appearing in the system of literati garden as "Qin Qi Shu Hua Shi Jiu Cha". Tea-drinking influenced the formation of the artistic conception of garden, and garden elevated the tea-drinking experience. The artistic conceptions of tea-drinking and garden got thoroughly blended by the literati. As two aspects of the literati's life, tea-drinking and garden both got infiltrated by the reclusivist mentality, fusing the rich religious and philosophical ideas, while also got related closely to political morality. All of these constituted the internal relations between the cultures of tea-drinking and garden.

Key words: Tea-drinking, Garden, the literati, Relation

Lukács' Aesthetics and *the Capital*

Lu Xiaoguang

Abstract: *Aesthetic Characteristics* is Lukács' development of *the Capital*'s aesthetics. *Aesthetic Characteristics* focuses on the category of "labour", taking it as the methodology, and runs through the review and analysis of the origins of different artistic forms. Starting from "the process of exchange between people and natural material", Lukács discusses the origin and essence of aesthetic appreciation, the origin of artistic forms, the special object and function of art and the condition of aesthetic activities, the relation between natural beauty and society, the relation between artistic development and society. Using the concept of "homogenous media", Lukács analyzes questions of how different artistic types "grasp the world", the relation between the relation between specific forms of different art types and the approaches of how a "whole person" perceive the world and how can art possesses the function of trancending daily life and so on in depth. As such, the internal relation between Lukács' aesthetics and "labour" aesthetic thoughts gets exposed.

Key words: Lukács' aesthetics, *Aesthetic Characteristics*, *the Capital*, labour, homogenous media

The Conception of Aesthetic Event and its Possibility

Wei Leilei

Abstract: After experiencing physical science's discovery and philosophical paradigm's change, realism has already declined. Yet its shadow still envelopes aesthetic thoughts. Under the dominance of such thoughts, aesthetics fail to get the point of many aesthetic questions while facing the contemporary aesthetic reality. If we change our perspective, carry out process theory, existentialist theory and event theory in aesthetics, return aesthetics back into to the original site where the event happened, and unify aesthetic subject, object, scene and experience by aesthetic event, not only will it be helpful to break the curse of realism, but also will it be very meaningful to interprate the current aesthetic issues in the fields of technology, consumerism and ecology. Aesthetic event may become the newest aesthetic paradigm.

Key words: Aesthetic event theory, Aesthetic dimension, Aesthetic experience, Realist aesthetics, Epistemological aesthetics

On Zhu Liyuan's "Practical Existentialist" Aesthetics

Liu Chao

Abstract: Zhu Liyuan is an eminent contemporary aesthetitian. During his debate with the post-practical aesthetitians, Zhu Liyuan reflected the subject-object dualism in aesthetic research in depth, hence re-interpretated and redefined the concept of practice. As such, he proposes the aesthetic theory of Practical existentialism. Practical existentialist aesthetics regards "Dasein" as the quintessential concept of Heidergger's philosophy, integrating "Dasein" into Marxist discussion of "social existence". Practicalism and existentialism were incorporated into a whole. Meanwhile Zhu Liyuan also assimilated Jiang Kongyang's aesthetic geneological thoughts of "beauty is within the process of creation". Surrounding the idea of "beauty is generation", practical existentialist aesthetics emphasize the necessity of adjusting the questioning mode of aesthetics, and as such, giving rise to a new series of aesthetic viewpoints, promoting practical aesthetics' development.

Key words: Zhu Liyuan, practice, exist, aesthetics, generation

Introduction: Carrying Out and Drama

Written by [US] Noel Carol, Translated by Tang Rui, Proofread by Ni Sheng

Carrying out

Written by [US] Noel Carol, Translated by Tang Rui, Proofread by Ni Sheng

Summary of the Round Table Conference on"Chinese Aesthetic Academic Association 2019 Annual Conference and the Chinese Academic Symposium on 'Visual Field Integration: Aesthetics, Literary and Artistic Theory Construction'"

Chen Wanbo

Art of the Stone Relief of Han Dynasty

Zhu Zhirong

Abstract: Stone relief of Han Dynasty is the umberella name under which all art types with two-dimensional images in Han Dynasty are included, but mainly stone reliefs and portrait bricks. As sacrificial and funeral art, they are mainly engraved in the coffin chamber and ancestral temple. In terms of content, it is related to people's understanding of the real world and their imagination of the world after death, including mythical stories, historical stories, daily life, music, dance, drama, war scene and auspicious omen. Some of them also include list of topics. The primitive religion and Chu Culture contained by the stone relief of Han Dynasty manifest mythical image, life image, image of heaven and earth etc., in particular, the expressive methods of simile and symbolism are highlighted. Mainly adopting the method of Yin-line carving, concave line carving, convex line carving, plano convex carving, bas-relief and high-relief etc., and using the spatial composition methods of horizontal type, vertical type and bird-eye-view type etc., stone relief of Han Dynasty expresses simple and magnificent, profound and gigantic as well as rough and bold artistic styles. These artistic styles are the splendid products of cultural and artistic exchanges between China and West Asia, and even between China and India, Egypt, Greece and Rome etc. Stone relief of Han Dynasty exerts a far-reaching influence on Chinese painting and sculpture of later generations, it is a very valuable field for academic research.

Key words: Stone relief of Han Dynasty, funeral art, primitive religion, image, simple

稿　约

《中国美学研究》是以研究中国古代美学为主，兼及心理美学、西方美学等著译的学术集刊，每年出版2期，分别于每年6月、12月由商务印书馆出版，国内外公开发行。

本刊欢迎名家和中青年学者赐稿，对于青年硕博士生乃至民间高手的优秀论文，也同样欢迎。来稿请注明单位和联系方式。

论文注释请一律使用脚注。注文按照作者、文章篇名、文章发表的期刊名、期刊出版年份及期号、页码顺序撰写，如：李扬：《论艺术的现代性》，《文艺研究》2008年第3期。如引文为著作，注文则按作者、译者、著作名、著作出版机构名、出版年、页码撰写，如：门罗・C. 比厄斯利著，高建平译：《西方美学简史》，北京出版社2006年版，第35页。

来稿可直接发送至《中国美学研究》电子邮箱：zgmxyj@163.com。